深智數位
股份有限公司

深智數位
股份有限公司

前言

Vue.js 本身是 JavaScript 技術堆疊中的框架,但隨著前端專案規模的增加,JavaScript 越來越難以勝任大型團隊合作的複雜專案的開發,TypeScript 則彌補了 JavaScript 這方面的不足,程式設計的方式也更加現代化,因此 Vue.js+TypeScript 的組合越來越受前端開發人員的喜愛,已成為前端大型專案開發的一種趨勢。

本書以一個資深前端架構師的角度,從零基礎入手,通俗易懂地介紹了 TypeScript 的基礎語法和進階用法,以及 Vue.js 全家桶和週邊技術框架,並提供了豐富的範例和專案,旨在讓讀者邊學邊練,快速且紮實地掌握 TypeScript 的程式設計方法和 Vue.js 框架的各方面,並真正使用它們開發出商業級的應用程式。

內容結構

本書共分為 17 章。

第 1 章是本書的入門,簡單介紹了前端開發必備的基礎知識,包括 HTML、CSS 和 JavaScript 這 3 種前端開發必備的技能,以及 JavaScript 與 TypeScript 的關係,然後簡介了 Vue.js 框架,以讓讀者對本書所講的知識有一個初步印象。

第 2~4 章是 TypeScript 部分。

第 2 章介紹 TypeScript 中的一些基礎語法，包括開發環境的架設、基底資料型態、函數等相關知識。第 3 章介紹 TypeScript 中的物件導向程式設計，包括類別、介面等核心語法。第 4 章介紹 TypeScript 高階技術，包括 TypeScript 中的泛型、迭代器與裝飾器等。

第 6~10 章是 Vue.js 部分。

第 5 章介紹 Vue 範本的基本用法，包括範本插值、條件與迴圈著色的相關語法。第 6 章介紹 Vue 元件中屬性和方法的相關概念，並使用物件導向的想法進行前端程式開發，透過一個功能簡單的登入註冊頁面進行練習。

第 7 章介紹前端應用中使用者互動的處理方法，使用者互動為應用程式帶來靈魂。除介紹基礎的網頁使用者互動的處理外，還講解如何在 Vue.js 框架中更加高效率地處理使用者互動事件。

第 8 章和第 9 章介紹 Vue.js 中元件的應用。元件是 Vue.js 框架的核心，有了元件，才有了開發大型網際網路應用的基礎，元件使得專案的結構更加便於管理，工程的可維護與可擴充性大大提高，且元件本身的重複使用性也使開發者可以大量使用第三方模組，或將自己開發的模組作為元件供各種專案使用，極大地提高了開發效率。

第 10 章介紹 Vue.js 框架的回應性原理及 Vue.js 3.x 版本引入的組合式 API 的新特性。本章是對讀者開發能力的一種拔高，引導讀者在實現功能到精緻邏輯設計的方向上進步。

第 11 章介紹透過 Vue.js 框架開發前端動畫效果。前端是和使用者面對面的，功能本身只是前端應用的一部分，更重要的是給使用者帶來良好的使用體驗。合理地使用動畫是提升使用者體驗的一大法寶。

第 12 章介紹開發大型專案必備的鷹架 Vue CLI 和 Vite 的基本用法，管理專案、編譯、打包都需要使用鷹架工具。

在使用 Vue CLI 建構結構化的 Vue 應用前，我們都是透過在 HTML 中引入 Vue.js 框架直接使用的，這種方式編譯成功即可直接使用 Vue.js 提供的功能，

這會讓讀者專注於 Vue.js 框架本身的語法特性，不分散精力在環境架設、語言編譯等工作流程上。因此，這一部分我們依然使用 JavaScript 來做 Vue.js 語法的演示。在使用鷹架工具後，編譯相關的工作流程將由鷹架完成，在後續的實踐項目中，讀者即可透過前面所學習的知識，結合運用 TypeScript 來開發完整的應用程式。

第 13 章介紹樣式美觀且擴充性極強的基於 Vue.js 的 UI 框架 Element Plus，第 14 章介紹網路請求框架 vue-axios，第 15 章介紹一款非常好用的 Vue 應用路由管理框架 Vue Router，第 16 章介紹強大的狀態管理框架 Vuex，透過 Vuex 開發者可以更進一步地管理大型 Vue 專案各個模組間的互動。

第 17 章透過一個相對完整的應用專案全面地對本書所涉及的 Vue.js 技能進行綜合應用，幫助讀者學以致用，更加深入地理解所學習的內容。

目標讀者

- 正在學習前端開發的初學者
- 擁有 1 ～ 2 年工作經驗，想進一步提升的前端開發人員
- 教育訓練機構的學員和大專院校的學生

最後，感謝支持我的家人和朋友，感謝北京清華大學出版社王金柱編輯的勤勞付出，使本書順利與讀者見面。感謝讀者的耐心，希望本書可以帶給你預期的收穫。限於本人水準，書中疏漏之處在所難免，敬請讀者們指正。

張益珲

目錄

第 1 章　準備知識

第 2 章　TypeScript 基礎

第 3 章　TypeScript 中的物件導向程式設計

第 4 章 TypeScript 程式設計進階

第 5 章 Vue 中的範本

第 6 章　Vue 元件的屬性和方法

第 7 章　處理使用者互動

第 8 章　元件基礎

第 9 章　元件進階

第 10 章　Vue 回應性程式設計

第 11 章　使用動畫

第 12 章　Vue CLI 工具的使用

第 13 章 Element Plus 基於 Vue 3 的 UI 元件庫

第 14 章　基於 Vue 的網路框架 vue-axios 的應用

第 15 章　Vue 路由管理

第 16 章　Vue 狀態管理

第 17 章　實戰：程式設計技術討論區系統開發

第 1 章
準備知識

　　前端技術是網際網路大技術堆疊中非常重要的分支。前端技術本身也是網際網路技術發展的見證，它就像一扇窗戶，展現了網際網路技術的發展與變遷。

　　前端技術通常是指透過瀏覽器將資訊展現給使用者這一過程中涉及的網際網路技術。隨著目前前端裝置的泛化，並非所有的前端產品都是透過瀏覽器來呈現的，例如微信小程式、支付寶小程式、行動端應用等被統稱為前端應用，相應地，前端技術堆疊也越來越寬廣。

　　講到前端技術，雖然目前有各種各樣的框架與解決方案，基礎技術依然是前端三劍客：HTML5、CSS3 與 JavaScript。隨著 HTML5 與 CSS3 的應用，現代前端網頁的美觀程度與互動能力都獲得了極大的提升。並且，在 JavaScript 的基礎之上，人們又開發出了支援靜態類型的 TypeScript 語言，彌補了 JavaScript 開發大型應用的不足之處。在前端專案開發中，TypeScript 的流行程度也越來越高。

本章將向讀者簡單介紹前端技術的發展過程，以及前端三劍客和 TypeScript 的基本概念及應用，並簡單介紹回應式開發框架的相關概念。本章將透過一個簡單的靜態頁面介紹如何使用 HTML、CSS 與 TypeScript 程式將網頁展示到瀏覽器介面中。

透過本章，你將學習到：

- 了解前端技術的發展概況。
- 對 HTML 技術有簡單的了解。
- 對 CSS 技術有簡單的了解。
- 對 JavaScript 技術有簡單的了解。
- 理解 TypeScript 的出現背景並做簡單的了解。
- 認識漸進式介面開發框架 Vue，初步體驗 Vue 開發框架。

1.1　前端技術簡介

關於前端技術，我們還是要從 HTML 說起。1990 年 12 月，電腦學家 Tim Berners-Lee 使用 HTML 語言在 NeXT 電腦上部署了第一套由「主機－網站－瀏覽器」組成的 Web 系統，我們通常認為這是世界上第一套完整的前後端應用，將其作為 Web 開發技術的開端。

1993 年，第一款正式的瀏覽器 Mosaic 發佈，1994 年年底 W3C 組織成立，標誌著網際網路進入了標準化發展的階段，網際網路技術迎來快速發展的春天。

1995 年，網景公司推出 JavaScript 語言，賦予了瀏覽器更強大的頁面著色與互動能力，使之前的靜態網頁開始真正向動態化的方向發展，由此後端程式的複雜度大幅提升，MVC（Model-View-Controller，模型－視圖－控制器）開發架構誕生，其中前端主要負責 MVC 架構中的 V（視圖層）的開發。

2004 年，Ajax 技術在 Web 開發中得到應用，使得網頁可以靈活使用 HTTP 非同步請求來動態地更新頁面，複雜的著色邏輯由之前的後端處理逐漸更替為前端處理，開啟了 Web 2.0 時代。由此，類似 jQuery 等非常多流行的前端 DOM 處理框架相繼誕生，以其中最流行的 jQuery 框架為例，其幾乎成為網站開發的標準配備。

2008 年，HTML5 草案發佈，2014 年 10 月，W3C 正式發佈 HTML5 推薦標準，許多流行的瀏覽器也都對其進行了支援，前端網頁的互動能力大幅度提高。前端網站開始由 Web Site 向 Web App 進化，2010 年開始相繼出現了 Angular JS、Vue JS 等開發框架。這些框架的應用開啟了網際網路網站開發的 SPA（Single Page Application，單頁面應用程式）時代，這也是當今網際網路 Web 應用程式開發的主流方向。

2012 年，微軟發佈了新一代程式語言 TypeScript，彌補了 JavaScript 語言本身的局限性，使前端大型專案的開發更加專案化。TypeScript 是 JavaScript 的超集合，本質上是向 JavaScript 語言中新增了靜態類型以及基於類別的物件導向程式設計特性。

整體來說，前端技術的發展經歷了靜態頁面階段、Ajax 階段、MVC 階段，最終發展到 SPA 階段。前端開發語言的功能也在不斷迭代，逐漸增加了更強大的物件導向程式設計特性。

在靜態頁面階段，前端程式只是後端程式中的一部分，瀏覽器中展示給使用者的頁面都是靜態的，這些頁面的所有前端程式和資料都是後端組裝完成後發送給瀏覽器進行展示的，頁面回應速度慢，只能處理簡單的使用者互動，樣式也不夠美觀。

在 Ajax 階段，前端與後端實現了部分分離。前端的工作不再只是展示頁面，還需要進行資料的管理與使用者的互動。當前端發展到 Ajax 階段時，後端更多的工作是提供資料，前端程式逐漸變得複雜。

隨著前端要完成的功能越來越複雜，程式量也越來越大。應運而生的很多框架都為前端的程式專案結構管理提供了幫助，這些框架大多採用 MVC 或

MVVM 模式，將前端邏輯中的資料模型、視圖展示和業務邏輯區分開來，為更大複雜性的前端專案提供了支援。

前端技術發展到 SPA 階段後表示網站不再只是用來展示資料，其是一個完整的應用程式，瀏覽器只需要載入一次網頁（可以視為載入了完整的應用程式碼），使用者即可在其中完整使用多頁面互動的複雜應用程式，程式的回應速度快，使用者體驗也非常好。

1.2 HTML 入門

HTML 是一種程式語言，是一種描述性的網頁程式語言。HTML 的全稱為 Hyper Text Markup Language，我們通常也將其稱為超文字標記語言。所謂超文字，是指其除可以用來描述文字資訊外，還可以描述超出基礎文字範圍的圖片、音訊、視訊等資訊。

雖然說 HTML 是一種程式語言，但是從程式語言的特性來看，HTML 並不是一種完整的程式語言，其並沒有很強的邏輯處理能力，更確切的說法為 HTML 是一種標記語言，其定義了一套標記標籤用來描述和控制網站的著色。

標籤是 HTML 語言中非常重要的一部分，標籤是指由大於小於符號包圍的關鍵字，例如 <h1>、<html> 等。在 HTML 檔案中，大多標籤都是成對出現的，例如 <h1></h1>，在一對標籤中，前面的標籤是開始標籤，後面的標籤是結束標籤。例如下面就是一個非常簡單的 HMTL 文件範例：

➜ 【程式部分 1-1】

```
<html>
<body>
<h1>Hello World</h1>
<p>HelloWorld 網頁 </p>
</body>
</html>
```

上面的程式中共有 4 對標籤，html、body、h1 和 p，這些標籤的排列與巢狀結構定義了完整的 HTML 檔案，最終會由瀏覽器進行解析著色。

1.2.1 準備開發工具

　　HTML 檔案本身也是一種文字，我們可以使用任何文字編輯器進行 HTML 檔案的撰寫，只需要將其文字副檔名使用 .html 即可。使用一個強大的 HTML 編輯器可以極大地提高我們的撰寫效率，例如很多 HTML 編輯器都會提供程式提示、標籤語法突顯、標籤自動閉合等功能，這些功能都可以幫助我們在專案開發中十分快速地撰寫程式，並且可以有效減少因為筆誤所產生的錯誤。

　　Visual Studio Code（VS Code）是一款非常強大的編輯器，其除提供語法檢查、格式整理、程式語法突顯等基礎程式設計功能外，還支援對程式進行偵錯和執行以及版本管理。透過安裝擴充，VS Code 幾乎可以支援目前所有流行的程式語言。本書範例程式的撰寫也將採用 VS Code 編輯器完成。你可以在以下網站下載新版本的 VS Code 編輯器：

```
https://code.visualstudio.com
```

　　目前 VS Code 支援的作業系統有 macOS、Windows 和 Linux，在網站中下載適合自己作業系統的 VS Code 版本進行安裝即可，如圖 1-1 所示。

　　下載並安裝 VS Code 軟體後，可以嘗試使用其建立一個簡單的 HTML 檔案，新建一個名為 test.html 的檔案，在其中撰寫以下測試程式：

▲ 圖 1-1　下載 VS Code 編輯器軟體

➡ 【程式部分 1-2 原始程式見附件程式 / 第 1 章 /1.test.html】

```html
<!DOCTYPE html>
<html lang="en">
<head>
    <meta charset="UTF-8">
    <meta name="viewport" content="width=device-width, initial-scale=1.0">
    <title>Document</title>
</head>
<body>
    <h1>HelloWorld</h1>
</body>
</html>
```

相信在輸入程式的過程中，你已經體驗到使用 VS Code 程式設計帶來的暢快體驗，並且在編輯器中關鍵字的語法突顯和自動縮排也使程式結構看起來更加直觀，如圖 1-2 所示。

▲ 圖 1-2　VS Code 的程式語法突顯與自動縮排功能

在 VS Code 中將程式撰寫完成後，可以直接執行，執行 HTML 的原始檔案時，VS Code 會自動將其以瀏覽器的方式打開，選擇 VS Code 工具列中的 Run → Run Without Debugging 選項，如圖 1-3 所示。

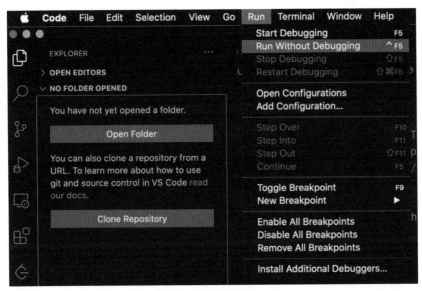

▲ 圖 1-3 執行 HTML 檔案

之後會彈出環境選擇選單，可以選擇一款瀏覽器進行預覽，如圖 1-4 所示。建議安裝 Google Chrome 瀏覽器，其有很多強大的外掛程式可以幫助我們進行 Web 程式的偵錯。

▲ 圖 1-4 使用瀏覽器進行預覽

預覽效果如圖 1-5 所示。

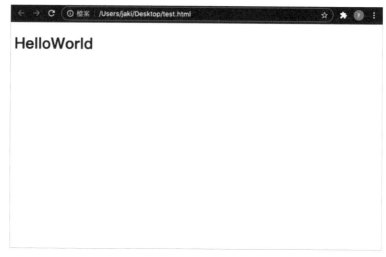

▲ 圖 1-5　使用 HTML 實現的 HelloWorld 程式

1.2.2　HTML 中的基礎標籤

　　HTML 中預先定義的標籤很多，本節透過幾個基礎標籤的應用實例來向讀者介紹標籤在 HTML 中的簡單用法。

　　HTML 檔案中的標題通常使用 h 標籤來定義，根據標題的等級 h 標籤又分為 h1 ～ h6 共 6 個等級。使用 VS Code 編輯器建立一個名為 base.html 的檔案，在其中撰寫以下程式：

➡ 【程式部分 1-3 原始程式見附件程式 / 第 1 章 /2.base.html 】

```
<!DOCTYPE html>
<html lang="en">
<head>
    <meta charset="UTF-8">
    <meta name="viewport" content="width=device-width, initial-scale=1.0">
    <title> 基礎標籤應用 </title>
</head>
<body>
    <h1>1 級標題 </h1>
```

```
    <h2>2 級標題 </h2>
    <h3>3 級標題 </h3>
    <h4>4 級標題 </h4>
    <h5>5 級標題 </h5>
    <h6>6 級標題 </h6>
</body>
</html>
```

後面的大多範例，HTML 檔案的基本格式都是一樣的，程式的不同之處主要在 body 標籤內，後面的範例只會展示核心 body 中的程式。

執行上面的 HTML 檔案，瀏覽器著色效果如圖 1-6 所示。可以發現，不同等級的標題文字字型的字型大小大小是不同的。

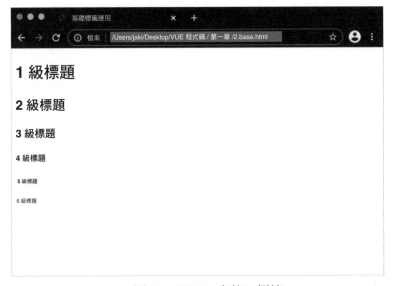

▲ 圖 1-6 HTML 中的 h 標籤

HTML 檔案的正文部分通常使用 p 標籤定義，p 標籤的意義是段落，正文中的每個段落的文字都可以用 p 標籤包裹，範例如下：

➡ 【程式部分 1-4 原始程式見附件程式 / 第 1 章 /2.base.html】

```
<p> 這裡是一個段落 </p>
<p> 這裡是一個段落 </p>
```

　　a 標籤用來定義超連結，a 標籤中的 href 屬性可以指向一個新的文件路徑，當使用者點擊超連結的時候，瀏覽器會跳躍到超連結指向的新網頁，範例如下：

➜ 【程式部分 1-5 原始程式見附件程式 / 第 1 章 /2.base.html】

```
<a href="https://www.google.com">跳躍到 Google</a>
```

　　在實際的應用程式開發中，很少使用 a 標籤來處理網頁的跳躍邏輯，更多時候使用 JavaScript/TypeScript 來操作跳躍邏輯。

　　HTML 檔案中也可以方便地顯示影像，向 base.html 檔案所在的目錄中新增一幅圖片素材（demo.png），使用 img 標籤來定義影像，範例如下。

➜ 【程式部分 1-6 原始程式見附件程式 / 第 1 章 /2.base.html】

```
<div><img src="demo.png" alt=" 圖片 " width="400px"></div>
```

　　需要注意，之所以將 img 標籤包裹在 div 標籤中，是因為 img 標籤是一個行內元素，如果想讓圖片單獨另起一行展示，則需要使用 div 標籤包裹，範例效果如圖 1-7 所示。

▲ 圖 1-7　HTML 檔案效果演示

　　HTML 中的標籤可以透過屬性對其著色或對互動行為進行控制，例如上面的 a 標籤，href 就是一種屬性，其用來定義超連結的位址。在 img 標籤中，src 屬性用於定義圖片素材的位址，width 屬性用於定義圖片著色的寬度。標籤中的屬性使用以下格式設定：

```
tagName = "value"
```

　　tagName 為屬性的名稱，不同的標籤支援的屬性也不同。透過設定屬性可以方便控制 HTML 檔案中元素的版面設定與著色，例如對 h1 標籤來說，將其 align 屬性設定為 center 後，其就會在文件中置中展示：

```
<h1 align = "center">1 級標題 </h1>
```

　　效果如圖 1-8 所示。

　　HTML 中還定義了一種非常特殊的標籤——註釋標籤。程式設計工作除要進行程式的撰寫外，優雅地撰寫註釋也是非常重要的，註釋的內容在程式中可見，但是對瀏覽器來說是透明的，不會對著色產生任何影響，範例如下：

```
<!-- 這裡是註釋的內容 -->
```

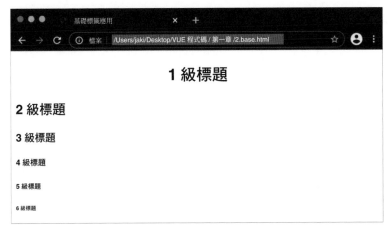

▲ 圖 1-8　標題置中展示

　　註釋都是寫給開發人員看的，方面後續程式的維護和擴充。

1.3 CSS 入門

　　透過 1.2 節的介紹，我們了解到 HTML 檔案透過標籤來進行頁面框架的架設和版面設定，雖然透過標籤的一些屬性也可以對元素展示的樣式進行控制，但是其能力非常有限，我們在日常生活中看到的網頁往往是五彩斑斕、多姿多彩的，這都要歸功於 CSS 的強大能力。

　　CSS（Cascading Style Sheets，層疊樣式表）的用處是定義如何展示 HTML 元素，透過 CSS 來控制網頁元素的樣式極大地提高了程式開發效率，在實際程式設計中，可以先將 HTML 檔案的整體框架使用標籤定義出來，之後使用 CSS 來對樣式細節進行調整。

1.3.1 CSS 選擇器入門

　　CSS 程式的語法規則主要由兩部分組成：選擇器和宣告敘述。

　　宣告敘述用來定義樣式，而選擇器則用來指定要使用當前樣式的 HTML 元素。在 CSS 中，基本的選擇器有通用選擇器、標籤選擇器、類別選取器和 id 選擇器。

1. 通用選擇器

　　使用 * 號來定義通用選擇器，通用選擇器的意義是對所有元素生效。建立一個名為 selector.html 的檔案，在其中撰寫以下範例程式：

➜ 【程式部分 1-7 原始程式見附件程式 / 第 1 章 /3.selector.html 】

```
<!DOCTYPE html>
<html lang="en">
<head>
    <meta charset="UTF-8">
    <meta name="viewport" content="width=device-width, initial-scale=1.0">
    <title>CSS 選擇器 </title>
    <style>
        * {
```

```
        font-size: 18px;
        font-weight: bold;
      }
    </style>
</head>
<body>
    <h1> 這裡是標題 </h1>
    <p> 這裡是段落 </p>
    <a> 這裡是超連結 </a>
</body>
</html>
```

執行程式，瀏覽器著色效果如圖 1-9 所示。

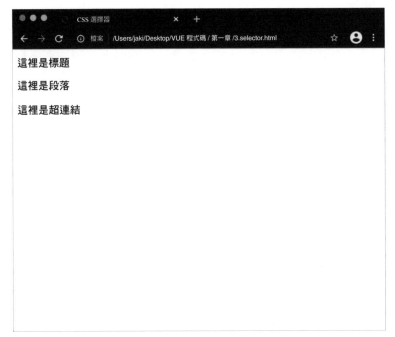

▲ 圖 1-9 HTML 著色效果

如以上程式所示，使用通用選擇器將 HTML 檔案中所有的元素選中，之後將其內所有的文字字型都設定為粗體 18 號。

2. 標籤選擇器

顧名思義，標籤選擇器可以透過標籤名稱對此標籤對應的所有元素的樣式進行設定，範例程式如下：

➜ 【程式部分 1-8】

```
p {
    color:red;
}
```

上面的程式將所有 p 標籤內部的文字顏色設定為紅色。

3. 類別選取器

類別選取器需要結合標籤的 class 屬性來使用，可以在標籤中新增 class 屬性來為其設定一個類別名稱，類別選取器會將所有設定對應類別名稱的元素選中，類別選取器的使用格式為「.className」。

4. id 選擇器

id 選擇器和類別選取器類似，id 選擇器可以透過標籤的 id 屬性進行選擇，其使用格式為「#idName」，範例如下：

➜ 【程式部分 1-9 原始程式見附件程式 / 第 1 章 /3.selector.html】

```
<!DOCTYPE html>
<html lang="en">
<head>
    <meta charset="UTF-8">
    <meta name="viewport" content="width=device-width, initial-scale=1.0">
    <title>CSS 選擇器 </title>
    <style>
        * {
            font-size: 18px;
            font-weight: bold;
        }
        p {
            color:red;
```

```
        }
        .p2 {
            color: green;
        }
        #p3 {
            color:blue;
        }
    </style>
</head>
<body>
    <h1> 這裡是標題 </h1>
    <p> 這裡是段落一 </p>
    <p class="p2"> 這裡是段落二 </p>
    <p id="p3"> 這裡是段落三 </p>
    <a> 這裡是超連結 </a>
</body>
</html>
```

執行上面的程式，可以看到「段落一」的文字被著色成紅色，「段落二」的文字被著色成綠色，「段落三」的文字被著色成藍色。

除上面列舉的 4 種基本的 CSS 選擇器外，CSS 選擇器還支援組合和巢狀結構，例如要選中以下程式中的 p 標籤：

```
<div><p>div 中巢狀結構的 p</p></div>
```

可以使用後代選擇器如下：

```
div p {
    color: cyan;
}
```

對於要同時選中多種元素的場景，也可以將各種選擇器組合，每種選擇器間使用逗點分隔即可，例如：

```
.p2, #p3 {
    font-style: italic;
}
```

此外，CSS 選擇器還有屬性選擇器、偽類別選取器等，有興趣的讀者可以在網際網路上查到大量的相關資料進行學習。本小節只需要掌握基礎的選擇器的使用方法即可。

1.3.2 CSS 樣式入門

掌握了 CSS 選擇器的應用，要選中 HTML 檔案中的任何元素都非常容易，在實際開發中最常用的選擇器是類別選取器，可以根據元件的不同樣式將其定義為不同的類別，透過類別選取器來對元件進行樣式定義。

CSS 提供了非常豐富的樣式供開發者進行設定，包括元素背景的樣式、文字的樣式、邊框與邊距的樣式、著色的位置等。本節將介紹一些常用樣式的設定方法。

1. 元素的背景設定

在 CSS 中，與元素背景設定相關的屬性都是以 background 開頭的。使用 CSS 對元素的背景樣式進行設定，可以實現相當複雜的元素著色效果。常用的背景設定屬性如表 1-1 所示。

▼ 表 1-1 常用的背景設定屬性

屬 性 名 稱	意 義	可設定值
background-color	設定元素的背景顏色	這個屬性可以接收任意合法的顏色值
background-image	設定元素的背景圖片	圖片素材的 url
background-repeat	設定背景圖片的填充方式	repeat-x：水平方向上重複 repeat-y：垂直方向上重複 no-repeat：圖片背景不進行重複延展
background-position	設定圖片背景的定位方式	可以設定為相關定位的列舉值，如 top、center 等，也可以設定為長度值

2. 元素的文字設定

元素的文字設定包括對齊方式設定、縮排設定、文字間隔設定等，下面的 CSS 程式將演示這些文字設定屬性的使用方式。

HTML 標籤：

```
<div class="text"> 文字設定屬性 HelloWorld</div>
```

CSS 設定：

→ 【程式部分 1-10 原始程式見附件程式 / 第 1 章 /3.selector.html】

```
.text {
    text-indent: 100px;
    text-align: right;
    word-spacing: 20px;
    letter-spacing: 10px;
    text-transform: uppercase;
    text-decoration: underline;
}
```

效果如圖 1-10 所示。

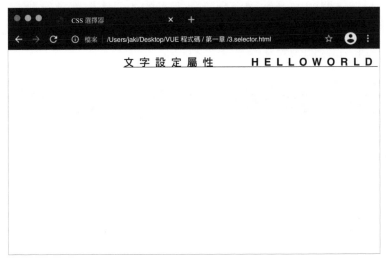

▲ 圖 1-10 使用 CSS 對文字元素進行設定

3. 邊框與邊距設定

　　使用 CSS 可以對元素的邊框進行設定，例如設定元素的邊框樣式、寬度、顏色等。範例程式如下。

　　HTML 元素：

```
<div class="border"> 設定元素的邊框 </div>
```

　　CSS 設定：

➜ 【程式部分 1-11 原始程式見附件程式 / 第 1 章 /3.selector.html 】

```
.border {
    border-style: solid;
    border-width: 4px;
    border-color: red;
}
```

　　上面的範例程式中，border-style 屬性用於設定邊框的樣式，例如 solid 將其設定為實線；border-width 屬性用於設定邊框的寬度；border-color 屬性用於設定邊框的顏色。上面的程式執行後的效果如圖 1-11 所示。

　　使用 border 開頭的屬性設定預設對元素的 4 個邊框都進行設定，也可以單獨對元素某個方向的邊框進行設定，使用 border-left、border-right、border-top、border-bottom 開頭的屬性進行設定即可。

▲ 圖 1-11　邊框設定效果

元素定位是 CSS 非常重要的功能，我們看到的網頁之所以多姿多彩，都要歸功於 CSS 可以靈活地對元素進行定位。

在網頁版面設定中，CSS 盒模型是一個非常重要的概念，其透過內外邊距來控制元素間的相對位置，盒模型結構如圖 1-12 所示。

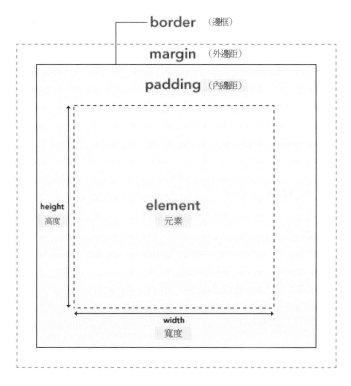

▲ 圖 1-12 CSS 盒模型示意圖

可以透過 CSS 的 height 和 width 屬性控制元素的寬度和高度，padding 相關的屬性可以設定元素內邊距，可以使用 padding-left、padding-right、padding-top 和 padding-bottom 控制 4 個方向上的內邊距。margin 相關的屬性用來控制元素的外邊距，同樣地，使用 margin-left、margin-right、margin-top 和 margin-bottom 控制 4 個方向的外邊距。透過 margin 和 padding 的設定可以靈活地控制元素間的相對位置。範例如下。

➜　【程式部分 1-12 原始程式見附件程式 / 第 1 章 /3.selector.html】

HTML 元素：

```
<span class="sp1">sp1</span>
<span class="sp2">sp2</span>
<span class="sp3">sp3</span>
<span class="sp4">sp4</span>
```

CSS 設定：

```
.sp1 {
    background-color: red;
    color: white;
    padding-right: 30px;
}
.sp2 {
    background-color: blue;
    color: white;
    padding-left: 30px;
}
.sp3 {
    background-color: green;
    color: white;
    margin-left: 30px;
}
.sp4 {
    background-color: indigo;
    color: white;
    margin-right: 30px;
}
```

頁面著色效果如圖 1-13 所示。

▲ 圖 1-13　控制元素內外邊距

需要注意，上面的元素之所以在一行展示，是因為 span 標籤定義的元素預設為行內元素，不會自動換行版面設定。

關於元素的絕對定位與浮動相關內容，不作為讀者需要了解的重點，在本書後續的練習案例中，逐步會使用這些技術為讀者演示。

1.4 JavaScript 入門

學習 Vue 開發技術，JavaScript 和 TypeScript 是基礎。本書的後續章節都需要你能熟練使用 TypeScript 才能進行。TypeScript 本身又是基於 JavaScript 發展而來的，因此對 JavaScript 做基本的了解是很有必要的。JavaScript 是一門物件導向的強大的前端指令碼語言，如果要深入學習 JavaScript，可能需要一本書的厚度來介紹。這並不是本書的重點，因此，如果你沒有任何 JavaScript 基礎，建議學習完本書的準備章節後，先系統地學習一下 JavaScript 語言基礎，再繼續學習本書後續的 Vue 章節。

本節將只介紹 JavaScript 最核心、最基礎的一些概念。

1.4.1 我們為什麼需要 JavaScript

如果將一個網頁類比為一個人，HTML 建構了其骨架，CSS 為其著裝打扮，而 JavaScript 則為其賦予靈魂。不誇張地說，JavaScript 就是網頁應用的靈魂。透過前面的學習，我們知道，HTML 和 CSS 的主要作用是對網頁的著色進行版面設定和調整。要使得網頁擁有強大的功能並且可以與使用者進行複雜的互動，都需要使用 JavaScript 來完成。

首先，JavaScript 能夠動態改變 HTML 元件的內容。建立一個名為 js.html 的檔案，在其中撰寫以下範例程式：

➔ 【程式部分 1-13 原始程式見附件程式 / 第 1 章 /4.js.html】

```
<!DOCTYPE html>
<html lang="en">
<head>
```

```
    <meta charset="UTF-8">
    <meta name="viewport" content="width=device-width, initial-scale=1.0">
    <title>Document</title>
    <script>
        var count = 0
        function clickFunc() {
            document.getElementById("h1").innerText = '${++count}'
        }
    </script>
</head>
<body>
    <div style="text-align: center;">
        <h1 id="h1" style="font-size: 40px;">數值 :0</h1>
        <button style="font-size: 30px; background-color: burlywood;"
onclick="clickFunc()">點擊 </button>
    </div>
</body>
</html>
```

上面的程式中使用到了幾個核心的基礎知識，在 HTML 標籤中可以直接內嵌 CSS 樣式表，為其設定 style 屬性即可，內嵌的樣式表要比外聯的樣式表優先順序更高。button 標籤是 HTML 中定義按鈕的標籤，其中 onclick 屬性可以設定一段 JavaScript 程式，當使用者點擊按鈕元件會呼叫這段程式，如以上程式所示，當使用者點擊按鈕時，我們讓其執行了 clickFunc 函數。clickFunc 函數定義在 script 標籤中，其實現了簡單的計數功能，document 物件是當前的文件物件，呼叫其 getElementById 方法可以透過元素標籤的 id 屬性的值來獲取對應的元素，呼叫 innerText 可以對元素標籤內的文字進行設定。執行程式，可以看到網頁上著色了一個標題和按鈕，透過點擊按鈕，標題上顯示的數字會進行累加，如圖 1-14 所示。

▲ 圖 1-14 使用 JavaScript 實現計數器

　　使用 JavaScript 也方便對標籤元素的屬性進行設定和修改，例如在頁面中新增一個圖片元素，透過點擊按鈕來設定其顯示和隱藏狀態。

➜　【程式部分 1-14 原始程式見附件程式 / 第 1 章 /4.js.html】

　　HTML 程式：

```
<div id="img" style="visibility: visible;">
    <img src="demo.png" width="200px">
</div>
```

　　JavaScript 程式：

```
<script>
    var count = 0
    function clickFunc() {
        document.getElementById("h1").innerText = '${++count}'
        document.getElementById("img").style.visibility = count % 2 == 0 ?
 "visible" : "hidden"
    }
</script>
```

可以看到，使用 JavaScript 獲取標籤的屬性非常簡單，直接使用點語法即可。
同理，我們也可以透過這種方式來靈活地控制網頁上元素的樣式，只需要修改
元素的 style 屬性即可。執行上面的程式，在網頁中點擊按鈕，可以看到圖片元
素會交替顯示與隱藏。

使用 JavaScript 很容易對 HTML 檔案中的元素進行增刪，有時一個非常簡
單的 HTML 檔案能夠實現非常複雜的頁面，其實都是透過 JavaScript 來動態著
色的。

1.4.2 JavaScript 語法簡介

JavaScript 語言的語法非常簡單，入門很容易，對開發者來說上手也非常快。
其語法不像某些強類型語言那樣嚴格，敘述格式和變數類型都非常靈活。當然，
這種靈活有好處，也有局限性，後面會詳細介紹。

1. 變數的定義

JavaScript 使用 var 或 let 來定義變數。其使用 var 定義和 let 定義會使得變
數的作用域不同。在定義變數時，無須關心變數的類型，範例如下：

➡ 【程式部分 1-15 原始程式見附件程式 / 第 1 章 /4.js.html】

```
<script>
    var a = 100              // 定義變數 a 其儲存的值為數值 100
    var b = "HelloWorld"     // 定義變數 b 其儲存的值為字串
    var c = {
        name:"abc"
    }                        // 定義鍵值對變數 c
    var d = [1, 2, 3]        // 定義清單變數 d
    var e = false            // 定義布林變數 e
</script>
```

在 JavaScript 中的註釋規則與傳統的 C 語言類似，我們一般使用「//」來定
義註釋。

2. 運算式

幾乎在任何程式語言中都存在運算式，運算式由運算子與運算數組成。運算數可以是任意類型的資料，也可以是任意的變數，只要其能支援我們指定的運算即可。JavaScript 支援很多標準的運算子，例如算數運算子 +、−、*、/ 等，比較運算子 <、>、<=、<= 等，範例如下：

➜ 【程式部分 1-16 原始程式見附件程式 / 第 1 章 /4.js.html】

```
var m = 1 + 1              // 算數運算
var n = 10 > 5             // 比較運算
var o = false && false     // 邏輯運算
var p = 1 << 1             // 位元運算
```

3. 函數的定義與呼叫

函數是程式的功能單元，JavaScript 中定義函數的方式有兩種，一種是使用 function 關鍵字進行定義，另一種是使用箭頭函數的方式進行定義。無論使用哪種方式定義函數，其呼叫方式都是一樣的，範例如下：

➜ 【程式部分 1-17 原始程式見附件程式 / 第 1 章 /4.js.html】

```
function func1(param) {
    console.log(" 執行了 func1 函數 " + param);
}
var func2 = (param) => {
    console.log(" 執行了 func2 函數 " + param);
}
func1("hello")
func2("world")
```

執行上面的程式，在 VS Code 開發工具的主控台可以看到輸出的資訊。console.log 函數用來向主控台輸出資訊。

4. 條件分支敘述

條件陳述式是 JavaScript 進行邏輯控制的重要敘述，當程式需要根據條件是否成立來分別執行不同的邏輯時，就需要使用條件陳述式，JavaScript 中的條件陳述式使用 if 和 else 關鍵字來實現，範例如下：

➜ 【程式部分 1-18 原始程式見附件程式 / 第 1 章 /4.js.html】

```javascript
var i = 0
var j = 1
if (i > j) {
    console.log("i > j")
} else if (i == j) {
    console.log("i == j")
} else {
    console.log("i < j")
}
```

JavaScript 中也支援使用 switch 和 case 關鍵字多分支敘述，範例如下：

➜ 【程式部分 1-19 原始程式見附件程式 / 第 1 章 /4.js.html】

```javascript
var u = 0
switch (u) {
    case 0:
        console.log("0")
        break
    case 1:
        console.log("1")
        break
    default:
        console.log("-")
}
```

5. 迴圈敘述

迴圈敘述用來重複執行某段程式邏輯，JavaScript 中支援 while 型迴圈和 for 型迴圈，範例如下：

➜　【程式部分 1-20 原始程式見附件程式 / 第 1 章 /4.js.html】

```
var v = 10
while (v > 0) {
    v -= 1
    console.log(v)
}
for(v = 0 ; v < 10; v ++) {
    console.log(v)
}
```

除此之外，JavaScript 還有許多非常強大的語法與物件導向能力，我們在後面的章節中使用時會更加詳細地介紹。

1.4.3　從 JavaScript 到 TypeScript

前面講過，TypeScript 是 JavaScript 的一種超集合。所謂超集合，是指 TypeScript 本身就包含 JavaScript 的所有功能，所有 JavaScript 的語法在 TypeScript 中依然適用。TypeScript 是對 JavaScript 功能的一種增強。

在網際網路時代初期，網際網路應用大多非常簡單，更多的是提供資訊供使用者閱讀，可進行的使用者互動並不多，此時的應用使用 JavaScript 語言來開發非常簡單方便，JavaScript 提供的功能也綽綽有餘。隨著網際網路時代的發展，網際網路應用的規模也越來越龐大，應用涉及的頁面逐漸增多，使用者互動逐漸複雜，這時 JavaScript 本身的靈活性反倒為開發者帶來困擾，過度靈活會導致程式中的錯誤不易排除、模組化能力弱、重構困難等問題。TypeScript 被發明的目的就是解決 JavaScript 的這些問題，它更適用於大型專案的開發。

關於 TypeScript 的用法，後面章節會詳細介紹。本節簡單對比一下 TypeScript 與 JavaScript 的主要區別。

（1）TypeScript 提供了更多物件導向程式設計的特性。JavaScript 本身也是物件導向語言，JavaScript 的物件導向是基於原型實現的，本身並沒有「類別」和「介面」這類概念。整體來說，JavaScript 的物件導向功能較弱，專案越

大,其劣勢就越明顯。TypeScript 中增加了類別、模組、介面等功能,增強了
JavaScript 的物件導向能力。

(2) TypeScript 為 JavaScript 提供了靜態類型功能。JavaScript 中的變數沒
有明確的類型,TypeScript 則要求變數要有明確的類型。靜態類型對大型專案來
說非常重要,很多編碼錯誤在編譯時即可透過靜態檢查發現。同時,TypeScript
還提供了泛型、列舉、類型推論等高級功能。

(3) 函數相關功能的增強。TypeScript 中為函數提供了預設參數值,引入
了裝飾器、迭代器和生成器的語法特性,這些特性增強了程式語言的可用性,
用更少的程式可以實現更複雜的功能。

對於 TypeScript,你可能還有一點疑惑,大部分瀏覽器的引擎只支援
JavaScript 的語法,那麼如何保證 TypeScript 撰寫的專案可以在所有主流瀏覽器
上執行呢?這就需要編譯成功器進行編譯,編譯器的作用是將 TypeScript 編譯
成通用的 JavaScript 程式,以保證在各種環境下的相容性。

最後,對為什麼要使用 TypeScript 而非 JavaScript。這其實是分場景而言的,
對大型專案來說,不論從開發效率上、可維護性上還是程式品質上,TypeScript
都具有明顯的優勢,是前端開發語言的未來與方向。

1.5 漸進式開發框架 Vue

Vue 的定義為漸進式的 JavaScript 框架,所謂漸進式,是指其被設計為可以
自底向上逐層進行應用。我們可以只使用 Vue 框架中提供的某層的功能,也可
以與其他第三方函數庫整合使用。當然,Vue 本身也提供了完整的工具鏈,使用
其全套功能進行專案的建構非常簡單。

在使用 Vue 之前,需要掌握基礎的 HTML、CSS 和 JavaScript/TypeScript
技能,如果你對本章前面所介紹的內容都已經掌握,那麼理解後面使用 Vue 的
相關例子會非常容易。Vue 的漸進式性質使其使用方式變得非常靈活,在使用
時,我們可以使用其完整的框架,也可以只使用其部分功能。

1.5.1 第一個 Vue 應用

在學習和測試 Vue 的功能時，我們可以直接使用 CDN 的方式來進入 Vue 框架，本書將全部採用 Vue 3.0.x 的版本來撰寫範例。首先，使用 VS Code 開發工具建立一個名為 Vue1.html 的檔案，在其中撰寫以下範本程式：

➔ 【程式部分 1-21 原始程式見附件程式 / 第 1 章 /5.Vue1.html】

```html
<!DOCTYPE html>
<html lang="en">
<head>
    <meta charset="UTF-8">
    <meta name="viewport" content="width=device-width, initial-scale=1.0">
    <title>Vue3 Demo</title>
    <script src="https://unpkg.com/vue@next"></script>
</head>
<body>
</body>
</html>
```

其中，我們在 head 標籤中加入了一個 script 標籤，採用 CDN 的方式引入了 Vue 3 的新版本。以我們之前撰寫的計數器應用為例，嘗試使用 Vue 的方式來實現它。首先在 body 標籤中新增一個標題和按鈕，範例如下：

➔ 【程式部分 1-22 原始程式見附件程式 / 第 1 章 /5.Vue1.html】

```html
<div style="text-align: center;" id="Application">
    <h1>{{ count }}</h1>
    <button v-on:click="clickButton">點擊</button>
</div>
```

上面使用到了一些特殊的語法，例如在 h1 標籤內部使用了 Vue 的變數替換功能，{{ count }} 是一種特殊語法，其會將當前 Vue 元件中定義的 count 變數的值替換過來，v-on:click 屬性用來進行元件的點擊事件綁定，上面的程式將點擊事件綁定到了 clickButton 函數上，這個函數也是定義在 Vue 元件中的，定義 Vue 元件非常簡單，我們可以在 body 標籤下新增一個 script 標籤，在其中撰寫以下程式。

➔ 【程式部分 1-23 原始程式見附件程式 / 第 1 章 /5.Vue1.html】

```
<script>
    // 定義一個 Vue 元件，名為 App
    const App = {
        // 定義元件中的資料
        data() {
            return {
                // 目前只用到 count 資料
                count:0
            }
        },
        // 定義元件中的函數
        methods: {
            // 實現點擊按鈕的方法
            clickButton() {
                this.count = this.count + 1
            }
        }
    }
    // 將 Vue 元件綁定到頁面上 id 為 Application 的元素上
    Vue.createApp(App).mount("#Application")
</script>
```

　　首先，上面的範例程式中採用了內嵌 JavaScript 指令稿的方式來實現邏輯，這裡並不涉及 TypeScript 相關內容，TypeScript 需要經過編譯的過程才能轉換成 JavaScript 程式使用，等後續我們學習了 TypeScript 的基本內容後，就可以結合 Vue 進行使用了。如以上程式所示，我們定義 Vue 元件時實際上是定義了一個 JavaScript 物件，其中 data 方法用來傳回元件所需要的資料，methods 屬性用來定義元件所需要的方法函數。在瀏覽器中執行上面的程式，當點擊頁面中的按鈕時，計數器會自動增加。可以看到，使用 Vue 實現的計數器應用要比使用 JavaScript 直接操作 HTML 元素方便得多，不需要獲取指定的元件，也不需要修改元件中的文字內容，透過 Vue 這種綁定式的程式設計方式，只需要專注資料邏輯，當資料本身修改時，綁定這些資料的元素也會同步修改。

1.5.2 範例：一個簡單的使用者登入頁面

本節嘗試使用 Vue 來建構一個簡單的登入頁面。在練習之前，我們先來分析一下需要完成的工作有哪些。

（1）登入頁面需要有標題，用來提示使用者當前的登入狀態。

（2）在未登入時，需要有兩個輸入框及登入按鈕供使用者輸入帳號和密碼進行登入操作。

（3）在登入完成後，輸入框要隱藏，需要提供按鈕讓使用者登出。

只完成上面列出的 3 項功能，使用原生的 JavaScript DOM 操作會有些複雜，借助 Vue 的單雙向綁定和條件著色功能，完成這些需求則會非常容易。

首先建立一個名為 loginDemo.html 的檔案，為其新增 HTML 通用的範本程式，並透過 CND 的方式引入 Vue。之後，在其 body 標籤中新增以下程式。

➔ 【程式部分 1-24 原始程式見附件程式 / 第 1 章 /6.loginDemo.html】

```
<div id="Application" style="text-align: center;">
    <h1>{{title}}</h1>
    <div v-if="noLogin">帳號：<input v-model="userName" type="text" /></div>
    <div v-if="noLogin">密碼：<input v-model="password" type="password" /></div>
    <div v-on:click="click" style="border-radius: 30px;width: 100px; margin: 20px
auto; color: white; background-color: blue;">{{buttonTitle}}</div>
</div>
```

上面的程式中，v-if 是 Vue 提供的條件著色功能，若其指定的變數為 true，則著色這個元素，否則不著色。v-model 用來進行雙向綁定，當輸入框中的文字變化時，其會將變化同步到綁定的變數上，同樣，當我們對變數的值進行改變時，輸入框中的文字也會對應變化。

實現 JavaScript 程式如下。

➔ 【程式部分 1-25 原始程式見附件程式 / 第 1 章 /6.loginDemo.html】

```
<script>
    const App = {
        data () {
            return {
                title:" 歡迎您：未登入 ",
                noLogin:true,
                userName:"",
                password:"",
                buttonTitle:" 登入 "
            }
        },
        methods: {
            click() {
                if (this.noLogin) {
                    this.login()
                } else {
                    this.logout()
                }
            },
            // 登入
            login() {
                // 判斷帳號和密碼是否為空
                if (this.userName.length > 0 && this.password.length > 0) {
                    // 登入提示後更新頁面
                    alert('userNmae:${this.userName} password:${this.password}')
                    this.noLogin = false
                    this.title = ' 歡迎您 :${this.userName}'
                    this.buttonTitle = " 登出 "
                    this.userName = ""
                    this.password = ""
                } else {
                    alert(" 請輸入帳號密碼 ")
                }
            },
            // 登出
            logout() {
                // 清空登入資料
```

```
                this.noLogin = true
                this.title = ' 歡迎您：未登入 '
                this.buttonTitle = " 登入 "
            }
        }
    }
    Vue.createApp(App).mount("#Application")
</script>
```

執行上面的程式，未登入時效果如圖 1-15 所示。當輸入了帳號和密碼登入完成後，效果如圖 1-16 所示。

▲ 圖 1-15 簡易登入頁面（1）　　　▲ 圖 1-16 簡易登入頁面（2）

1.5.3 Vue 3 的新特性

如果你之前接觸過前端開發，那麼相信 Vue 框架對你來說並不陌生。Vue 3 的發佈無疑是 Vue 框架的一次重大改進。一款優秀的前端開發框架的設計一定要遵循一定的設計原理，Vue 3 的設計目標為：

（1）更小的尺寸和更快的速度。

（2）更加現代化的語法特性，加強 TypeScript 的支援。

（3）在 API 設計方面，增強統一性和一致性。

（4）提高前端專案的可維護性。

（5）支援更多、更強大的功能，提高開發者的效率。

上面列舉了數種 Vue 3 的核心設計目標，相較於 Vue 2 版本，Vue 3 有哪些重大的更新點呢？本節就來簡單介紹一下。

首先，在 Vue 2 時代，最小化被壓縮的 Vue 核心程式約為 20KB，目前 Vue 3 的壓縮版只有 10KB，足足減少了一半。在前端開發中，相依模組越小，表示越少的流量和越快的速度，在這方面，Vue 3 的確表現優異。

在 Vue 3 中，對虛擬 DOM 的設計也進行了最佳化，使得引擎可以更加快速地處理局部的頁面元素修改，在一定程度上提升了程式的執行效率。同時，Vue 3 也配套進行了更多編譯時的最佳化，例如將插槽編譯為函數等。

在程式語法層面，相比較於 Vue 2，Vue 3 有比較大的變化。其基本棄用了「類別」風格的 API，而推廣採用「函數」風格的 API，以便更進一步地對 TypeScript 進行支援。這種程式設計風格更有利於元件的邏輯重複使用，例如 Vue 3 元件中心引入的 setup（組合式 API）方法，可以讓元件的邏輯更加聚合。

Vue 3 中也新增了一些新的元件，比如 Teleport 元件（有助開發者將邏輯連結的元件封裝在一起），這些新增的元件提供了更加強大的功能便於開發者對程式邏輯的重複使用。

總之，在性能方面，Vue 3 無疑完勝 Vue 2，同時打包後的體積也會更小。在開發者程式設計方面，Vue 3 基本是向下相容的，開發者無須過多的額外學習成本，並且 Vue 3 對功能方面的拓展對開發者來說更加友善。

關於 Vue 3 更詳細的介紹與新特性的使用方法，後面的章節會逐步向讀者介紹。

1.5.4　我們為什麼要使用 Vue 框架

在真正開始學習 Vue 之前，還有一個問題至關重要，就是我們為什麼要學習它。

首先，做前端開發，你一定要使用一款框架，這就像生產產品的工廠有一套完整的管線一樣。在學習階段，我們可以直接使用 HTML、CSS 和 JavaScript 開發一些簡單的靜態頁面，但是要做大型的商業應用，要完成的程式量非常大，要撰寫的功能函數非常多，而且對互動複雜的專案來說，如果不使用任何框架來開發的話，後期維護和拓展也會非常困難。

既然一定要使用框架，那麼我們為什麼要選擇 Vue 呢？在網際網路 Web 時代早期，前後端的界限還比較模糊，有一個名為 jQuery 的 JavaScript 框架非常流行，其內部封裝了大量的 JavaScript 函數，可以幫助開發者操作 DOM，並且提供了事件處理、動畫和網路相關介面。當時的前端頁面更多的是用來展示，因此使用 jQuery 框架足夠應付所需要進行的邏輯互動操作。後來隨著網際網路的高速發展，前端網站的頁面越來越複雜，2009 年就誕生了一款名為 AngularJS 的前端框架，此框架的核心是回應式與模組化，其使得前端頁面的開發方式發生了變革，前端可以自行處理非常複雜的業務邏輯，前後端職責開始逐漸分離，前端從頁面展示向單頁面應用發展。

AngularJS 雖然強大，但其缺點也十分明顯，總結如下：

（1）學習曲線陡峭，入門難度高。

（2）靈活性很差，這表示如果要使用 AngularJS，就必須按照其規定的一套建構方式來開發應用，要完整地使用其一整套的功能。

（3）由於框架本身龐大，使得速度和性能略差。

（4）在程式層面上，某些 API 的設計複雜，使用麻煩。

只要 AngularJS 有上述問題，就一定會有新的前端框架來解決這些問題，Vue 和 React 這兩個框架就此誕生了。

Vue 和 React 在當下前端專案開發中平分秋色，它們都是非常優秀的現代化前端框架。從設計上，它們有很多相似之處，比如相較於功能齊全的 AngularJS，它們都是「骨架」類別框架，即只包含最基礎的核心功能，路由、狀態管理等功能都是靠獨立的外掛程式來支援的。並且在邏輯上，Vue 和 React

都是基於虛擬 DOM 樹的，改變頁面真實的 DOM 要比虛擬 DOM 的更改性能銷耗大很多，因此 Vue 和 React 的性能都非常優秀。Vue 和 React 都採用元件化的方式進行程式設計，模組間透過介面進行連接，方便維護與拓展。

當然，Vue 與 React 也有很多不和之處，Vue 的範本撰寫採用的是類似 HTML 的方式，寫起來與標準的 HTML 非常像，只是多了一些資料綁定或事件互動的方法，入手非常簡單。而 React 則是採用 JSX 的方式撰寫範本的，雖然這種撰寫方式提供的功能更加強大一些，但是 JavaScript 混合 XML 的語言會使得程式看起來非常複雜，閱讀起來也比較困難。Vue 與 React 還有一個很大的差別在於元件狀態管理，Vue 的狀態管理本身非常簡單，局部的狀態只要在 data 中進行定義，其預設就被賦予了回應性，在需要修改時直接對相應屬性進行更改即可，對於全域的狀態也有 Vuex 模組進行支援。在 React 中，狀態不能直接修改，需要使用 setState 方法進行更改，從這一點來看，Vue 的狀態管理更加簡潔一些。

總之，如果你想儘快掌握前端開發的核心技能並能上手開發大型商業專案，Vue 一定不會讓你失望。

1.6　本章小結

本章是我們進入 Vue 學習的準備章節，在學習 Vue 框架之前，首先能夠熟練應用前端 3 劍客（HTML、CSS 和 JavaScript/TypeScript）。同時，我們對 Vue 的使用也有了初步的體驗，相信你已經體會到了 Vue 在開發中帶來的便利與高效。

透過本章的學習，請你嘗試回答下面的問題，如果每道問題在你心中都有了清晰的答案，那麼恭喜你過關成功，快快開始下一章的學習吧！

（1）在網頁開發中，HTML、CSS 和 JavaScript 分別起什麼作用？

提示 可以從版面設定、樣式和邏輯處理方面思考。

（2）TypeScript 與 JavaScript 之間有什麼關係？

提示 需要理解超集合的概念。

（3）如何動態地改變網頁元素的樣式或內容，請你嘗試在不使用 Vue 的情況下，手動實現本章 1.5.2 節的登入頁面。

提示 嘗試使用 JavaScript 的 DOM 操作來重寫範例專案。

（4）資料綁定在 Vue 中如何使用，什麼是單向綁定，什麼是雙向綁定？

提示 結合本章 1.5.2 節的範例進行分析。

（5）透過對 Vue 範例專案的體驗，你認為使用 Vue 開發前端頁面有哪些優勢？

提示 可以從資料綁定、方法綁定條件和迴圈著色以及 Vue 框架的漸進式性質本身進行思考。

第2章
TypeScript 基礎

　　相比 JavaScript 而言，TypeScript 是一種相對年輕的語言。2013 年 6 月，微軟發佈了第一個 TypeScript 語言的正式版本。正是因為年輕，TypeScript 的設計思想中包含更多的現代程式設計想法和高階語言特性，使得已經非常流行的 JavaScript 語言煥發出了新的光彩。當前，使用 TypeScript 來建構的大型前端專案越來越多，其實不止前端專案，任何之前 JavaScript 可以應用的領域 TypeScript 都可以非常完美地勝任，並且在程式設計過程中，將提供給開發者更暢快的程式設計體驗和更結構化、專案化的程式設計方式。

　　本章將介紹 TypeScript 的安裝、使用以及 TypeScript 中最基礎的語法部分。本章是純程式語言部分的介紹，如果你已經對 TypeScript 有了熟練的應用，可以直接跳過這部分內容。

透過本章，你將學習到：

• TypeScript 的安裝和使用。

• 使用開發工具自動化建構 TypeScript 應用。

• TypeScript 支援的類型。

• 列舉類型的應用。

• 函數的宣告與定義。

2.1　重新認識 TypeScript

老生常談，TypeScript 是 JavaScript 的超集合，同時其可以編譯成功產生純 JavaScript 程式。因此，任何可以執行 JavaScript 的環境，都有 TypeScript 的用武之地。我們知道，JavaScript 本身是一種直譯型語言，其無須編譯，開發者撰寫的程式就是要執行的程式。這類語言的好處是非常靈活，但缺少了編譯器的編譯檢查，這類語言的穩定性和安全性也相對較差。TypeScript 正是彌補了 JavaScript 這一劣勢。

2.1.1　安裝 TypeScript

TypeScript 是需要經過編譯才能執行的，我們安裝 TypeScript 編譯工具，首先需要確保已經安裝了 Node.js 執行環境，在以下網址可以下載最新的 Node.js 軟體：

```
http://nodejs.cn/
```

Node.js 官網如圖 2-1 所示。下載安裝套件後，按照普通軟體的安裝方式安裝即可。

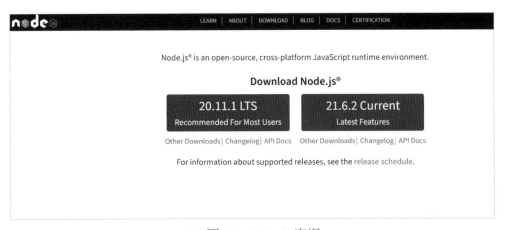

▲ 圖 2-1　Node.js 官網

　　Node.js 附帶 NPM（Node Package Manage）工具，NPM 是 Node.js 的套件管理器，使用其來安裝 JavaScript 相關的函數庫非常方便。打開終端，在其中輸入以下指令來安裝 TypeScript 工具：

```
npm install -g typescript
```

　　如果提示沒有安裝許可權，那麼可能需要在指令前新增 sudo 來使用管理員身份執行指令。上面的指令中，-g 參數表示要進行全域安裝，之後在任何目錄下都可以直接使用 TypeScript 編譯工具。

　　安裝完成後，可以在終端輸入以下指令來檢查是否安裝成功：

```
tsc -v
```

　　如果終端正確輸出了 TypeScript 的版本編號，則表示安裝成功，如下所示：

```
Version 4.7.4
```

　　接著，我們就可以嘗試 TypeScript 版本的 HelloWorld 程式了。

提示 目前的 TypeScript 編譯工具鏈本身也是由 TypeScript 開發出來的。一旦程式語言編譯器等工具的第一版被開發出來，我們就可以使用此程式語言來重構編譯器程式，並使用第一代的編譯器來編譯出第二代的編譯器。程式語言這種自迭代的更新邏輯非常有趣。

2.1.2 TypeScript 語言版本的 HelloWorld 程式

準備好了開發環境，相信你已經迫不及待地想要嘗試一下 TypeScript 的使用了。我們先透過最原始的方式來使用 TypeScript，這有助你對 TypeScript 的工作流程進行理解。

可以使用任何文字編輯器來建立一個名為 1.HelloWorld.ts 的原始程式檔案，在其中輸入以下程式：

➜ 【程式部分 2-1　原始程式見附件程式 / 第 2 章 /1.HelloWorld/1.HelloWorld.ts】

```
function getString(str) {
    return "Hello, " + str;
}
console.log(getString("TypeScript"));
```

程式本身沒有太多邏輯，我們不做過多介紹。之後從終端進入原始程式檔案所在的目錄下，執行以下指令來進行 TypeScript 原始程式檔案的編譯：

```
tsc 1.HelloWorld.ts
```

編譯成功後，你會發現目錄中多了一個 1.HelloWorld.js 檔案，這就是編譯後的 JavaScript 目標程式，可以看到其中的程式如下：

```
function getString(str) {
    return "Hello, " + str;
}
console.log(getString("TypeScript"));
```

此 JavaScript 檔案可以直接執行。例如執行以下指令，即可在終端看到輸出的「Hello, TypeScript」：

```
node 1.HelloWorld.js
```

你或許有些奇怪，TypeScript 原始程式和 JavaScript 目標程式看起來完全一樣。的確如此，因為在 TypeScript 原始程式中，我們尚未使用 TypeScript 提供的特性。下面我們為 getString 函數增加傳回數值型態和參數類型，修改 TypeScript 原始程式如下：

```
function getString(str:String): String {
    return "Hello, " + str;
}
console.log(getString("TypeScript"));
```

上面的程式中，我們指定了 getString 函數中的參數為字串類型，且此函數的傳回數值型態也是字串類型。如果將此 TypeScript 程式直接當作 JavaScript 程式來執行，會遇到語法錯誤的問題，對其進行編譯後，可以發現編譯產物與之前 1.HelloWorld.js 檔案中的程式一模一樣，編譯結果將這類 TypeScript 的類型資訊去掉了。

或許你還是不理解，新增這些 TypeScript 的類型資訊有什麼用呢，編譯的產物不還是普通的 JavaScript 程式，我們直接寫 JavaScript 程式不是更加方便嗎？對於簡單的專案的確如此，但是想像一下，當專案變得龐大後，我們使用的 JavaScript 物件或函數都可能是其他模組提供的，如果沒有明確的參數類型資訊，使用者很可能不知道如何傳遞參數，也極有可能傳遞了錯誤的參數，為專案埋下隱憂，並最終在生產環境中以故障的形式出現。你可以嘗試一下，再次修改 TypeScript 的原始程式如下：

➡ 【程式部分 2-2 原始程式見附件程式 / 第 2 章 /1.HelloWorld/1.HelloWorld.ts】

```
function getString(str:String): String {
    return "Hello, " + str;
}
console.log(getString(1));
```

上面的程式在使用 getString 函數時，我們故意將參數設定成數值類型，編譯此檔案，可以看到主控台會輸出以下異常 (又稱例外，本書使用異常) 資訊：

```
1.HelloWorld.ts:5:23 - error TS2345: Argument of type 'number' is not assignable
to parameter of type 'String'.
5 console.log(getString(1));
Found 1 error in 1.HelloWorld.ts:5
```

這種編譯錯誤的提示非常清晰，很方便開發者查詢錯誤原因，並且避免了錯誤在執行時期才暴露的問題。對大型專案開發來說，這真的是太重要了。

2.1.3　使用高級 IDE 工具

將 TypeScript 原始程式編譯成 JavaScript 檔案後，即可在瀏覽器或 Node.js 環境中執行。但是這對開發者來說還是有些不友善，在撰寫程式後，每次執行都需要手動執行編譯指令不僅非常煩瑣，而且也不利於開發過程中的中斷點與偵錯。因此，在實際程式設計中，使用一個強大的 IDE 工具是很有必要的。

Visual Studio Code 簡稱 VS Code，是微軟於 2015 年推出的輕量但強大的程式編譯器，透過外掛程式的擴充，其支援許多程式語言的關鍵字語法突顯、程式提示以及編譯執行等功能。後面將使用此編輯器來撰寫 TypeScript 程式。

在以下位址可以下載新版本的 VS Code 軟體：

```
https://code.visualstudio.com/
```

下載完成後，直接進行安裝即可。

要進行 TypeScript 程式的執行與偵錯，我們需要另外安裝一個 Node.js 軟體套件，在終端執行以下指令來進行全域安裝：

```
npm install -g ts-node@8.5.4
```

需要注意，安裝的 ts-node 軟體版本要設定為 8.5.4，新版本的 ts-node 可能會對某些函數不支援。

準備工作完成後，可以嘗試使用 VS Code 建立一個名為 2.HelloWorld.ts 的測試檔案，撰寫程式如下：

➜ 【程式部分 2-3 原始程式見附件程式 / 第 2 章 /2.HelloWorld/2.HelloWorld. ts】

```typescript
function getString(str:String): String {
    return "Hello, " + str;
}
let str:String = "TypeScript !!!";
console.log(getString(str));
```

程式本身和上一節幾乎沒什麼變化，下面我們設定 VS Code 的自訂執行規則，選中 VS Code 側邊欄上的偵錯與執行選項，其中會提示我們建立 launch. json 檔案，點擊此按鈕即可快速建立，如圖 2-2 所示。

注意在生成此檔案時要選擇 Node.js 環境。

將生成的 launch.json 檔案修改如下：

```json
{
    "version": "0.2.0",
    "configurations": [

        {
        "command": "ts-node ${file}",
          "name": "Launch Program",
          "request": "launch",
          "type": "node-terminal"
        }
    ]
}
```

此檔案用來設定執行所需要執行的指令，這裡我們無須深究，只需要了解即可。設定之後，在 VS Code 中執行當前專案中的 TypeScript 檔案時會自動呼叫 ts-node 軟體進行執行，可以嘗試對 2.HelloWorld.ts 檔案進行執行，從偵錯主控台可以看到所輸出的 Log 資訊，如圖 2-3 所示。

▲ 圖 2-2　建立自訂執行與偵錯規則　　▲ 圖 2-3　直接執行 TypeScript 原始程式碼

　　在開發過程中，中斷點偵錯也是非常重要的一部分，在 VS Code 中，滑鼠在需要中斷點的程式行左側點擊，即可新增一個偵錯中斷點，以 Debug 偵錯的方式進行執行，當程式執行到對應中斷點行時，即可中斷，且可以在偵錯區看到當前堆疊中的變數資料，如圖 2-4 所示。

▲ 圖 2-4　對程式進行中斷點偵錯

2.2　TypeScript 中的基本類型

　　為 JavaScript 增加靜態類型的功能是 TypeScript 的重要特點之一。類型靜態化對開發大型專案來說好處非常多，靜態類型本身就使程式有更強的自解釋能力，並且編譯成功時的檢查，程式的安全性和健壯性也更強。

JavaScript 所有的資料型態在 TypeScript 中都支援靜態化，此外還提供了實用的列舉類型。本節將對這些類型做基本的介紹。

2.2.1 布林、數值與字串

在軟體設計中，布林類型是非常重要的，大多邏輯敘述的判斷部分都是透過布林值來實現的。在 TypeScript 中，布林類型叫作 boolean，其值只有 true 和 false 兩種。

要指定一個變數的類型為布林類型，直接在變數名稱後加冒號，冒號後面加 boolean 即可，範例如下。

➜ 【原始程式見附件程式 / 第 2 章 /3.Boolean-Number-String/3.boolean-number-string.ts】

```
// 定義一個布林類型的變數，並將其賦值為 true
var isSuccess: boolean = true;
```

需要注意，JavaScript 中提供了一個名為 Boolean 的函數，例如下面的程式傳回的值將不是 boolean 類型。

➜ 【原始程式見附件程式 / 第 2 章 /3.Boolean-Number-String/3.boolean-number-string.ts】

```
// 使用 Boolean 建構方法來建立一個包裝布林值的物件
var isComplete = new Boolean(1);
```

使用建構方法的方式呼叫 Boolean 函數將傳回一個物件，物件中會包裝一個布林值，因此 isComplete 變數本質上是物件類型，不能將其宣告為 boolean 類型，可以透過呼叫此物件的 valueOf 方法來獲取內部包裝的布林值，範例如下。

➜ 【原始程式見附件程式 / 第 2 章 /3.Boolean-Number-String/3.boolean-number-string.ts】

```
console.log(typeof isComplete);
console.log(typeof isComplete.valueOf(), isComplete.valueOf());
```

執行程式，主控台將輸出如下：

```
object
boolean true
```

如果不使用建構方法，直接呼叫 Boolean 函數，則其傳回的依然是 boolean 類型的資料，範例如下：

➜ 【原始程式見附件程式 / 第 2 章 /3.Boolean-Number-String/3.boolean-number-string.ts】

```
// 呼叫 Boolean 函數（非建構方法）來建立 boolean 類型的資料
var isPass: boolean = Boolean(0);
```

提示 與 Boolean 方法類似，JavaScript 中也提供了 String、Number 等類型的建構方法，使用建構方法建立出來的都是物件類型，其本質是對基礎類型態資料進行包裝，這在撰寫 TypeScript 程式時要額外注意。後面就不再贅述了。

在 JavaScript 中，所有數值都只有一種類型，即 number。TypeScript 中支援使用多種方式來定義數值。範例如下。

➜ 【程式部分 2-4 原始程式見附件程式 / 第 2 章 /3.Boolean-Number-String/3.boolean-number-string.ts】

```
// 使用整數
var num1: number = 6;
// 使用浮點數
var num2: number = 3.14;
// 使用二進位表示
var num3: number = 0b1010;
// 使用八進制表示
var num4: number = 0o71;
// 使用十六進位表示
var num5: number = 0xff;
// 表示無窮
var num5: number = Infinity;
// 表示 Not A Number
var num6: number = NaN;
```

其中 Infinity 和 NaN 是兩個特殊的數值，Infinity 用來表示無窮的概念，NaN 用來描述非數字，例如要撰寫一個將字串轉換成數值的函數，如果呼叫方傳入的字串不能轉換，就可以傳回一個 NaN 值。

下面介紹本節的最後一塊內容——字串。字串的類型為 string，和 JavaScript 類似，在定義時可以使用雙引號，也可以使用單引號，範例如下：

➔ 【原始程式見附件程式 / 第 2 章 /3.Boolean-Number-String/3.boolean-number-string.ts】

```
var str1: string = 'Hello';
var str2: string = "World";
```

TypeScript 中也支援使用範本字串，即字串插值，這極大地方便了開發者所需處理的字串拼接工作，範例如下：

➔ 【原始程式見附件程式 / 第 2 章 /3.Boolean-Number-String/3.boolean-number-string.ts】

```
// 結果為：str1 is Hello, str2 is World
var str3: string = 'str1 is ${ str1 }, str2 is ${ str2 }';
```

在使用範本字串時，也支援換行操作，下面的寫法也是合法的：

```
// 結果為
//str1 is Hello
//str2 is World
var str3: string = 'str1 is ${ str1 }
str2 is ${ str2 }';
```

2.2.2 特殊的空數值型態

在 JavaScript 中有兩個非常特殊的類型，分別是 null 類型和 undefined 類型。null 類型對應的值只有一個，同樣寫作 null。undefined 類型對應的值也是只有一個，同樣寫作 undefined。

很多時候，開發者對這兩個類型的理解會造成混淆。雖然從行為上說，null 和 undefined 有很多相似之處，但其應用場景和語義確實完全不同。

我們先來看 undefined，這個值從命名上理解為未定義的。其表示的是一個變數最原始的狀態，有以下幾種場景。

1. 宣告了而未定義

範例如下：

➡ 【原始程式見附件程式 / 第 2 章 /4.null-undefined/4.null-undefined.ts】

```
var o1:string;
// 將輸出：undefined undefined
console.log(o1, typeof o1);
```

在進行 TypeScript 編譯時，上面的程式並不會顯示出錯，透過輸出可以看到，變數 o1 的類型為 undefined。這裡需要注意，無論我們將變數宣告為什麼類型，其如果未定義，則都是 undefined 類型，值也是 undefined，undefined 和 null 是所有類型的子類型。

2. 存取物件中不存在的屬性

當存取了物件中不存在的屬性時，也會傳回 undefined 值，範例如下：

➡ 【原始程式見附件程式 / 第 2 章 /4.null-undefined/4.null-undefined.ts】

```
var o2 = {};
//undefined
console.log(o2["prop"]);
```

3. 函數定義的形參未傳遞實際參數

當函數定義了參數但是呼叫時未傳遞參數時，其值也是 undefined，範例如下：

➜ 【原始程式見附件程式 / 第 2 章 /4.null-undefined/4.null-undefined.ts 】

```
function method(prop) {
    console.log(prop);
}
method();
```

其實，上面的程式在 TypeScript 中已經無法編譯通過了，TypeScript 會檢查函數的傳遞參數，對於未設定預設值的參數，如果也未傳遞實際參數，則會編譯顯示出錯。

4. void 運算式的值

undefined 應用的最後一個場景是關於 void 運算式的，ECMAScript 規定了 void 操作符號對任何運算式求值的結果都是 undefined，範例如下。

➜ 【原始程式見附件程式 / 第 2 章 /4.null-undefined/4.null-undefined.ts 】

```
// 結果為 undefined
var o3 = void "Hello";
```

綜上所述，undefined 的語義表達了某個變數或運算式的原始狀態，即未人為操作過的狀態，通常我們不會將 undefined 賦值給某個變數，或在函數中傳回 undefined，即使我們可以這麼做。

和 undefined 相比，null 更多想表達的是某個變數被人為置空，例如當某個物件資料不再被使用時，我們就可以將引用它的變數置為 null，垃圾回收機制會自動對其佔用的記憶體進行回收。

關於 null，有一點需要額外注意，如果我們對 null 使用 typeof 來獲取類型，其會得到 object 類型，這是 JavaScript 語言實現機制上所造成的誤解，但需要知道，null 值的真正類型是 null 類型。

最後，還需要介紹一個 void 類型，void 類型是 TypeScript 中提供的一種特殊類型，其表示「沒有任何類型」，當一個函數沒有傳回值時，可以將其傳回值的類型定義為 void，範例如下。

➜ 【原始程式見附件程式 / 第 2 章 /4.null-undefined/4.null-undefined.ts 】

```
function func1():void {}
```

只有 undefined 和 null 兩個值可以賦值給 void 類型的變數。但是通常情況下，我們並不會宣告一個 void 類型的變數來使用。

2.2.3 陣列與元組

和 JavaScript 類似，TypeScript 也方便操作一組元素。陣列比數值、字串這些類型要略微複雜一些，因為陣列的類型是與其中所存放的元素類型有關的。宣告陣列的類型有兩種方式，一種是採用「類型 + 中括號」來指定陣列類型，另一種是透過「Array+ 泛型」來指定陣列類型。

範例如下。

➜ 【原始程式見附件程式 / 第 2 章 /5.array-tuple/5.array-tuple.ts 】

```
var list1: number[] = [1, 2, 3];
```

number[] 將指定變數的類型為陣列類型，並且陣列中的元素必須都是數數值型態的。如果此時向陣列中追加非數數值型態的元素，則會編譯顯示出錯。

同樣也可以使用以下程式來宣告陣列的類型。

➜ 【原始程式見附件程式 / 第 2 章 /5.array-tuple/5.array-tuple.ts 】

```
var list2: Array<string> = ["a", "b", "c"]
```

關於泛型的使用，我們後續還會專門介紹，這裡不做過多解釋。

需要注意，變數一旦被指定了嚴格的陣列類型，則陣列中的元素類型也是嚴格的，無論是陣列賦值還是向其內部插入元素，元素的類型都必須是正確的。如果一個陣列中需要存放多種類型的元素，則我們可以使用聯合類型或任意類型來指定，後面會詳細介紹。

　　元組是 TypeScript 中增加的資料型態，JavaScript 並不支援，但是元組本身並不是一個新的概念，在許多程式語言中都有元組類型。在 TypeScript 中，元組本身也是陣列，只是其支援合併不同類型的物件，簡單理解，就是我們可以將一組不同資料型態的陣列組合到一個盒子裡，類似於套餐的感覺。

　　一個簡單的元組類型範例如下：

➡ 【原始程式見附件程式 / 第 2 章 /5.array-tuple/5.array-tuple.ts】

```
var tuple1: [string, number] = ["XiaoMing", 25]
```

　　此元組的本意是用來記錄使用者的名字與年齡，名字一般為字串類型，年齡則為數值類型。在使用元組時，我們可以按照和陣列類似的方式來設定值，範例如下：

➡ 【原始程式見附件程式 / 第 2 章 /5.array-tuple/5.array-tuple.ts】

```
//name is XiaoMing, age is 25
console.log('name is ${tuple1[0]}, age is ${tuple1[1]}');
```

　　同樣，在對元組變數進行賦值時，也支援對其中某個元素進行賦值，但是類型必須與所定義的一致，範例如下：

```
tuple1[0] = "DaShuai"
```

　　我們知道陣列是可以透過呼叫 push 方法來追加元素的，元組的本質是陣列，那麼它也支援這樣的操作，只是如果我們追加的元素超出了宣告時所定義類型的個數，則後續的元素類型會被當作元組內所有支援的元素類型的聯合類型。以上面的程式為例，我們定義的元組中元素的類型支援字串和數值，當向元組中新增第 3 個元素時，其可以是字串類型，也可以是數數值型態，這也是聯合類型的核心作用，後面會詳細介紹。例如下面的程式是合法的：

➡ 【程式部分 2-5 原始程式見附件程式 / 第 2 章 /5.array-tuple/5.array-tuple.
ts】

```
var tuple1: [string, number] = ["XiaoMing", 25]
tuple1.push("TypeScript");
tuple1.push(1101);
```

但是需要注意，從程式語法設計上，元組應該被理解為不可任意增加元素的集合，上面的程式從 TypeScript 的設計層面來看是不應該被允許的。我們也應該儘量避免如此使用元組。

最後，JavaScript 中陣列的用法不在我們的討論範圍之內，JavaScript 本身已經支援許多陣列操作方法，包括拼接、分割、追加、刪除等，如果讀者尚有疑惑，可以自行查閱相關資料了解。

2.3 TypeScript 中有關類型的高級內容

本節介紹一些高級的類型，包括列舉、Any 類型、Never 類型以及物件類型。

2.3.1 列舉類型

列舉類型是 TypeScript 對 JavaScript 標準資料型態的補充。當值域限定在一定範圍內時，或說當值域從有限個選項中進行選擇時，使用列舉是非常合適的。例如某個操作的結果只有成功和失敗兩種，即可使用列舉來定義此操作結果的資料型態。又比如每週只有 7 天，每年只有 12 個月，在這類場景下，我們都可以使用列舉類型。

在 TypeScript 中，使用 enum 關鍵字來定義列舉。範例如下：

➡ 【原始程式見附件程式 / 第 2 章 /6.enum/6.enum.ts】

```
enum Result {
    Success,          // 表示成功
    Fail              // 表示失敗
}
```

　　如上面的程式所示，我們定義了一個名為 Result 的新類型，此類型本身是
列舉類型，其中定義了兩個列舉值，Success 表示成功，Fail 表示失敗。預設情
況下，我們定義的列舉都是數字列舉，並且首個列舉的值為 0，後續依次遞增。
TypeScript 也支援自訂數字列舉的列舉值，也支援定義字串列舉，後面會介紹。
Result 列舉的使用範例如下：

➔ 【原始程式見附件程式 / 第 2 章 /6.enum/6.enum.ts】

```
var res:Result = Result.Success;
// 將輸出：0
console.log(res);
```

　　我們也可以手動設定列舉的初始值，範例如下：

➔ 【原始程式見附件程式 / 第 2 章 /6.enum/6.enum.ts】

```
enum Result {
    Success = 10,
    Fail
}
```

　　此時 Success 的值為 10，Fail 的值自動遞增至 11。當然，我們也可以對所
有值都進行設定，範例如下：

➔ 【原始程式見附件程式 / 第 2 章 /6.enum/6.enum.ts】

```
enum Result {
    Success = 10,
    Fail = 20
}
```

　　在使用時列舉可以直接使用列舉名稱，這樣的好處是使程式的可讀性變得
很強，以上面的 Result 為例，如果操作結果傳回一個數值，可能會使呼叫方對
數值的意義感到疑惑，如果傳回 Result 列舉值，則意義就非常明白了。

下面我們來看字串列舉，字串列舉是指列舉值會對應一個具體的字串資料，範例如下：

→ 【程式部分 2-6 原始程式見附件程式 / 第 2 章 /6.enum/6.enum.ts】

```
enum Direction {
    Up = "Up",
    Down = "Down",
    Left = "Left",
    Right = "Right"
}
var direction: Direction = Direction.Down;
// 將輸出： Down
console.log(direction);
```

字串列舉不僅使程式的可讀性增強了，也會使執行時期的輸出資訊更加讀取。

理論上講，列舉項的值有兩種定義方式，一種是採用常數來定義，另一種是採用計算量來定義。在以下場景中，列舉值是以常數的方式定義的。

（1）列舉的首個列舉項沒有初始化，其會被預設賦值為 0，並且其後的列舉項的值會依次遞增。範例如下：

→ 【原始程式見附件程式 / 第 2 章 /6.enum/6.enum.ts】

```
enum Rank {
    A,
    B,
    C
}
```

（2）當前列舉項沒有初始化，並且其前一個列舉項是一個數字常數，則此列舉項的值在上一個列舉項的基礎上加 1。範例如下：

→ 【原始程式見附件程式 / 第 2 章 /6.enum/6.enum.ts】

```
enum Rank {
    A,
```

```
    B = 3,
    C //4
}
```

（3）當前列舉項進行了初始化，且初始化使用的是常數運算式，包括數字常數、字串常數，其他常數定義列舉值，應用了 +、−、～ 這類一元運算子的常數運算式以及應用了 +、−、*、/、%、<<、>>、>>>、&、|、^ 的常數運算式。範例如下：

➜ 【原始程式見附件程式 / 第 2 章 /6.enum/6.enum.ts】

```
enum Rank {
    A,
    B = 3,
    C = 1 * 3 + 8
}
```

對於常數定義的列舉，在 TypeScript 編譯時，其會被編譯成對應的常數值。除上述所列舉的情況外，使用函數或運算式包含變數的列舉定義方式都被稱為計算量定義方式。範例如下：

➜ 【原始程式見附件程式 / 第 2 章 /6.enum/6.enum.ts】

```
enum Rank {
    A,
    B = 3,
    C = mut * 2
}
```

上面程式列舉中的 C 列舉項就是計算量定義的，編譯時其會直接被編譯成計算運算式，而非常數。需要注意，此處所涉及的常數列舉和計算量列舉只會影響編譯的結果，對列舉值本身來說，這只會影響列舉值是在編譯時確定還是在執行時期確定，但是列舉的值一旦確定，就不會隨其運算式中包含的變數的更改而更改。以上面的 Rank 列舉為例，下面的程式兩次輸出的值不變。

➜　【原始程式見附件程式 / 第 2 章 /6.enum/6.enum.ts】

```
//20
console.log(Rank.C);
mut = 30;
//20
console.log(Rank.C);
```

2.3.2　列舉的編譯原理

　　JavaScript 本身沒有提供對列舉類型的支援，你是否思考過，TypeScript 是使用什麼資料結構來實現列舉的？我們先來看以下範例。

➜　【原始程式見附件程式 / 第 2 章 /6.enum/6.enum.ts】

```
enum Result {
    Success = 10,
    Fail = 20
}
//Success
console.log(Result[10]);
//Fail
console.log(Result[20])
//10
console.log(Result["Success"]);
//20
console.log(Result["Fail"]);
```

　　從輸出資訊可以看到，當我們把列舉當成一個物件來使用時，語法上完全沒有問題，而且透過列舉名稱可以取到列舉值，透過列舉值也可以取到列舉名稱。其實被 TypeScript 編譯後，列舉就是一個物件，我們也可以直接將列舉進行列印，範例如下：

```
//{10: 'Success', 20: 'Fail', Success: 10, Fail: 20}
console.log(Result);
```

要了解 TypeScript 的編譯原理，最直接的方式是查看編譯後的 JavaScript 檔案，以上面的 Result 列舉為例，編譯後的結果如下：

```
var Result;
(function (Result) {
    Result[Result["Success"] = 10] = "Success";
    Result[Result["Fail"] = 20] = "Fail";
})(Result || (Result = {}));
```

可以看到，編譯後的 JavaScript 程式實際上是定義了一個名為 Result 的變數，變數儲存的資料是一個物件，物件中將列舉的值與列舉字串格式的名稱進行了映射，同時也反向進行了映射。如果我們定義的列舉本身就是字串列舉，則編譯的結果就更加簡單了，例如：

```
enum Direction {
    Up = "Up",
    Down = "Down",
    Left = "Left",
    Right = "Right"
}
```

編譯後的結果為：

```
var Direction;
(function (Direction) {
    Direction["Up"] = "Up";
    Direction["Down"] = "Down";
    Direction["Left"] = "Left";
    Direction["Right"] = "Right";
})(Direction || (Direction = {}));
```

現在，回憶一下我們之前講的常數定義列舉值與計算量定義列舉值會影響編譯後的結果，是不是就更容易理解了？例如下面的列舉：

```
var mut = 10;
enum Rank {
    A = 1,
    B = 3 * 2,
```

```
    C = mut * 2
}
```

　　編譯後的結果如下：

```
var mut = 10;
// 常數
var Rank;
(function (Rank) {
    Rank[Rank["A"] = 1] = "A";
    Rank[Rank["B"] = 6] = "B";
    Rank[Rank["C"] = mut * 2] = "C";
})(Rank || (Rank = {}));
```

2.3.3　any、never 與 object 類型

　　在前面的章節中，我們介紹過 void 類型，any 類型與之相反，其可以表示任意類型。雖然 TypeScript 中要求變數都有明確的類型，但是有的時候，我們確實需要一個變數既可以儲存某個類型的資料，又可以儲存其他類型的資料。甚至需要在執行時期動態地改變變數的值的類型，例如一開始儲存數值資料，之後儲存字串資料等。這時就可以使用 any 類型來標記變數。例如下面的程式是完全合法的：

➜　【原始程式見附件程式 / 第 2 章 /7.any-never/7.any-never.ts】

```
// 先賦值為數值
var some:any = 1;
// 後修改為字串
some = "Hello";
```

　　any 類型也有另一層意思，它相當於間接地告訴了 TypeScript 編譯器不要檢查當前變數的類型，也就是說，我們使用 any 類型的變數獲取任何屬性和呼叫任何方法都不會產生編譯異常，範例如下：

➜　【原始程式見附件程式 / 第 2 章 /7.any-never/7.any-never.ts】

```
// 獲取任意屬性
some.a;
```

```
// 呼叫任意方法
some.getA();
```

當我們宣告了一個變數，但是並未指定類型時，也可以認為其類型為 any，範例如下：

➜ 【原始程式見附件程式 / 第 2 章 /7.any-never/7.any-never.ts】

```
var some2;
some2 = 1;
some2 = "s";
```

因此，any 本身是一把雙刃劍，為編碼帶來靈活性的同時也降低了程式的安全性。一般來說如果可以明確定義變數的類型，儘量不要使用 any，any 更多會應用在元素類型不定的陣列上。

never 類型通常用於總是會抛出例外的函數，或永遠沒有終結的函數的傳回值。其語義上表示永遠不會存在的值的類型。因此，邏輯上雖然可以宣告一個 never 類型的變數，但是其無法賦任何值，例如下面的程式將產生編譯異常：

```
var n:never;
n = 4;
```

一些可能會使用到 never 類型的場景如下：

➜ 【原始程式見附件程式 / 第 2 章 /7.any-never/7.any-never.ts】

```
// 永遠沒有終點的函數
function loop():never {
    while(true){
    }
}
// 總是抛出例外的函數
function errorMsg(msg:string):never {
    throw Error(msg);
}
```

顧名思義，object 類型為物件類型，即除 number、string、boolean、symbol、null 等基礎類型外的類型。從表現來看，物件中可以封裝屬性和方法，我們會在後續章節中更加詳細地介紹物件的類型，本節不再贅述。

2.3.4 關於類型斷言

類型斷言是指開發者強制指定某一變數的類型，當我們非常明確某個變數儲存的資料是什麼類型時，就可以使用類型斷言來讓編譯器也這麼認為。

有時候，某個變數可能一開始被宣告為 any，但當程式執行到某個時刻時，就可以明確知道其具體的類型，這時就可以使用類型斷言來標記，從而告訴編譯器按照特定的類型進行檢查。範例如下：

➔ 【程式部分 2-7 原始程式見附件程式 / 第 2 章 /8.type-assert/8.type-assert.ts】

```
var some:any;
some = "Hello";
console.log((<string>some).length);
```

這種加括號的語法規則可以強制指定變數的類型，同時，還有另一種語法也可以用來強制指定變數的類型，使用 as 關鍵字，範例如下：

```
console.log((some as string).length);
```

無論使用加括號的方式還是 as 關鍵字的方式強制指定類型，本質上沒有差別。類型斷言除使用在 any 類型的變數上外，通常更多會在聯合類型中使用（後續會介紹聯合類型），但是此時需要注意，類型斷言並不是類型轉換，嘗試將聯合類型的變數斷言成一個聯合類型中不存在的類型時，是會顯示出錯的。範例如下：

➔ 【原始程式見附件程式 / 第 2 章 /8.type-assert/8.type-assert.ts】

```
var some2:number | string;
some2 = "123";
// 此時會顯示出錯，因為聯合類型制定了 some2 變數只能是數數值型態或字串類型
var some3 = <boolean>some2;
```

2.4 函數的宣告和定義

函數是程式中最小的功能單元，在實際開發中，函數的應用是重中之重。本節將介紹如何在 TypeScript 中約束函數的類型，以及 TypeScript 中對 JavaScript 的函數進行了哪些增強。

2.4.1 函數的類型

我們先來回憶一下，在 JavaScript 中，函數可以分為具名函數和匿名函數，都使用 function 關鍵字來宣告，範例如下：

➡️ 【原始程式見附件程式 / 第 2 章 /9.func/9.func.ts】

```
// 具名函數，透過名稱 func1 來呼叫
function func1(x, y) {
    return x+ y;
}
// 匿名函數，需要賦值給變數，使用 func2 變數名稱來呼叫
var func2 = function(x, y) {
    return x + y;
}
```

箭頭函數也屬於一種匿名函數，這裡先不做過多介紹。

參數、函數本體和傳回值是一個函數的 3 要素，在 TypeScript 中，函數的參數和傳回值都需要我們指定明確的類型（如果不指定參數，則預設為 any 類型，傳回值會進行自動推斷）。我們將上面範例的函數在寫法上補充完整。

➡️ 【原始程式見附件程式 / 第 2 章 /9.func/9.func.ts】

```
function func1(x: number, y: number): number {
    return x+ y;
}
```

標明了參數類型和傳回數值型態的函數好處多多，首先從編譯上就可以預防很多執行時期異常的產生，比如傳遞了不合法的參數，傳回值賦予了不同類

型的變數等。從另一方面來看，這些類型資訊本身也對函數的用法進行了解釋，使函數具有更強的可讀性。

現在，你可以思考一下，對於匿名函數，其是要賦值給變數的，那麼此時這個變數應該是什麼類型呢？其實一個函數的類型是由其參數和傳回值共同確定的。範例如下：

➜ 【原始程式見附件程式 / 第 2 章 /9.func/9.func.ts】

```
function func1(x: number, y: number): number {
    return x+ y;
}
var func3: (x:number, y: number) => number = func1;
```

上面的程式中，func1 的類型為 (x: number, y: number) => number，其中參數名稱 x 和 y 是可以任意指定的。這看起來有點複雜，其實函數的類型有明確的規則指定，理解起來並不複雜：只要參數個數一致，對應的每個參數類型一致，傳回數值型態一致的函數都是同一種類型。

在實際開發中，我們經常會遇到需要使用回呼函數的場景，此時函數可以指定類型，相當於對回呼函數的結構進行了約束，極大地方便了開發者的使用。還有一點需要注意，如果一個函數沒有傳回值，則其傳回數值型態需要指定為 void，在宣告函數類型時，void 不能省略，範例如下：

➜ 【原始程式見附件程式 / 第 2 章 /9.func/9.func.ts】

```
// 無參無傳回值的函數類型
var func4: () => void = function(){};
```

2.4.2 可選參數、預設參數和不定個數參數

我們知道，在 JavaScript 中宣告函數時所定義的參數在呼叫時並不一定都要傳遞。但是在 TypeScript 中卻有嚴格的規定，函數中所定義的參數都是必傳的，否則會產生編譯時異常。範例如下：

➜ 【原始程式見附件程式 / 第 2 章 /9.func/9.func.ts】

```
function func1(x: number, y: number): number {
    return x+ y;
}
// 只傳了 1 個參數，會編譯顯示出錯
func1(1);
```

在特殊場景下，有些函數的參數的確需要支援選填，這時就需要使用 TypeScript 中的一種特殊語法，在函數參數的後面新增符號「?」，可以將此參數宣告為可選參數，即表示函數在呼叫時支援此參數不傳。範例如下：

➜ 【原始程式見附件程式 / 第 2 章 /9.func/9.func.ts】

```
function func5(success:boolean, msg?:string) {
    if (!success) {
        console.log(msg);
    }
}
// 編譯正常
func5(true);
```

需要注意，由於 JavaScript 函數的實際參數與形參在匹配時是按順序進行匹配的，因此可選參數必須定義在必填參數的後面。

如果可選參數沒有被賦值，則其預設值為 undefined，TypeScript 中也支援為未賦值的參數提供預設值，範例如下：

➜ 【原始程式見附件程式 / 第 2 章 /9.func/9.func.ts】

```
function func5(success:boolean, msg:string = " 未定義的異常 ") {
    if (!success) {
        console.log(msg);
    }
}
// 編譯正常，將輸出未定義的異常
func5(false);
```

附帶預設值的參數與可選參數一樣，都允許在函數呼叫時省去對應位置參數的賦值。TypeScript 對附帶預設值參數的實現原理也非常簡單，只需要在編譯後的函數本體內判斷對應的參數是否為 undefined，如果是，則使用預設值對其進行賦值，上面的 func5 函數會被編譯如下：

```
function func5(success, msg) {
    if (msg === void 0) { msg = " 未定義的異常 "; }
    if (!success) {
        console.log(msg);
    }
}
```

對於參數個數不定的情況，JavaScript 中本身是支援定義這樣的函數的，例如：

```
function func6() {
    console.log(arguments, typeof arguments);
}
//{ '0': 'a', '1': 'b', '2': 'c' } 'object'
func6("a", "b", "c");
```

需要注意，上面的程式可以直接作為 JavaScript 程式在 Node.js 環境中執行，如果當成 TypeScript 程式進行編譯，則會報編譯異常。在 JavaScript 中，一個函數在呼叫時傳入的所有參數都會被包裝到函數本體內的 arguments 物件中，這一特性可以允許開發者在定義函數時並不限制參數的個數，在 TypeScript 中提供了剩餘參數的語法規則，即除可以定義一部分形參外，也可以把多傳的參數都歸納到一個預先定義的陣列形參中，從而細化約束參數的類型，範例如下：

➜ 【原始程式見附件程式 / 第 2 章 /9.func/9.func.ts】

```
function func6(a:string, b:string, ...other:string[]) {
    console.log(a, b, other);
}
//a b ['c', 'd']
func6("a","b","c","d");
```

剩餘參數的實現方式也很好理解，其利用的就是 JavaScript 中的 arguments
物件，在編譯時，其將已經定義的形參剔除，剩下的放入陣列。上面的函數
func6 編譯結果如下：

```javascript
function func6(a, b) {
    var other = [];
    for (var _i = 2; _i < arguments.length; _i++) {
        other[_i - 2] = arguments[_i];
    }
    console.log(a, b, other);
}
```

2.4.3 函數的多載

多態是物件導向程式設計中的重要特性。對函數來說，多態是透過多載實
現的。所謂多載，是指同樣的函數名稱，由於傳入的參數類型不同而執行不同
的邏輯。這種特性在實際專案開發中非常有用。JavaScript 中的函數本身沒有多
載的概念，但是我們可以動態地判斷傳入參數的類型來執行不同的邏輯，例如：

```javascript
function func7(a) {
    if (typeof a === 'string') {
        console.log(" 執行參數為字串的邏輯 ");
    }
    if (typeof a === 'number') {
        console.log(" 執行參數為數值的邏輯 ");
    }
    return a;
}
var res1 = func7("Hello");
var res2 = func7(6);
```

儘管上面的程式可以實現我們預定的邏輯，但是從 TypeScript 的語法檢查
來說並不那麼友善。首先參數 a 的類型會被自動推斷為 any，函數 func7 的傳回
值也會被推斷為 any，這樣就失去了編譯檢查的功能。事實上，函數 func7 的
參數 a 只能是 string 類型或 number 類型，傳回數值型態也只能是 string 類型或
number 類型，當然我們可以使用聯合類型來最佳化，範例如下：

➜　【程式部分 2-8　原始程式見附件程式 / 第 2 章 /9.func/9.func.ts 】

```
function func7(a:string | number):string | number {
    if (typeof a === 'string') {
        console.log(" 執行參數為字串的邏輯 ");
    }
    if (typeof a === 'number') {
        console.log(" 執行參數為數值的邏輯 ");
    }
    return a;
}
```

　　這樣儘管解決了部分問題，但還是不夠完美，因為邏輯上如果輸入的參數為 string 類型，則傳回值也是 string 類型，如果輸入的參數為 number 類型，則傳回值也是 number 類型。此時就可以使用函數多載技術，最佳化程式如下：

➜　【程式部分 2-9　原始程式見附件程式 / 第 2 章 /9.func/9.func.ts 】

```
// 宣告兩個多載函數
function func7(a:string):string;
function func7(a:number):number;
function func7(a:string | number):string | number {
    if (typeof a === 'string') {
        console.log(" 執行參數為字串的邏輯 ");
    }
    if (typeof a === 'number') {
        console.log(" 執行參數為數值的邏輯 ");
    }
    return a;
}
// 編譯正常
var res1:string = func7("Hello");
// 會報類型不匹配錯誤
var res2:string = func7(6);
```

　　需要注意，函數多載是編譯時的特性，並不會影響編譯完成後的 JavaScript 程式，宣告了多載函數後，TypeScript 編譯器在對函數進行處理時會從前往後進行參數類型匹配，以匹配到的第一個多載函數來進行編譯檢查，因此在撰寫多載函數時，我們要儘量將定義類型相對精準地放在前面。

2.5 本章小結

　　本章正式進入了 TypeScript 的學習，我們先介紹了 TypeScript 的安裝和使用，並且使用的 TypeScript 編譯器本身也是使用 TypeScript 語言撰寫的。之後又介紹了如何使用高級的 IDE 工具來開發 TypeScript 的應用，高級的 IDE 工具可以提高開發效率，能夠讓開發者將精力更多地投入程式邏輯本身，而非煩瑣的編譯流程。

　　本章作為 TypeScript 的基礎章節，介紹了 TypeScript 中提供的類型支援功能，並介紹了列舉等特殊的資料型態。除此之外，也對 TypeScript 中宣告和定義的函數做了介紹，函數對程式撰寫來說是重中之重。這些內容雖然很簡單，但卻是開發複雜應用的基礎。後面，我們將在此基礎上介紹 TypeScript 中提供的更多高級特性，尤其是類別和介面的相關知識，學習完這些後，就可以真正將 TypeScript 應用到程式開發中了。現在，一起來回顧一下本章介紹的內容，檢驗一下自己的學習成果。

　　（1）TypeScript 為什麼可以完全相容 JavaScript 程式？

提示 TypeScript 本身就是 JavaScript 的超集合，TypeScript 是需要編譯後使用的，其編譯的產物就是標準的 JavaScript 程式，因此 TypeScript 可以完全相容 JavaScript。但是，TypeScript 更傾向讓開發者使用靜態類型的方式來撰寫程式，TypeScript 編譯器會提供很多對類型的推斷與檢查功能。

　　（2）TypeScript 中的數值字面量有多少種表示方式？

提示 數值字面量可以使用十進位、十六進位、八進制和二進位的方式表示。

　　（3）TypeScript 中的 NaN 與 Infinity 分別有怎樣的意義？

提示 NaN 描述的是非數值，即 Not a Number。當我們想表達某個預期結果為數值的操作無法符合預期時，就可以使用 NaN 來表示。Infinity 則描述的是一種無窮的概念。

（4）TypeScript 中的 undefined 和 null 表達的意義一樣嗎？

提示 雖然很多時候，undefined 和 null 都有空的意思，但是其應用的場景截然不同。undefined 更多表示的是未定義的，即未人為操作的。對變數來說，只宣告而未賦值的變數就是未定義的。對函數來說，未傳實際參數的形參也是未定義的，無傳回敘述的函數的傳回值也是未定義的。對物件來說，存取不存在的屬性的值也是未定義的。null 則表示的是人為賦空，對於不再需要使用的物件，即可將引用它的變數手動賦值為 null，系統會自動回收其所佔用的資源。

（5）TypeScript 中的陣列和元組有什麼異同？

提示 首先陣列和元組都用來存放一組元素，陣列要求其中的類型都相同（儘管可以設定為 any 來儲存任何類型，但語義上元素類型都相同），元組則允許一組元素的類型不相同。

（6）TypeScript 中列舉的本質是什麼？

提示 列舉會被編譯成物件，本質是 TypeScript 編譯器將列舉中的列舉名稱與列舉值進行了雙向映射。

（7）列舉適用於哪些程式設計場景？

提示 如果某個資料型態的值是有限的，且容易窮舉出來，則適合定義成列舉，例如性別、星期等。

（8）在哪些場景下，我們可能會使用到類型斷言？

提示 一般來說合理的架構設計是不需要開發者手動進行類型斷言的，但是類型斷言依然非常有用，有些業務需求開發者在定義變數時無法精準地設定類型，在執行時期才可以真正確定變數的類型，這時就可以使用類型斷言來顯式地告訴編譯器如何對此變數進行編譯檢查。

（9）函數的類型由哪些因素決定？

提示 函數的類型由函數的參數個數、參數類型、傳回值的類型決定。

（10）TypeScript 中提供了函數多載的語法，有什麼應用場景？

提示 函數多載是 TypeScript 中提供的一種編譯時特性，當我們要實現一個函數，其邏輯與傳入參數的類型相關時，就可以嘗試定義一些多載函數，多載函數能夠更進一步地表示參數類型與傳回數值型態的連結關係，增強 TypeScript 的編譯檢查能力。

第 **3** 章

TypeScript 中的物件導向程式設計

　　在前面的章節中,我們介紹了一些關於 TypeScript 類型和基礎用法的內容。本章將更深入地對 TypeScript 介紹。JavaScript 是一門物件導向的程式語言,TypeScript 則對其物件導向能力進行了增強,增強的核心功能就是類別和介面。這也是本章要學習的重點。

　　透過本章,你將學習到:

- 類別和介面的應用。
- TypeScript 的類型推斷能力。
- 聯合類型與交叉類型的應用。

- TypeScript 的類型區分能力。
- 有關 TypeScript 類型的高級用法。

3.1 理解與應用「類別」

　　類別是物件導向程式設計中的重要概念。雖然 JavaScript 是一種物件導向語言，但其本身並沒有提供對類別的支援（在 ES6 標準中已經引入了 class 語法）。JavaScript 採用了原型的方式實現物件建構、繼承等功能。這對開發者來說並不友善，TypeScript 擴充了 JavaScript 的物件導向能力，提供了類別和介面的支援，使複雜邏輯程式的撰寫更加符合開發者的程式設計直覺。本節將介紹類別和介面的相關內容。

3.1.1 類別的定義與繼承

　　在專案開發中，我們會使用到各種各樣的物件，物件本質上就是包裝了資料與邏輯函數的實例，物件中儲存的資料通常稱作屬性，物件中包裝的邏輯函數通常稱作方法。例如當我們需要建立一個「人」物件時，可以這樣做：

➜　【程式部分 3-1 原始程式見附件程式 / 第 3 章 /1.classAndInterface/1.
classAndInterface.ts】

```
var people = {
    name:" 小王 ",
    sayHi() {
        console.log(" 你好，我是 "+this.name);
    }
}
people.sayHi();
```

　　此時，people 物件使用起來並沒有任何問題，其內封裝了 name 屬性和 sayHi 方法。但是，這種直接定義物件的方式並不是程式設計的最佳實踐，在程式中，我們需要很多 people 物件，每個物件的 name 屬性都不同，更複雜一點，我們可能還會擴充每個 people 物件的功能，例如描述老師的 people 物件會有教學的行為，描述學生的 people 物件會有做作業的行為等。我們需要一種方式可以快速地建構出指定的物件，以及方便擴充物件的能力，這就需要使用到類別。

　　類別是物件的範本，從設計模式來說，類別本身就是一種工廠模式。在 TypeScript 中，類別使用關鍵字 class 定義。定義一個名為 People 的類別，範例如下。

➜ 【程式部分 3-2 原始程式見附件程式 / 第 3 章 /1.classAndInterface/1. classAndInterface.ts】

```
class People {
    name:string; // 名稱屬性，宣告類型為 string 類型
    constructor(name:string) {
        this.name = name
    }
    sayHi() {
        console.log(" 你好，我是 "+this.name);
    }
}
var p = new People(" 小王 ");
p.sayHi();
```

　　簡單來說，類別可以視為物件的範本，使用類別可以快速建構出所需的物件。在上面的程式中，People 類別中定義了一個字串類型的屬性 name，定義了一個名為 sayHi 的方法，同時也實現了一個名為 constructor 的方法，此方法比較特殊，被稱為建構方法，執行 new People("小王") 這樣的程式即可呼叫此建構方法，顧名思義，建構方法的作用是用來建構物件。在類別內部，方法中可以使用 this 關鍵字來獲取呼叫此方法的物件實例本身。

　　介紹類別，就不能不介紹繼承。繼承是物件導向程式設計中常見的特性。透過繼承可以非常容易地擴充類別的功能。繼承技術可以將類別按照抽象程度進行分層，例如 People 類別模擬的是人類，人類又可以衍生出許多細化的類別，例如教師類別、學生類別。教師和學生自然都是人類，都有名字，都能夠以 sayHi 打招呼，但是他們又有許多差異之處，例如教師有所教學科目的屬性和教學行為，學生有做作業行為等。這些「類別」之間的關係如圖 3-1 所示。

　　同一個父類別可以衍生出許多子類別，子類別也可以作為其他類別的父類別繼續衍生子類別。透過應用繼承的這種特性，在撰寫類別時，我們可以模擬現實生活中的場景來對類別進行抽象，將複雜邏輯進行分層處理。

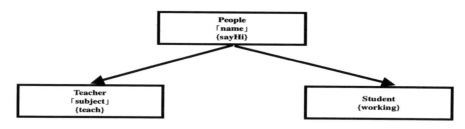

▲ 圖 3-1　類別之間的繼承關係

以教師類別和學生類別為例，撰寫程式如下：

➔ 【程式部分 3-3 原始程式見附件程式 / 第 3 章 /1.classAndInterface/1.
classAndInterface.ts】

```
class Teacher extends People {
    teach() {
        console.log(this.name + " 進行教學 ");
    }
}
class Student extends People {
    working() {
        console.log(this.name + " 完成作業 ");
    }
}
var t = new Teacher(" 李老師 ");
var s = new Student(" 張同學 ");
// 李老師進行教學
t.teach();
// 張同學完成作業
s.working();
```

　　extends 關鍵字用來指定繼承關係，子類別繼承父類別後，會自動擁有父類別的屬性和方法（包括建構方法）。子類別除可以定義獨有的屬性和方法外，也支援對從父類別繼承來的方法進行修改，範例如下：

➜ 【原始程式見附件程式 / 第 3 章 /1.classAndInterface/1.classAndInterface.
　　ts】

```
class Teacher extends People {
    subject:string
    constructor(name:string, subject:string){
        super(name)
        this.subject = subject
    }
    sayHi() {
        super.sayHi();
        console.log(" 同學們好 ");
    }
    teach() {
        console.log(this.name + " 進行教學 " + this.subject);
    }
}
var t = new Teacher(" 李老師 ","TypeScript");
// 李老師進行教學 TypeScript
t.teach();
// 你好，我是李老師
// 同學們好
t.sayHi();
```

　　子類別可以直接重寫父類別中的方法，從而在子類別中實現與父類別不同
的邏輯，如果子類別只是為了拓展父類別邏輯，而非完全重寫父類別邏輯，則
可以在重寫的方法中使用 super 關鍵字來呼叫父類別的方法。需要注意，對建構
方法來說，如果子類別進行了重寫，則其中一定要先使用 super 呼叫父類別的建
構方法。

　　你應該也發現了，透過繼承，在組織類別結構時可以將一些通用的邏輯程
式定義在父類別中，以增強程式的重複使用性。

3.1.2 類別的存取權限控制

　　預設情況下，類別中的屬性和方法都是公開的，也就是說，我們在子類別
中存取父類別的屬性和方法是允許的，使用物件在類別外部呼叫實例屬性和方

法也是允許的。在軟體開發中,完全公開有時候是不符合開閉設計模式原則的,類別內部使用的屬性和方法應儘量保持封閉,不暴露到外界,以免外界有意或無意地修改導致類別內部的工作異常。

　　TypeScript 也提供了許可權管理的相關語法。在定義類別時,我們可以將一些屬性和方法定義成私有的,這樣在類別外和子類別中都不能存取它們。範例如下:

➜ 【原始程式見附件程式 / 第 3 章 /1.classAndInterface/1.classAndInterface.ts】

```typescript
// 定義 Animal 類別
class Animal {
    // 定義了一個 className 屬性,其類型為 string 類型,且是私有的
    private className:string ="Animal";
    // 定義 run 方法,也是私有的
    private run() {
        console.log(this.className + " run...");
    }
}
// 定義 Dog 類別,繼承自 Animal 類別
class Dog extends Animal {
    shout() {
        // 這裡會編譯出錯,無法存取父類別的 className 屬性
        console.log(this.className + " shout...");
    }
}
var a = new Animal();
// 下行程式會編譯出錯,無法存取私有屬性和私有方法
a.run();
console.log(a.className);
```

　　如果有些屬性方法只需要在類別外不能存取,而內類別和子類別可以正常存取,則可以使用 protected 關鍵字進行宣告,protected 宣告的屬性和方法意為受保護的,範例如下:

➔ 【原始程式見附件程式 / 第 3 章 /1.classAndInterface/1.classAndInterface. ts】

```
class Animal {
    protected className:string ="Animal";
    protected run() {
        console.log(this.className + " run...");
    }
}
class Dog extends Animal {
    shout() {
        console.log(this.className + " shout...");
    }
    run() {
        super.run()
    }
}
// 子類別可以正常使用
var d = new Dog();
//Animal run...
d.run();
//Animal shout...
d.shout();
// 父類別實例直接呼叫會編譯異常
var a = new Animal();
// 下行程式會編譯出錯，無法存取私有屬性和私有方法
a.run();
console.log(a.className);
```

對 protected 關鍵字來說，有一點需要注意。建構函數本身也可以使用 protected 關鍵字修飾，這表示此建構函數不能在類別外被呼叫，但是可以被子類別呼叫。在實際應用中，當某些類別的抽象程度較高時，我們不想讓外界直接實例化出此類本身的實例，但是允許其子類別被實例化，就可以使用 protected 關鍵字來控制建構函數的許可權，範例如下：

➔ 【原始程式見附件程式 / 第 3 章 /1.classAndInterface/1.classAndInterface.
　　ts】

```
class Animal {
    protected className:string ="Animal";
    protected weight:string
    protected constructor(weight:string) {
        this.weight = weight
    }
    protected run() {
        console.log(this.className + " run...");
    }
}
class Dog extends Animal {
    constructor(weight:string) {
        super(weight)
    }
    shout() {
        console.log(this.className + " shout...");
    }
    run() {
        super.run()
    }
}
// 編譯錯誤，不能實例化
var a = Animal("700kg");
// 子類別可以正常使用
var d = new Dog("700kg");
```

3.1.3　唯讀屬性與存取器

　　唯讀屬性是指此屬性只能設定值，不能賦值。當然，此唯讀也只是在某
些場景下的唯讀，屬性宣告時和在建構函數內部依然可以對屬性進行賦值。在
TypeScript 中，使用 readonly 關鍵字來將屬性設定為唯讀的。當類別中定義的屬
性是自然常數或邏輯上不可更改的變數時，可以將其設定為唯讀的。範例如下：

➔ 【程式部分 3-4 原始程式見附件程式 / 第 3 章 /1.classAndInterface/1.
classAndInterface.ts】

```
class Circle {
    radius:number
    readonly pi:number = 3.14
    constructor(radius:number) {
        this.radius = radius
    }
    area(): number {
        return this.pi * this.radius * this.radius;
    }
}
var c = new Circle(1)
console.log("面積：" + c.area());
```

上面的程式中，我們定義了一個描述圖形圓的類別，並且其中封裝了一個計算圓面積的方法，我們知道圓面積的計算方式是：$S = \pi r^2$。其中 r 是圓的半徑，π 是圓周率常數。圓周率就是一個自然常數，邏輯上我們無須也不能對它進行更改，將其修飾為唯讀是比較合適的。

在建構函數中也允許對唯讀屬性進行修改，一般來說如果某個類別在實例化時需要傳入參數賦值給屬性，且此屬性為唯讀屬性，則可以在類別定義時省略此屬性的宣告和建構函數中的賦值，直接在建構函數中增加唯讀參數即可，範例如下：

➔ 【原始程式見附件程式 / 第 3 章 /1.classAndInterface/1.classAndInterface.
ts】

```
class Circle {
    readonly pi:number = 3.14
    constructor(readonly radius:number) {
    }
    area(): number {
        return this.pi * this.radius * this.radius;
    }
}
var c = new Circle(1)
console.log("面積：" + c.area());
```

提示 其實對任何增加了許可權修飾符號的建構函數參數來說，其都會自動生成一個對應存取權限的成員屬性，public、protected、private 和 readonly 有同樣的效果。

在很多程式語言中都有屬性存取器的概念，我們更習慣稱其為 Setter/Getter 方法。在前面的例子中，我們對成員屬性進行存取時，都是直接存值和設定值。有時候，存取過程並非只是簡單地存取，例如在上面的圓形類中，半徑是不允許賦值為負數的，這時就可以使用存取器，使用特定的邏輯來對半徑屬性進行設定值和賦值。修改程式如下：

➡ 【程式部分 3-5 原始程式見附件程式 / 第 3 章 /1.classAndInterface/1. classAndInterface.ts】

```typescript
class Circle {
    readonly pi:number = 3.14
    private _radius:number
    constructor(radius:number) {
        this.radius = radius
    }
    set radius(radius:number) {
        console.log(" 呼叫了 Setter 方法 ");
        if (radius >= 0) {
            this._radius = radius;
        }
    }
    get radius(): number {
        console.log(" 呼叫了 Getter 方法 ");
        return this._radius;
    }
    area(): number {
        return this.pi * this.radius * this.radius;
    }
}
var c = new Circle(1)
console.log(" 面積：" + c.area());
```

　　如以上範例程式所示，使用 radius 就像使用普通屬性一樣，但是實際上呼叫了對應的方法，在方法中對私有屬性進行了操作。這樣相當於將類別內部封裝的私有屬性與外界使用的公開屬性進行了隔離，只有符合要求的資料才能被賦值到私有屬性，同樣在獲取屬性的值時也可以有邏輯保證一定傳回合法的值。

提示 Getter 方法和 Setter 方法是可以單獨實現的，如果只實現了 Getter 方法，則效果類似於唯讀屬性。

3.1.4 關於靜態屬性與抽象類別

　　前面我們所討論的屬性都是實例屬性，即只有當類別實例化出物件時，這些屬性才被建立並包裝到物件內部。但並非所有屬性都適合成為實例屬性，有些屬性是所有物件所共用的。比如前面範例程式中的「圓形類」，其中的圓周率不僅應該是常數，還應該是所有「圓物件」所共用的屬性。此時更好的做法是將其宣告成唯讀的靜態屬性。範例如下：

➔ 【程式部分 3-6 原始程式見附件程式 / 第 3 章 /1.classAndInterface/1.classAndInterface.ts】

```
class Circle {
    //static 關鍵字將此屬性修飾為靜態屬性
    static readonly pi:number = 3.14
    private radius:number
    constructor(radius:number) {
        this.radius = radius
    }
    area(): number {
        return Circle.pi * this.radius * this.radius;
    }
}
var c = new Circle(1)
console.log("面積：" + c.area());
```

　　在 TypeScript 中，使用 static 關鍵字來宣告靜態屬性，本質上靜態屬性會被直接定義在「類別」上，而非類別的實例上，同樣在存取時，也是直接透過類別名稱來存取。

　　類別的作用是用來進行物件的實例化，但在邏輯上並非所有的類別都需要實例化出物件。例如電子商務專案中會有各種各樣的商品，商品都有價格，因此我們可以定義一個商品基礎類別（基礎類別也可以視為最基礎的類別，其通常沒有父類別），但是此商品基礎類別本身是沒有實例化的意義的，因為商品都是具體的，具體的商品才有具體的價格。在這種場景下，我們就可以使用抽象類別來定義這個商品基礎類別。範例如下：

➔　【程式部分 3-7　原始程式見附件程式 / 第 3 章 /1.classAndInterface/1. classAndInterface.ts】

```
abstract class Goods {
    abstract price():number
}
class Bread extends Goods {
    price(): number {
        return 5;
    }
}
var bread = new Bread();
// 麵包的價格是 5 元
console.log(' 麵包的價格是 '+bread.price()+" 元 ");
```

　　在 TypeScript 中使用 abstract 關鍵字來定義抽象類別，抽象類別不能直接被實例化，否則會編譯顯示出錯，只有繼承自抽象類別的具體類別才能被實例化。在抽象類別中，我們可以使用 abstract 關鍵字來定義抽象方法，抽象方法只提供宣告，不提供實現，具體的實現需要由子類別完成。

　　當然，抽象類別中也可以定義非抽象的方法，這類方法是可以正常被子類別繼承並在實例中使用的，修改上面的程式如下：

➔ 【原始程式見附件程式 / 第 3 章 /1.classAndInterface/1.classAndInterface.
ts 】

```ts
abstract class Goods {
    // 定義抽象方法，表示貨物的價格
    abstract price():number
    //logInfo 是一個具體的方法，可以有實現，會被子類別繼承
    logInfo():void{
        console.log(" 價格："+this.price()+" 元 ");
    }
}
class Bread extends Goods {
    price(): number {
        return 5;
    }
}
var bread = new Bread();
// 價格：5 元
bread.logInfo();
```

　　最後，還有一點需要注意，抽象類別雖然不能被實例化，但是作為型態宣告其還是很常用的，抽象類別中對方法進行了宣告，具體執行由子類別完成，這種特點方便實現物件導向中的多態特性，範例如下：

➔ 【程式部分 3-8 原始程式見附件程式 / 第 3 章 /1.classAndInterface/1.
classAndInterface.ts 】

```ts
// 定義 Goods 抽象類別
abstract class Goods {
    abstract price():number
    logInfo():void{
        console.log(" 價格："+this.price()+" 元 ");
    }
}
//Bared 類別繼承自 Goods
class Bread extends Goods {
    price(): number {
        return 5;
    }
```

```
}
//Drink 類別繼承自 Goods
class Drink extends Goods {
    price(): number {
        return 3;
    }
}
// 這裡定義的兩個變數的類型都是 Goods 抽象類別
var g1:Goods = new Bread();
var g2:Goods  = new Drink();
// 價格：5 元
g1.logInfo();
// 價格：3 元
g2.logInfo();
```

3.1.5 類別的實現原理

雖然 JavaScript 是一門物件導向的程式語言，但其本身並沒有直接對類別進行支援。物件就是物件，其透過建構函數來建立，透過原型鏈來實現繼承。對開發者來說，這種沒有類別的物件系統不太符合程式設計習慣，因此 TypeScript 和 ECMAScript 6 中都引入了類別的語法糖。我們可以在 TypeScript 中撰寫一個簡單的類別，觀察其編譯後的產物，範例如下：

➜ 【原始程式見附件程式 / 第 3 章 /1.classAndInterface/1.classAndInterface. ts 】

TypeScript 程式：

```
class Base {
    property:string // 實例屬性
    static sProperty:string = "" // 靜態屬性
    // 建構方法
    constructor(pro) {
        this.property = pro
    }
    // 實例方法
    method(params:string):void {
        console.log(params);
```

```
    }
}
```

編譯後的 JavaScript 程式：

```
var Base = /** @class */ (function () {
    function Base(pro) {
        this.property = pro;
    }
    Base.prototype.method = function (params) {
        console.log(params);
    };
    Base.sProperty = "";
    return Base;
}());
```

可以看到，對於定義的類別，TypeScript 編譯器其實做了下面 3 件事情：

（1）以類別名稱作為名稱定義一個建構函數，函數的實現即類別中定義的 constructor 方法。

（2）類別中封裝的函數會被綁定到建構函數的 prototype 上，建構物件時，物件的 __proto__ 屬性會指向此 prototype。

（3）靜態屬性會被綁定到建構函數物件本身。

如果有繼承關係存在，則編譯後的產物中會包含一個繼承函數，用來進行父類別中靜態變數的繼承和原型鏈的建構。範例如下：

TypeScript 程式：

```
class Sub extends Base {
}
```

編譯後的 JavaScript 程式：

```
// 此函數用來將父類別的屬性複製到子類別上，建構繼承原型鏈
var __extends = (this && this.__extends) || (function () {
    var extendStatics = function (d, b) {
        extendStatics = Object.setPrototypeOf ||
```

```
        ({ __proto__: [] } instanceof Array && function (d, b) { d.__proto__ =
b; }) ||
            function (d, b) { for (var p in b) if (Object.prototype.hasOwnProperty.
call(b, p)) d[p] = b[p]; };
        return extendStatics(d, b);
    };
    return function (d, b) {
        if (typeof b !== "function" && b !== null)
            throw new TypeError("Class extends value " + String(b) + " is not a
constructor or null");
        extendStatics(d, b);
        function __() { this.constructor = d; }
        d.prototype = b === null ? Object.create(b) : (__.prototype = b.prototype, new
__());
    };
})();
// 子類別編譯後的 JavaScript 程式
var Sub = /** @class */ (function (_super) {
    // 原型鏈處理
    __extends(Sub, _super);
    // 建構函數繼承父類別實現
    function Sub() {
        return _super !== null && _super.apply(this, arguments) || this;
    }
    return Sub;
}(Base));
```

🔧提示 JavaScript 實現繼承類別和繼承的方式有很多種，只要其符合對應的物件導向特性即可。我們無須過多關注這裡的實現，畢竟使用 TypeScript 的目的就是能夠簡單快捷地實現 JavaScript 中比較煩瑣的物件導向邏輯。

3.2 介面的應用

　　介面也是 TypeScript 提供的核心語法之一，其用來描述物件或類別的結構。乍看起來，介面和抽象類別的作用有些相似，但從應用場景和語義上來說，它們是完全不同的。在日常生活中，介面應用的例子數不勝數，最常見的是電源插銷和插座。插座可以視為介面的定義，所有要使用交流電驅動的電器都需要提供一個插銷來調配插座，插銷可以視為電器對插座介面的一種實現。這種場景下，如果將插座定義成抽象類別明顯是不合適的，插銷只是電器的一部分，並不是電器的類別，同樣，電器除插銷外，還有很多獨立的模組也是遵循指定介面實現的，例如變壓模組、電機模組等。在 TypeScript 中，我們可以為提供獨立功能的模組定義介面，物件和類別透過實現介面來為這些功能提供具體支援。

3.2.1 介面的定義

TypeScript 中使用 interface 關鍵字來定義介面。下面的程式提供了一個簡單的例子：

➜ 【程式部分 3-9 原始程式見附件程式 / 第 3 章 /1.classAndInterface/1. classAndInterface.ts】

```
interface Tips {
    label:string
}
function descLog(t:Tips) {
    console.log(t.label);
}
var circle:Tips = {
    label:" 圓形 "
};
var rectangle:Tips = {
    label:" 矩形 "
}
// 圓形
descLog(circle);
// 矩形
descLog(rectangle);
```

此例子中，Tips 介面約定了一個字串類型的 label 屬性，物件 cricle 和 rectangle 都對此介面進行了實現，列印函數 descLog 要求參數必須為實現了 Tips 介面的物件。上面程式中的介面實現要求是很嚴格的，實現此介面的物件中只能定義 label 屬性，未定義 label 屬性或定義了其他屬性都會產生異常，有時候一個物件需要實現多個介面，也需要擁有介面之外的特有屬性，比如圓形有半徑屬性，矩形有長寬屬性，這時我們可以為介面新增一個字串索引簽名，即指定額外的屬性只要滿足約定的類型即可，範例如下：

➜ 【原始程式見附件程式 / 第 3 章 /1.classAndInterface/1.classAndInterface.ts】

```
interface Tips {
    label:string,
    [propName:string]: number | string
}
var circle:Tips = {
    label:" 圓形 ",
    radius:3
};
var rectangle:Tips = {
    label:" 矩形 ",
    width:100,
    height:100
}
```

修改後的 Tips 介面就靈活很多了，要求實現此介面的物件除 label 屬性外，只要屬性值的類型為數值或字串即可，屬性的個數和名稱不再約束。介面也支援將某些屬性定義為可選的，即允許物件不對其進行實現。範例如下：

➜ 【原始程式見附件程式 / 第 3 章 /1.classAndInterface/1.classAndInterface.ts】

```
interface Tips {
    label:string,
    color?:string,
    [propName:string]: number | string | undefined
}
```

此時，color 屬性是可選的，你可能注意到，我們將字串索引簽名約定的類型修改為 number、string 和 undefined 的聯合類型，這是因為如果實現此介面的物件不提供 color 屬性的實現，則 color 屬性的值為 undefined 的。

介面中定義的屬性也支援新增 readonly 修飾，此時當前屬性被宣告為唯讀屬性，只有物件建立時可以為此屬性賦值，之後不再允許對其修改，範例如下：

➡ 【原始程式見附件程式 / 第 3 章 /1.classAndInterface/1.classAndInterface.ts】

```
interface Tips {
    readonly label:string,
    color?:string,
    [propName:string]: number | string | undefined
}
```

3.2.2 使用介面約定函數和可索引類型

介面除可以約束物件的結構外，也可以約束函數。前面提過，函數的類型由參數個數、參數類型和傳回數值型態決定。介面對函數的約束其實也表現了這些核心點。範例如下：

➡ 【程式部分 3-10 原始程式見附件程式 / 第 3 章 /1.classAndInterface/1.classAndInterface.ts】

```
interface RectangleAreaMethod {
    (width: number, height: number): number
}
let func:RectangleAreaMethod = function(w: number, h: number) {
    return w * h;
}
let func2:(w:number, h:number)=>number = function(w: number, h: number) {
    return w * h;
}
```

如以上程式所示，func 和 func2 變數所賦值的函數類型是一樣的，作用也是一樣的，使用介面可以使函數的類型看起來更加簡潔。在定義函數介面時，參數的名稱是任意的，並不需要與真正實現中的參數名稱一致。

函數本身也是物件，因此在函數介面中也可以定義額外的屬性，此時實現此介面的函數即可直接作為函數進行呼叫，也可以像標準物件一樣進行屬性存取，範例如下：

➜ 【原始程式見附件程式 / 第 3 章 /1.classAndInterface/1.classAndInterface.ts 】

```
function f(w: number, h: number) {
    return w * h;
}
f.desc = " 矩形面積計算函數 ";
let func:RectangleAreaMethod = f
//4
console.log(func(1,4))
// 矩形面積計算函數
console.log(f.desc);
```

你或許會想，介面是否可以對陣列類型的物件進行約束，當然是可以的。陣列也好，字典也好，其本質上都是可索引的類型，我們可以透過陣列下標來索引到值，也可以透過字典 key 名稱來索引到值，例如：

```
let arr = ["a", "b", "c"];
let map = {
    "a":"A",
    "b":"B"
}
//b
console.log(arr[1]);
//A
console.log(map["a"]);
```

上面的程式中，陣列與字典的唯一區別僅在於陣列的 key 是遞增的數數值型態，字典的 key 是字串類型。介面也可以對這類可索引類型進行約束，範例如下：

➔ 【程式部分 3-11 原始程式見附件程式 / 第 3 章 /1.classAndInterface/1.
   classAndInterface.ts 】

```typescript
// 對陣列類型進行介面約束
interface JArray {
    [index: number]: string
}
// 對字典類型進行介面約束
interface JDictionary {
    [key: string]: string
}
let arr: JArray= ["a", "b", "c"];
let map: JDictionary = {
    "a":"A",
    "b":"B"
}
```

　　如果你想要可索引物件內的資料不能被修改，在介面中使用 readonly 即可，
範例如下：

➔ 【原始程式見附件程式 / 第 3 章 /1.classAndInterface/1.classAndInterface.
   ts 】

```typescript
interface JArray {
    readonly [index: number]: string
}
interface JDictionary {
    readonly [key: string]: string
}
let arr: JArray= ["a", "b", "c"];
let map: JDictionary = {
    "a":"A",
    "b":"B"
}
// 嘗試修改會產生編譯錯誤
arr[0] = "1"
```

提示 我們通常將以鍵－值對方式儲存的資料結構稱為字典，就像我們日常生
活中的字典一樣，透過鍵來索引到具體的值。

3.2.3　使用介面來約束類別

　　當介面和類別組合在一起使用時，其描述的是一種契約關係。如果一個類別定義了介面所宣告的屬性和方法，則表示此類對此介面進行了實現。類別無須和介面宣告完全一致，類別只要提供介面宣告的屬性和方法即可，類別本身也可以有自己定義的屬性和方法，範例如下：

➔　【程式部分 3-12 原始程式見附件程式 / 第 3 章 /1.classAndInterface/1.
　　classAndInterface.ts】

```
// 定義 JLog 介面
interface JLog {
    log():void
    desc:string
}
//ClassA 對 JLog 介面進行了實現
class ClassA implements JLog {
    desc:string
    name:string
    constructor(des: string) {
        this.desc = des;
        this.name = 'ClassA 類別 '
    }
    log() {
        console.log(this.name + this.desc)
    }
}
//ClassB 對 JLog 介面進行了實現
class ClassB implements JLog {
    desc:string
    name:string
    constructor(des: string) {
        this.desc = des;
        this.name = 'ClassB 類別 '
    }
    log() {
        console.log(this.name + this.desc)
    }
```

```
}
var clsa:JLog = new ClassA('AAAA');
var clsb:JLog = new ClassB('BBBB');
//ClassA 類別 AAAA
clsa.log();
//ClassB 類別 BBBB
clsb.log();
```

　　上面的程式中，JLog 是一個介面，簡單定義了一個「描述列印」契約，ClassA 和 ClassB 兩個類別都對這個介面進行了實現，之後我們在使用這兩個類別的實例時，可以直接將其類型定義為 JLog 類型。需要注意，類別在繼承時使用的是 extends 關鍵字，實現介面使用的則是 implements 關鍵字。

　　我們也可以將類別實現介面理解為透過介面為類別賦予獨立的功能模組，當然一個類別也可以同時實現多個介面，例如改造前面的程式，使 ClassA 類別不僅具有「描述列印」功能，還能擁有自加的功能，自加的實現邏輯就是將內部的 desc 描述文案進行拼接。

➔　【原始程式見附件程式 / 第 3 章 /1.classAndInterface/1.classAndInterface.ts】

```
interface JLog {
    log():void
    desc:string
}
//JAdd 介面，為類別約定 add 方法
interface JAdd {
    add(b: JAdd): JAdd
}
class ClassA implements JLog, JAdd {
    desc:string
    name:string
    constructor(des: string) {
        this.desc = des;
        this.name = 'ClassA :'
    }
    log() {
        console.log(this.name + this.desc)
```

```
    }
    add(B: ClassA): ClassA {
        return new ClassA(this.desc+B.desc);
    }
}
var a1 = new ClassA('A1');
var a2 = new ClassA('A2');
var a12 = a1.add(a2);
//ClassA :A1A2
a12.log();
```

　　注意，介面對類別的約束實際上約束的是類別的實例物件，並不是類別本身（類別的本質是一個建構函數），因此類中的建構函數、靜態屬性是不能被介面約束的。如果我們需要對類別本身進行約束，則需要定義一個額外的介面，範例如下：

➡ 【程式部分 3-13 原始程式見附件程式 / 第 3 章 /1.classAndInterface/1. classAndInterface.ts 】

```
// 此介面約束類別的建構方法
interface ClassBInterface {
    new (des: string): JLog
}
class ClassB implements JLog {
    desc:string
    name:string
    constructor(des: string) {
        this.desc = des;
        this.name = 'ClassB 類別 '
    }
    log() {
        console.log(this.name + this.desc)
    }
}
var CB:ClassBInterface = ClassB;
```

　　上面的程式中，變數 CB 宣告，類型的 ClassBInterface，ClassBInterface 介面定義入參為字串，傳回值為實現了 JLog 介面的建構函數，ClassB 類別本質就是一個建構函數，完全複合此介面的約束，因此程式可以正常編譯。這裡可能有點繞，可以在後面的實際應用中慢慢體會。

3.2.4 介面的繼承

我們知道，子類別是可以透過繼承來擁有父類別的屬性和方法的。透過繼承這種語法特性，我們可以根據層次關係靈活地對類別進行拆分，方便程式的組合和重用。介面也支援繼承，一個介面繼承自另一個介面可以視為將父介面中宣告的屬性和方法複製到子介面中。介面的繼承也是使用 extends 關鍵字，範例如下：

→ 【程式部分 3-14 原始程式見附件程式 / 第 3 章 /1.classAndInterface/1. classAndInterface.ts 】

```
// 定義 Shape 介面，約定了計算面積的方法
interface Shape {
    area(): number
}
// 定義 CircleInterface 介面，繼承了 Shape 介面，同時新增半徑資料的約束
interface CircleInterface extends Shape {
    radius:number
}
var circleImp: CircleInterface = {
    radius:2,
    area(): number {
        return this.radius * this.radius * 3.14;
    }
}
//12.56
console.log(circleImp.area());
```

在類別進行繼承時，一個子類別只能有一個父類別，從語義上來講，類別是有嚴格的從屬關係，就像某個生物不可能既是動物又是植物一樣。但是介面則不同，從語義上介面描述的更像是一種組合關係，一個介面可以繼承多個介面，例如圓介面可以繼承形狀介面來擁有計算面積方法的宣告，也可以繼承顏色介面來擁有顏色屬性的宣告，範例如下：

➜ 【原始程式見附件程式 / 第 3 章 /1.classAndInterface/1.classAndInterface.ts】

```typescript
interface Shape {
    area(): number
}
interface ColorInterface {
    color:string
}
//CircleInterface 介面組合了 Shape 和 ColorInterface 介面，同時也拓展了自己的功能
interface CircleInterface extends Shape, ColorInterface {
    radius:number
}
var circleImp: CircleInterface = {
    radius:2,
    color:'red',
    area(): number {
        return this.radius * this.radius * 3.14;
    }
}
```

這種多重繼承的語法特性使得介面的定義可以非常靈活。實際上，在對很多第三方的 JavaScript 函數庫提供 TypeScript 支援時，都是對其中提供的功能函數或物件進行介面宣告。

3.3 TypeScript 中的類型推斷與高級類型

嚴格來講，TypeScript 中的任何變數都有明確的類型，但並非所有變數在宣告時都顯式指定類型，這要歸功於 TypeScript 的類型推斷能力。除標準的類型外，在實際專案開發中，我們可能需要更加靈活地對類型進行聯合、組裝等操作，TypeScript 也提供了方法對已有類型進行處理，從而建立出更加靈活的類型。

3.3.1 關於類型推斷

　　類型推斷是 TypeScript 非常實用的功能之一。在定義變數時，TypeScript 要求變數有明確的類型，指定類型的程式雖然不煩瑣，但依然為開發者帶來了額外的工作量。幸運的是，大多數情況下，我們都不需要撰寫額外的類型指定程式，TypeScript 會根據變數的賦值來自動推斷其類型。範例如下：

```
var num = 3; // 變數賦值為 3，此時 num 變數被自動推斷為 number 類型
function numFunc(n:number) {
    return n * n;
}
// 編譯正常
numFunc(num);
```

　　上面的程式中，num 變數會自動被推斷成 number 類型，除標準類型可以自動推斷外，自訂類型也可以被自動推斷，例如：

```
//p 自動被推斷為 People 類型
var p = new People('One');
console.log(p.name);
```

　　對於陣列運算式，自動推斷略微麻煩一些，其需要推斷出最合適的通用類型，例如：

```
var l = [1, 'hello', false, null];
//l 會被推斷成 (number | string | boolean | null)[] 的聯合類型陣列
var l2:(number | string | boolean | null)[]  = l;
```

　　類型推斷雖然好用，但並非適用所有場景，很多時候我們會使用介面來宣告類型，自動推斷功能則會推斷為更具體的類型，範例如下：

➜ 【原始程式見附件程式 / 第 3 章 /2.inferAndAdvance/2.inferAndAdvance.ts】

```
interface Color {
    color: string
}
class Blue implements Color {
```

```
    color = 'blue';
}
class Green implements Color {
    color = 'green';
}
// 此時 colors 會被推斷為 (Blue | Green)[]，而非我們預期的 Color[]
var colors = [new Blue(), new Green()];
interface Color {
    color: string
}
class Blue implements Color {
    color = 'blue';
    base = true;
}
class Green implements Color {
    color = 'green';
    base = true;
}
class CustomColor implements Color {
    color: 'custom';
}
// 此時 colors 會被推斷為 (Blue | Green)[]，而非我們預期的 Color[]
var colors = [new Blue(), new Green()];
// 編譯異常
colors.push(new CustomColor());
```

　　如以上程式所示，我們預期的是將 colors 變數推斷為 Color[] 類型，以便後續可以繼續擴充，但是自動推斷功能將其推斷為 (Blue | Green)[] 類型，此時就需要顯式地設定 colors 變數的類型，例如：

```
var colors:Color[] = [new Blue(), new Green()];
```

3.3.2　聯合類型與交叉類型

　　TypeScript 中最常用的兩種高級類型是聯合類型和交叉類型。關於聯合類型，之前提到過，當我們想定義的某個資料變數可以是多種類型時，就可以使用聯合類型。在語法上，聯合類型使用「|」符號來定義。範例如下：

➜ 【程式部分 3-15 原始程式見附件程式 / 第 3 章 /2.inferAndAdvance/2.
　　inferAndAdvance.ts 】

```
// 定義函數，其中參數設定為聯合類型
function cp(p:string | number): string | number {
    if (typeof p === 'number') {
        return p + p;
    } else {
        return p + p;
    }
}
//6
console.log(cp(3));
//HelloHello
console.log(cp('Hello'));
```

　　上面的程式中，cp 函數的參數類型就是一個聯合類型，其表示參數可以是字串類型，也可以是數數值型態，但只能是這兩種類型中的某一個，同樣 cp 函數的傳回值也是這樣的聯合類型。在 cp 函數的實現中，你可能發現了一個比較奇怪的地方：其中分支敘述的 if 部分與 else 部分的程式區塊完全一樣，我們能否去掉這個判斷邏輯呢？答案是不能，因為對聯合類型 (string | number) 來說，其不支援使用「+」運算子進行相加，儘管字串類型和數值類型本身是支援的。使用 typeof 關鍵字對類型進行判斷後，會觸發 TypeScript 的類型區分功能，在 if 區塊內部，p 參數會預設被斷言成數值類型，同時在 else 區塊中會被斷言成字串類型。

提示 儘管使用 any 來作為類型可以跳過編譯時的類型檢查，但卻使程式失去了類型約束帶來的安全性，在實際開發中，我們應儘量少使用 any 類型。

　　對於聯合類型，如果不做類型區分的話，除非編譯器能夠明確地推斷出具體的類型，否則只能存取所有子類型中共有的屬性，範例如下：

➜ 【原始程式見附件程式 / 第 3 章 /2.inferAndAdvance/2.inferAndAdvance.
　　ts 】

```
class A {
    name  = 'A'
```

```
    aProp = 'prop'
}
class B {
    name = 'B'
    bProp = 'prop'
}
function logAOrB(a: A | B) {
    // 只能存取共有的 name 屬性
    console.log(a.name);
}
```

　　交叉類型在語法上使用「 & 」符號定義。其與聯合類型不同的是，交叉類型表示的是當前變數同時滿足多個類型。通常我們在使用介面的時候，交叉類型較為常用，範例如下：

➜ 【程式部分 3-16 原始程式見附件程式 / 第 3 章 /2.inferAndAdvance/2. inferAndAdvance.ts 】

```
interface Shape {
    area(): number
}
interface Color {
    color: string
}
class RedCircle implements Shape, Color {
    radius: number
    color = 'red'
    constructor(radius:number) {
        this.radius = radius;
    }
    area(): number {
        return this.radius * this.radius * 3.14;
    }
}
var c:Shape & Color = new RedCircle(2);
//red 12.56
console.log(c.color, c.area());
```

由於聯合類型的這種特性，編譯器無須進行類型推斷，可以直接使用所有子類型的屬性方法，範例如下：

➜ 【原始程式見附件程式 / 第 3 章 /2.inferAndAdvance/2.inferAndAdvance.ts】

```
function descColorShape(p: Shape & Color) {
    console.log(p.color, p.area());
}
```

3.3.3 TypeScript 的類型區分能力

聯合類型在未推斷出具體類型前，只能使用其公共部分，有時候這會為開發者帶來很多困擾。例如下面的程式：

```
class Color {
    color:string
    constructor(color:string) {
        this.color = color
    }
}
class Shape {
    size:number
    constructor(size:number) {
        this.size = size
    }
}
function getObj(type): Color | Shape {
    if (type == 0) {
        return new Color('red');
    } else {
        return new Shape(30);
    }
}
var obj1:Color | Shape = getObj(1);
// 會編譯異常，不能使用 size
console.log(obj1.size);
obj1 = getObj(0);
```

```
// 會編譯異常，不能使用 color
console.log(obj.color);
```

上面的程式中，雖然我們明確知道 obj1 物件的類型，但是 TypeScript 編譯器無法推斷，導致我們無法對正常的屬性進行使用。當然，可以強制使用斷言來告訴編譯器類型，範例如下：

➡ 【原始程式見附件程式 / 第 3 章 /2.inferAndAdvance/2.inferAndAdvance. ts】

```
var obj1:Color | Shape = getObj(1);
console.log((<Shape>obj1).size);
obj1 = getObj(0);
console.log((<Color>obj1).color);
```

但是這並不是一個好的做法，使用太多的斷言會把本該由編譯器完成的工作轉嫁到開發人員身上，且會對未來程式的維護改動帶來風險。TypeScript 中提供了幾種方法來幫助開發人員進行類型區分，一種方式是使用 typeof 和 instanceof 來輔助 TypeScript 編譯器進行類型推斷，範例如下：

➡ 【程式部分 3-17 原始程式見附件程式 / 第 3 章 /2.inferAndAdvance/2. inferAndAdvance.ts】

```
// 基底資料型態使用 typeof 輔助類型推斷
function stringOrNumber(p:string | number) {
    if (typeof p === 'string') {
        // 此時編譯器會將參數 p 推斷為 string 類型
        console.log(p.length);
    } else {
        // 此處則會被推斷為 number 類型
        console.log(p / 2);
    }
}
//class 類型使用 instanceof 輔助類型推斷
function colorOrShape(p:Color | Shape) {
    if (p instanceof Color) {
        // 此時編譯器會將參數 p 推斷為 Color 類型
        console.log(p.color);
```

```
    } else {
        // 此處則會被推斷為 Shape 類型
        console.log(p.size);
    }
}
```

另一種方式是自訂類型推斷方法，範例如下：

→ 【程式部分 3-18 原始程式見附件程式 / 第 3 章 /2.inferAndAdvance/2.
inferAndAdvance.ts】

```
function isColor(p: Color | Shape): p is Color {
    return p["color"] != undefined;
}
function isShape(p: Color | Shape): p is Shape {
    return p["size"] != undefined;
}
function colorOrShape2(p:Color | Shape) {
    if (isColor(p)) {
        // 此處會被推斷為 Color 類型
        console.log(p.color);
    }
    if (isShape(p)) {
        // 此處會被推斷為 Shape 類型
        console.log(p.size);
    }
}
```

上面的程式中，isColor 和 isShape 函數傳回的是「類型述詞」，當函數傳回 true 時，表示類型述詞成立，類型述詞的語法為 p is Type，p 需要和函數的參數名稱一致。

3.3.4 字面量類型與類型態名稱

字面量類型可以分為字串字面量類型與數值字面量類型，字面量類型的作用與列舉十分類似，它允許我們指定一些固定的值來定義類型。範例如下：

➔ 【程式部分 3-19 原始程式見附件程式 / 第 3 章 /2.inferAndAdvance/2.
inferAndAdvance.ts】

```
type Align = 'centerX' | 'centerY';
function descAlign(align:Align) {
    if (align == 'centerX') {
        console.log(' 水平置中 ');
    }
    if (align == 'centerY') {
        console.log(' 垂直置中 ');
    }
}
// 水平置中
descAlign('centerX');
```

　　上面的程式中，定義了一個 Align 字串字面量類型，其只有兩種設定值：
centerX 和 centerY。如果對 Align 類型的變數賦值了非上述定義的其他字串，則
會產生編譯異常。TypeScript 也支援定義數數值型態的字面量類型，範例如下：

➔ 【原始程式見附件程式 / 第 3 章 /2.inferAndAdvance/2.inferAndAdvance.
ts】

```
type Size = 44 | 68;
function createAvatar(size:Size) {
    if (size == 44) {
        console.log(' 建立 44 尺寸的圖示 ');
    }
    if (size == 68) {
        console.log(' 建立 68 尺寸的圖示 ');
    }
}
// 建立 68 尺寸的圖示
createAvatar(68);
```

　　實際上，type 關鍵字也可以用來定義類型態名稱。由於聯合類型和交叉類
型的存在，極易產生很長的類型定義，這會使程式變得很長，很難讀。type 語
法可以將一個類型映射成另一個名稱，提高程式的簡潔度和可讀性，範例如下：

➜ 【程式部分 3-20 原始程式見附件程式 / 第 3 章 /2.inferAndAdvance/2. inferAndAdvance.ts】

```
// 使用 type 來定義別名，其表示後面的聯合類型
type BaseAny = number | string | boolean | null | undefined;
var base: BaseAny = 1
var base2: BaseAny = "2"
var base23: BaseAny = false
```

類型態名稱不會建立新的類型，只是為已有的類型定義了一個新的名稱。

3.4 本章小結

本章介紹了 TypeScript 強大的物件導向程式設計功能，類別和介面是物件導向中非常核心的一部分，TypeScript 對類別和介面從語法上進行了支援，相比 JavaScript 更加好用，程式撰寫上也更加簡潔。本章也介紹了 TypeScript 中的高級類型，以及有關類型的高級用法。高級類型中，最常用的便是聯合類型和交叉類型，開發中靈活地使用高級類型往往可以使我們的工作事半功倍。下一章將進入 TypeScript 進階部分，介紹更多關於 TypeScript 的高級用法，其中不乏很多現代程式語言所具有的高級特性。在進入進階部分之前，先來測試一下本章的學習效果吧！

（1）JavaScript 中本身沒有「類別」的概念，那麼 TypeScript 是如何對「類別」進行支援的？

提示 「類別」的本質是物件的範本，JavaScript 中雖然沒有直接提供「類別」，但是卻有建構函數及原型鏈系統。TypeScript 中的類別最終會被編譯成建構函數。

（2）TypeScript 中的介面和類別有什麼區別？

提示 可以從以下幾個方面思考：
① 從程式來看，介面中只有宣告，沒有實現。類別中既有宣告，又有實現。
② 從功能來看，類別用來建構實例物件。介面用來對標準物件、類別及函數的結構進行約束。

③ 從語法來看，類別使用 class 進行定義，介面使用 interface 進行定義。

④ 從繼承行為來看，介面支援多重繼承，類別只能單繼承。

（3）類別中的屬性和方法的存取權限是怎麼控制的？

提示 TypeScript 中的存取權限分為公開的、受保護的和私有的。公開的可以在類別內部、子類別中以及類別外部存取。受保護的只能在類別內部和子類別中存取。私有的只能在類別內部存取。

（4）怎麼理解聯合類型？

提示 有時候，業務場景需要某個變數或函數的某個參數既可能是一種類型又可能是另一種類型時，我們就可以使用聯合類型。聯合類型會組合一組類型，並且表示結果是這些子類型中的。對於聯合類型的變數，我們只能存取所有子類型所共有的部分，但是 TypeScript 提供了很強的類型推斷能力，從而允許開發人員在使用時明確具體的類型。

（5）怎麼理解交叉類型？

提示 和聯合類型類似，交叉類型也會組合一組類型。不同的是，交叉類型表示的含義是既是某種類型又是另一種類型。因此，對於交叉類型的變數，我們可以使用其中任何子類型中的資料。

（6）類型態名稱是定義了新的類型嗎？它有什麼應用場景？

提示 顧名思義，類型態名稱只是對已有類型定義了一個新的名稱，其沒有產生新的類型。通常當已有的某個類型的字數過長或表意不明時，我們可以為其定義一個別名。

第 **4** 章

TypeScript 程式設計進階

　　除強大的靜態類型支援能力外，TypeScript 語言中還引入了許多現代程式語言特性，比如支援泛型，支援「裝飾器」和「混入」的功能語法，支援迭代器和生成器等。這些高級特性可以幫助開發者撰寫出樣式更簡潔、功能更強大、擴充性更強、安全性更高的程式。本章將介紹這些高級功能的用法。

　　透過本章，你將學習到：

- 泛型在程式設計中的應用。
- 迭代器的用法。
- 裝飾器的應用。
- 命名空間與模組的應用。

4.1 使用泛型進行程式設計

在進行軟體開發時，程式的重用性和擴充性是需要認真考慮設計的。有時候我們定義的資料型態不僅要滿足當下的需求，還要能支援未來的需求。泛型是撰寫大型應用程式時常用的一種程式設計方式。本節將介紹如何在 TypeScript 中使用泛型。

4.1.1 泛型的簡單使用

我們首先來體驗一下泛型的使用。很多高級程式語言都支援泛型。簡單理解，泛型允許我們在執行時期決定具體的類型。舉一個簡單的例子，我們需要對程式中參與運算的資料進行記錄，可以定義一個 trace 方法，例如：

```
function trace(data:number):number {
    console.log(' 進行記錄 -',data);
    return data;
}
```

此方法傳入一個數數值型態的資料，進行記錄後原封不動地傳回，要記錄資料時直接呼叫此方法即可，例如：

```
var a = 3;
var b = 4;
var c = trace(a) + trace(b);
```

這樣實現看起來沒什麼問題，但是參與運算的資料型態可能有很多種，如果使用的是字串類型的資料，上面的方法就不能使用了，例如下面的程式會產生編譯異常：

```
var d = 'Hello';
// 這裡類型錯誤，會有編譯異常產生
var e = trace(d).length;
```

要解決這個問題，有兩種顯而易見的方法：一是不斷提供函數多載，將程式中所有使用到的類型都提供支援，但這明顯是不太現實的；二是將 trace 函數的參數和傳回數值型態都改成 any。使用 any 類型雖然可能在一定程度上解決問題，但這也使 trace 函數失去了一些描述資訊：本意是將傳入的參數原封不動地傳回，參數類型和傳回數值型態也應該是相同的。使用了 any 後，參數類型和傳回數值型態便不再有任何連結。在這種場景下，就可以使用泛型。修改範例程式如下。

➔ 【程式部分 4-1 原始程式見附件程式 / 第 4 章 /1.super/super.ts】

```
// 泛型函數
function trace<T>(data:T):T {
    console.log(' 進行記錄 -',data);
    return data;
}
// 數值
var a = 3;
var b = 4;
var c = trace(a) + trace(b);
// 字串
var d = 'Hello';
var e = trace(d).length;
```

現在，trace 函數已經可以支援任何類型的資料了，並且執行後變數的類型資訊不會遺失。

在 TypeScript 中，定義函數時，如果需要使用泛型，可以採用以下格式：

```
function methodName<Type>(p:pType):returnType
```

其中，函數名稱後面的大於小於符號中用來定義類型變數，此變數的名稱是任意的。之後可以在函數的參數、傳回值和函數本體內使用此類型變數。如果我們在參數中使用了此類型變數，則函數在呼叫時會根據傳入的參數類型來自動進行匹配，就如上面的範例程式所示，當傳入的參數類型是字串時，其傳回值也會自動匹配為字串類型。當然，在呼叫函數時，也可以手動設定此泛型的具體類型，範例如下：

➜ 【原始程式見附件程式 / 第 4 章 /1.super/super.ts 】

```
// 數值
var a = 3;
var b = 4;
var c = trace<number>(a) + trace<number>(b);
// 字串
var d = 'Hello';
var e = trace<string>(d).length;
```

更多時候，我們會將泛型和陣列結合使用，範例如下：

➜ 【程式部分 4-2 原始程式見附件程式 / 第 4 章 /1.super/super.ts 】

```
// 定義函數，其參數類型使用泛型來定義
function first<T>(array:T[]):T {
    if (array.length > 0) {
        return array[0];
    } else {
        throw ' 陣列為空 '
    }
}
var array = [1, 2, 3];
var array2 = ["1", "2", "3"];
var array3 = [];
//f 自動被推斷為 number 類型
var f = first(array);
//g 自動被推斷為 string 類型
var g = first(array2);
// 執行到這裡程式會抛出例外
first(array3);
```

其中，first 函數是我們封裝的提取陣列中第一個元素的方法，如果陣列為空，則直接抛出例外。在該函數中定義了一個泛型變數 T，並指定了傳入的參數是一個陣列，陣列中元素的類型是 T 類型，最後指定了傳回值的類型也是 T 類型。

可以看到，當引入了泛型後，函數可以撰寫得非常靈活。泛型的應用場景不僅在函數中，類別和介面中也都可以使用泛型。

4.1.2 在類別和介面中使用泛型

只能在函數中使用泛型是不能令我們滿意的，在撰寫類別和介面的時候也會使用靜態類型，同樣，泛型也支援在類別和介面中使用。

我們先來回憶一下類別的使用，類別作為物件的範本，可以定義屬性與方法，我們可以定義一個容器類別來建立容器實例，在容器中存放其他類型的資料以及提供操作資料的方法，例如：

```
class List {
    l:Array<any>
    constructor() {
        this.l = [];
    }
    add(obj) {
        this.l.push(obj);
    }
    remove():any {
        return this.l.pop();
    }
    mid():any {
        return this.l[Math.floor(this.l.length/2)];
    }
}
// 建立容器
var list = new List();
// 向容器中新增資料
list.add(1);
list.add(2);
list.add(3);
// 獲取中間位置的資料
console.log(list.mid());
// 移除容器中的一筆資料
console.log(list.remove());
```

在上面的例子中，List 類別裡大量使用了 any 類型，這是因為在定義容器類別時，我們無法預料使用方將使用容器來存放什麼類型的資料。在開發過程中，當你發現某個場景需要大量使用 any 類型時，就應該考慮是否應該使用泛型來處理。

　　修改上述類別的定義程式如下：

➜　【程式部分 4-3 原始程式見附件程式 / 第 4 章 /1.super/super.ts】

```
class List<T> {
    l:Array<T>
    constructor() {
        this.l = [];
    }
    add(obj) {
        this.l.push(obj);
    }
    remove():T | undefined {
        return this.l.pop();
    }
    mid():T {
        return this.l[Math.floor(this.l.length/2)];
    }
}
```

　　類別中使用泛型的語法規則是在類別名稱的後面加大於小於符號，大於小於符號內是泛型變數，之後在類別內部的任何地方都可以直接使用此泛型變數。在進行類別實例的建構時，需要提供泛型的具體類型，例如：

```
var list = new List<number>();
```

　　之後，使用此物件呼叫實例方法時，傳回值的類型會自動解析成 number 類型。

　　介面中也可以使用泛型，其語法規則和類別相似，在對介面進行實現時，需要指定泛型的具體類型，實例程式如下：

→ 【程式部分 4-4 原始程式見附件程式 / 第 4 章 /1.super/super.ts】

```typescript
// 定義一個計算面積的介面
interface Area<T> {
    area(o:T):number
}
// 定義圓形和正方形類，實現此介面
class Circle implements Area<Circle> {
    radius: number
    constructor(radius:number) {
        this.radius = radius;
    }
    area(o: Circle): number {
        return o.radius * o.radius * 3.14;
    }
}
class Square implements Area<Square> {
    width: number
    constructor(width:number) {
        this.width = width;
    }
    area(o: Square): number {
        return o.width * o.width;
    }
}
// 對定義的類別進行實例化
var cc = new Circle(2);
var ss = new Square(2);
console.log(cc.area(cc));
console.log(ss.area(ss));
```

上面範例程式中的泛型介面可能看起來用處並不是很大，我們先著重關注其語法規則，更多的應用場景可以在後面的實操章節慢慢體會。

4.1.3 對泛型進行約束

引入泛型程式設計的目的是讓程式設計更加靈活，有更強的相容性和擴充性。但在專案開發中，並非越靈活的設計方式就越好，畢竟 TypeScript 引入靜態類型功能的目的就是彌補 JavaScript 對類型的要求過於靈活帶來的弊端。回憶一下，前面我們在定義 trace 泛型函數的時候，透過直接列印資料本身對資料進行記錄，如果想要讓陣列提供要記錄的描述資訊，可以拋棄泛型，使用介面，範例如下：

➔ 【程式部分 4-5 原始程式見附件程式 / 第 4 章 /1.super/super.ts】

```
// 定義介面，規範類型的描述資訊
interface TraceInterface {
    getDesc():string
}
// 定義追蹤方法，參數使用介面進行約束
function traceV2(data:TraceInterface):TraceInterface {
    console.log(' 進行記錄 -',data.getDesc());
    return data;
}
// 定義 CustomData 類別實現 TraceInterface 介面
class CustomData implements TraceInterface {
    getDesc(): string {
        return " 自訂類別實例 ";
    }
    customMethod() {
        console.log(" 自訂方法 ");
    }
}
var cusIns:CustomData = new CustomData();
var cusObj:TraceInterface = {
    getDesc:function(): string {
        return " 自訂物件 ";
    }
}
traceV2(cusIns);
traceV2(cusObj);
```

目前程式看起來沒什麼問題，但是你可能忘記了 trace 方法的本意，其只是做記錄，之後將原資料傳回，使用了介面後，會遺失原資料的類型，例如下面的程式會產生編譯錯誤，儘管我們知道它是正確的：

```
var cusIns:CustomData = new CustomData();
traceV2(cusIns).customMedhod();
```

因此，在享受泛型帶來的靈活性的同時，也要對泛型進行一些約束，對上面的場景來說，我們需要使用協定來約束泛型，修改程式如下：

➡ 【原始程式見附件程式 / 第 4 章 /1.super/super.ts】

```
function traceV2<T extends TraceInterface>(data:T):T {
    console.log('進行記錄 -',data.getDesc());
    return data;
}
```

在定義泛型時，可以在泛型變數名稱後使用 extends 加介面名稱的方式來對泛型進行約束，表示此處的泛型必須是實現了某個協定的類型，對於上面的例子，traceV2 函數的參數不再適用於所有類型，其只能支援想實現 TraceInterface 協定的類型。

同理，泛型約束語法也適用於類別的繼承關係，可以約束對應的泛型類型必須是某個類別或其子類別。

4.2 迭代器與裝飾器

迭代器和裝飾器都是現代程式語言所具備的特性。透過迭代器可以使自訂的物件按照我們預期的方式來進行內部資料的遍歷。裝飾器則允許我們透過標注的方式來對類別、方法或成員實例增加功能，這是一種元程式設計技術。本節將著重介紹迭代器與裝飾器的用法。

4.2.1 關於迭代器

迭代通常指可遍歷的特性。遍歷是一種快速的循環設定值方式，我們可以透過遍歷來快速獲取陣列中的元素、字串中的字元以及物件中的鍵或值。首先來看一個例子。

➔ 【原始程式見附件程式 / 第 4 章 /1.super/super.ts】

```
var array = ['a', 'b', 'c', 'd'];
// 將輸出 0，1，2，3
for (let i in array) {
    console.log(i);
}
// 將輸出 a，b，c，d
for (let i of array) {
    console.log(i);
}
```

　　需要注意，for-in 結構與 for-of 結構都可以用來進行遍歷，不同的是 for-in 會把物件的鍵遍歷出來，for-of 則會呼叫物件中的迭代器方法（稍後介紹）。可以將陣列理解為鍵從 0 開始進行自動遞增的物件結構。

　　如果你對上面的程式進行編譯，會發現 ES 6 之前的 JavaScript 版本對於 for-in 結構是原生支援的，我們可以直接使用它來遍歷物件中所有的屬性名稱，例如：

```
var obj = {
    a:"A",
    b:"B",
    c:"C"
}
// 將輸出 a，b，c
for (let i in obj) {
    console.log(i);
}
```

　　但如果直接使用 for-of 來遍歷物件，則會編譯顯示出錯，ES6 之前 JavaScript 不支援使用迭代器，使用 ES 6 以上的 JavaScript 目標版本來編譯，for-of 結構遍歷時會自動執行物件內部的迭代器方法，例如：

```
var obj = {
    a:"M",
    b:"N",
    c:"Q",
```

```
    [Symbol.iterator]:function() {
        let index = 0;
        let allKeys = Object.getOwnPropertyNames(this);
        let _this = this;
        return {
            next:function() {
                if (index < allKeys.length) {
                    let res = {
                        value: _this[allKeys[index]],
                        done: false
                    };
                    index ++;
                    return res;
                } else {
                    return {value:undefined, done:true};
                }
            }
        }
    }
}
// 將輸出 M,N,Q
for (let i of obj) {
    console.log(i);
}
```

　　我們再來看一下迭代器的組成，首先在定義物件的迭代器時，需要設定鍵名為 [Symbol.iterator]，其值是一個函數，函數中需要傳回一個物件，此物件包含一個名為 next 的函數屬性，next 函數是核心的迭代器函數，使用 for-of 進行遍歷時會呼叫此 next 函數，next 函數的傳回值來決定迭代的終止條件，傳回的物件結構為 {value:any, done:boolean}，value 為當前迭代的值，done 用來標記是否迭代結束。

4.2.2 關於裝飾器

　　裝飾器是軟體開發中的一種設計模式，在某些場景下，我們可以使用裝飾器為類別、方法、屬性等新增額外的特性。相比於迭代器，裝飾器要略微複雜一些。要使用裝飾器，需要在編譯時指定 ES 版本為 ES 5，並且新增 experimentalDecorators 編譯選項。

　　TypeScript 中的裝飾器支援類別裝飾器、方法裝飾器、存取器裝飾器、屬性裝飾器和參數裝飾器。本節先來介紹類別裝飾器。

　　裝飾器本身是一個函數，我們可以透過特殊的語法宣告將其附加到類別上。類別裝飾器會影響類別的建構函數，簡單來說，如果使用裝飾器函數對類別進行裝飾，則類別在定義後會首先執行裝飾器函數，裝飾器函數可以對建構函數進行修改，例如下面的程式。

→　【程式部分 4-6 原始程式見附件程式 / 第 4 章 /1.super/super.ts】

```
// 定義裝飾器函數
function classConstructorLog(constructor: Function) {
    console.log(" 裝飾器被呼叫 ",constructor);
}
// 使用裝飾器對類別進行修飾
@classConstructorLog
class MyObject {
    constructor() {
        console.log("My Object 的建構函數 ");
    }
}
// 將先呼叫 classConstructorLog 裝飾器函數，再呼叫類別的建構函數
var obj = new MyObject();
```

　　從語法來看，任意函數前加 @ 符號，其會被宣告為一個裝飾器，對於類別裝飾器，裝飾器函數中的參數即為要呼叫的建構函數。類別裝飾器也提供傳回值，提供的傳回值需要繼承自原建構函數，可以用來為原建構函數增加新的功能，範例如下：

→　【程式部分 4-7 原始程式見附件程式 / 第 4 章 /1.super/super.ts】

```
// 參數類型定義為建構函數，傳回值定義為 any
function classConstructorLog(constructor: new(...args:any[])=>any):any {
    console.log(" 裝飾器被呼叫 ",constructor);
    // 傳回新的建構函數
```

```
    return class extends constructor {
        other = 'other'
    }
}
@classConstructorLog
class MyObject {
    data:string
    constructor() {
        this.data= 'data';
        console.log("My Object 的建構函數 ");
    }
}
// 將先呼叫 classConstructorLog 裝飾器函數，再呼叫類別的建構函數
var obj = new MyObject();
//{ data: 'data', other: 'other' }
console.log(obj);
```

　　對類別的建構方法進行多載是類別裝飾器的主要應用之一。

　　方法裝飾器用來修飾方法，和類別裝飾器類似，使用裝飾器修飾的方法被定義後，會先呼叫裝飾器函數，裝飾器函數可以對方法的屬性描述符號物件進行修改，作為方法裝飾器函數，其需要 3 個參數，分別為當前類別原型物件、當前呼叫的方法名稱和當前方法屬性的描述物件，範例如下：

➡ 【程式部分 4-8 原始程式見附件程式 / 第 4 章 /1.super/super.ts 】

```
//target 為類別的原型物件
//propertyKey 為當前呼叫方法名稱
//desc 為當前方法屬性的描述物件（可列舉、可設定、可修改等）
function helloWorld(target:any, propertyKey:string, desc: PropertyDescriptor) {
    console.log("helloWorld");
    console.log(target, propertyKey, desc);
}
class People {
    @helloWorld
    sayHi() {
        console.log("Hi");
    }
}
```

```
var p = new People();
p.sayHi();
```

其中，PropertyDescriptor 物件非常重要，我們可以用其來修改對應方法屬性的寫入性、可設定性和可列舉型。PropertyDescriptor 是 TypeScript 中定義的介面，程式如下：

```
interface PropertyDescriptor {
    configurable?: boolean;
    enumerable?: boolean;
    value?: any;
    writable?: boolean;
    get?(): any;
    set?(v: any): void;
}
```

舉例來說，如果要將類別中的某個方法設定為不可修改，只需要將此描述物件的 writable 設定為 false 即可。

存取器裝飾器的用法與方法裝飾器類似，對應的裝飾器函數的參數意義也一致，這是因為存取器本身其實也是一種方法，範例如下：

➜ 【程式部分 4-9 原始程式見附件程式 / 第 4 章 /1.super/super.ts】

```
function logFunction(target:any, propertyKey:string, desc: PropertyDescriptor) {
    console.log("logFunction");
    console.log(target, propertyKey, desc);
}
class Rect {
    private _width:number = 0
    @logFunction
    set width(w:number) {
        this._width = w;
    }
}
```

在上面的程式中，定義了名為 width 的 set 存取器方法，定義後會呼叫 logFunction 裝飾器函數。

類別中定義的屬性也可以使用裝飾器進行修飾，其呼叫的時機也是屬性在定義後被呼叫，和方法裝飾器不同的是，作為屬性裝飾器函數，其中只有兩個參數，即原型物件和屬性名稱，範例如下：

➜ 【程式部分 4-10 原始程式見附件程式 / 第 4 章 /1.super/super.ts】

```
function propertyFunction(target:any, propertyKey:string) {
    console.log("propertyFunction");
    console.log(target, propertyKey);
}
class Rect {
    @propertyFunction
    name = 'Rect';
}
```

最後，介紹一下參數裝飾器。顧名思義，參數裝飾器是用來修飾建構函數或方法的參數，作為參數裝飾器函數，其需要有三個參數，分別對應類別的原型物件、函數名稱和對應參數在函數中的下標，範例如下：

➜ 【程式部分 4-11 原始程式見附件程式 / 第 4 章 /1.super/super.ts】

```
function paramFunction(target:any, propertyKey:string, index:number) {
    console.log("paramFunction");
    console.log(target, propertyKey, index);
}
class Rect {
    log(@paramFunction des:string) {
    }
}
```

從這些單獨的應用場景來看，裝飾器的邏輯很簡單，但裝飾器也支援進行組合使用，4.2.3 節介紹。

4.2.3　裝飾器的組合與裝飾器工廠

　　無論是類別裝飾器、方法裝飾器、存取器和屬性裝飾器還是參數裝飾器，對於同一個被修飾的目標，都支援組合多個裝飾器從而附加多種功能。範例如下：

➡　【程式部分 4-12 原始程式見附件程式 / 第 4 章 /1.super/super.ts】

```
function propertyFunction(target:any, propertyKey:string) {
    console.log("propertyFunction");
    console.log(target, propertyKey);
}
function propertyFunction2(target:any, propertyKey:string) {
    console.log("propertyFunction2");
    console.log(target, propertyKey);
}
class Rect {
    @propertyFunction2
    @propertyFunction
    name = 'Rect';
}
```

　　上面的程式以屬性裝飾器為例，Rect 類別的 name 屬性同時被 propertyFunction 和 propertyFunction2 兩個裝飾器修飾，在類別定義時，會先呼叫 propertyFunction 裝飾器方法，再呼叫 propertyFunction2 裝飾器方法。簡單來說，當一組裝飾器同時修飾同一個目標時，呼叫的順序為以修飾目標為基準，由近及遠地呼叫各個裝飾器函數。

　　你或許發現了，按照現在範例程式的邏輯，裝飾器函數本身是比較靜態的，功能一旦確定就無法靈活地根據場景進行變動，例如前面寫過一個設定方法可修改的裝飾器，通常需要透過一個參數來控制裝飾器是將方法的屬性描述符號中的寫入性設定為可修改或不可修改，這時就可以使用裝飾器工廠。

　　所謂裝飾器工廠，其本質也是一個函數，只是此函數傳回一個作為裝飾器的函數。範例如下：

➡ 【程式部分 4-13 原始程式見附件程式 / 第 4 章 /1.super/super.ts】

```typescript
function writable(canWrite) {
    return function(target:any, propertyKey:string, desc: PropertyDescriptor) {
        console.log('將 ${propertyKey}方法的寫入性設定為：${canWrite}');
        desc.writable = canWrite;
    }
}
class People {
    @writable(true)
    sayHi() {
        console.log("Hi");
    }
    @writable(false)
    sayHello() {
        console.log("Hello");
    }
}
var p = new People();
p.sayHi = function() {};
p.sayHello = function() {};
// 只有 sayHi 方法可以修改成功
p.sayHi();
p.sayHello();
```

　　上面的程式中，可以將 writable 理解為一個裝飾器工廠，在使用的時候，裝飾器工廠和裝飾器函數的用法類似，只是其需要在末尾新增一對小括號進行呼叫，也可以根據需要來傳入參數，在範例中，可以透過參數來控制要修飾的方法的寫入性。

4.3 命名空間與模組

　　現代高級程式語言都需要實現模組化程式設計的功能。可以想像，隨著軟體專案越來越大，不進行模組化劃分的程式設計方式將變得不可維護與擴充。模組化本質上是將相關的功能封裝到單獨的檔案中，在 TypeScript 中，可以使用命名空間和模組相關功能來實現模組化開發。

4.3.1　命名空間的應用

　　命名空間並非是 TypeScript 獨創的概念，在需要物件導向的程式語言中都有命名空間相關的語法。簡單來說，命名空間可以視為一種內部模組，其可以將相關的資料、方法、類別或介面等封裝到一起，並且可以隱藏部分模組內部的實現，提供更加簡潔的介面供模組外部使用。

　　我們透過一個具體的例子來介紹，假設需要實現一個數學計算工具，先只提供加法運算、減法運算和計算圓面積的功能，定義兩個函數如下。

➜　【原始程式見附件程式 / 第 4 章 /1.super/super.ts】

```
// 相加功能的函數
function add(a:number, b:number):number {
    return a + b;
}
// 相減功能的函數
function sub(a:number, b:number):number {
    return a - b;
}
// 圓周率
var PI = 3.14;
// 計算圓面積的函數
function circleArea(radius:number):number {
    return PI * radius * radius;
}
```

　　雖然直接定義這兩個方法看起來沒什麼問題，但是會帶來一些風險：

（1）全域的函數名稱可能在其他地方也有定義，導致最終的計算行為異常。

（2）不具有封裝性和程式可讀性，並且可維護性低。

（3）所有資料都直接暴露，如對於變數 PI，外界並不需要直接使用。

使用命名空間可以極佳地解決以上 3 個問題，命名空間使用 namespce 關鍵字定義，範例如下：

➜ 【原始程式見附件程式 / 第 4 章 /1.super/super.ts】

```
namespace MathTool {
    export function add(a:number, b:number):number {
        return a + b;
    }
    export function sub(a:number, b:number):number {
        return a - b;
    }
    var PI = 3.14;
    export function circleArea(radius:number):number {
        return PI * radius * radius;
    }
}
//12.56
console.log(MathTool.circleArea(2));
```

上面的程式中，MathTool 就是一個命名空間，其內部可以定義介面、函數、類別、變數等資料結構，預設這些資料的許可權都是私有的，即命名空間內部可用，如果要暴露到外部使用，則需要使用 export 匯出，對於匯出的資料結構，在外部使用時使用命名空間名稱加點的方式進行呼叫。同一個命名空間也支援在不同的檔案中重複定義，在使用時它們就像定義在同一個檔案中一樣，非常方便。

如果在一個檔案中大量使用命名空間中的某一資料結構，每次呼叫時都需要使用命名空間名稱作為首碼會有些煩瑣，TypeScript 也支援使用別名，例如：

```
import CircleArea = MathTool.circleArea
console.log(CircleArea(2));
```

需要注意，此處的 import 和模組的匯入無關，其只是為指定的命名空間中的 circleArea 方法起了一個別名。

4.3.2 使用模組

　　ES 6 標準為 JavaScript 引入了模組的概念，TypeScript 中的模組也沿用相同的用法。我們撰寫的任意 TypeScript 原始程式檔案都可以視為一個模組，透過匯出敘述來將模組內的資料結構匯出到外部，在外部使用時，則使用匯入敘述匯入即可。舉例來說，新建一個名為 myModule.ts 的檔案，在其中撰寫以下測試程式。

➔ 【原始程式見附件程式 / 第 4 章 /1.super/myModule.ts 】

```
//myModule.ts
function myModuleLog() {
    console.log("myModuleLog");
}
export {myModuleLog};
```

　　這裡我們定義了一個名為 myModuleLog 的函數，並使用 export 進行了匯出，在其他 TypeScript 檔案中，如果要使用 myModuleLog 函數，程式如下。

```
import { myModuleLog } from "./myModule";
myModuleLog();
```

　　在模組中使用 export 關鍵字時，也支援將匯出的目標進行重新命名，例如：

```
export {myModuleLog as Log};
```

　　以上面的程式為例，在進行匯入時，需要將要匯入的函數名稱對應修改為 Log。模組內可以匯出多個目標，例如：

```
function myModuleLog() {
    console.log("myModuleLog");
}
var PI = 3.14;
export {myModuleLog as Log, PI};
```

如果不想在模組的末尾一次性匯出所有目標，也可以在定義時直接進行匯出，例如：

```
export function myModuleLog() {
    console.log("myModuleLog");
};
export var PI = 3.14;
```

在對模組中提供的功能進行匯入時，也可以對匯入的目標進行重新命名，例如：

```
import { myModuleLog as Log,PI } from "./myModule";
```

如果需要一次性匯入模組中所提供的所有功能，可以將其統一匯入一個新定義的物件，例如：

```
import * as Modlue from "./myModule";
Modlue.myModuleLog();
```

4.4　本章小結

至此，我們對 TypeScript 語言常用的語法都做了介紹，和 JavaScript 相比，TypeScript 提供了更加安全的程式設計方式以及更加強大的程式設計手段。這也是我們在做大型專案時優先使用 TypeScript 的理由之一。

第 5 章將正式進入 Vue 開發框架的學習，相信使用 TypeScript+Vue 的程式設計工具組合會使你感受到更加暢快的前端程式設計體驗。

在進入新章節的學習前，先來檢驗一下本章的學習成果吧！

（1）如何理解泛型，泛型程式設計有什麼優勢？

提示 支援泛型是 TypeScript 語言的一大特點，泛型允許為「類型」定義變數，用變數來代替具體的類型，在使用時，透過指定類型或類型推斷來明確變數具體代表的類型。語言有了對泛型的支援，對語言本身的靈活性和動態性是一種提升，同時也利於寫出更加易擴充的程式。

（2）TypeScript 中的裝飾器分為哪幾種？

提示 類別裝飾器、方法裝飾器、存取器裝飾器、屬性裝飾器、參數裝飾器。

（3）什麼場景下需要使用到裝飾器工廠？

提示 有時候同樣功能的裝飾器需要根據參數來做部分邏輯調整，這時需要我們動態地生成裝飾器函數，就可以使用裝飾器工廠了。

第 **5** 章
Vue 中的範本

　　範本是 Vue 框架中的重要組成部分，Vue 採用了基於 HTML 的範本語法，因此對大多數開發者來說上手非常容易。在 Vue 的分層設計思想中，範本屬於視圖層，有了範本功能，開發者方便將專案小元件化，也方便封裝訂製化的萬用元件。在撰寫元件時，範本的作用是讓開發者將重心放在頁面設定著色上，而無須關心資料邏輯。同樣，在 Vue 元件內部撰寫資料邏輯程式時，也無須關心視圖的著色。本章將著重學習 Vue 框架的範本部分，在程式演示方面，我們將採用 CDN 的方式引入 Vue 框架，並使用單 HTML 檔案來撰寫演示程式，這可以省去編譯建構的過程，方便我們將學習的重心聚焦在 Vue 框架本身，因此本章的大部分內容與 TypeScript 沒有太大的關係，在後續學習使用 Vue 鷹架後，再來將 Vue 與 TypeScript 結合使用。現在就奔向我們在 Vue 學習之路上的第一個目標吧：遊刃有餘地使用範本。

透過本章，你將學習到：

- 基礎範本的使用語法。
- 範本中參數的使用。
- Vue 指令相關用法。
- 使用縮寫指令。
- 靈活使用條件陳述式與迴圈敘述。

5.1　模板基礎

範本最直接的用途是幫助我們透過資料來驅動視圖的著色。在本書的準備章節中，我們已經體驗過，對於普通的 HTML 檔案，若要在資料變化時對其進行頁面的更新，則需要透過 JavaScript 的 DOM 操作來獲取指定的元素，再對其屬性或內部文字做修改，操作起來十分煩瑣且容易出錯。如果使用了 Vue 的範本語法，則事情會變得非常簡單，我們只需要將要變化的值定義成變數，之後將變數插入 HTML 檔案指定的位置即可，當資料發生變化時，使用到此變數的所有元件都會同步更新，同時在編譯時，Vue 會對程式進行最佳化，儘量使用最少的 DOM 操作來更新頁面，這樣就使用到了 Vue 範本中的插值技術。學習範本，我們先從學習插值開始。

5.1.1　範本插值

首先，建立一個名為 tempText.html 的檔案，在其中撰寫 HTML 檔案的標準程式。之後在 body 標籤中新增一個元素供我們測試使用，程式如下：

```
<div style="text-align: center;">
    <h1> 這裡是範本的內容：1 次點擊 </h1>
    <button> 按鈕 </button>
</div>
```

如果在瀏覽器中執行上面的 HTML 程式，會看到網頁中著色出一個標題和一個按鈕，但是點擊按鈕並沒有任何效果（到目前為止，我們並沒有寫邏輯程式）。現在，讓我們為這個網頁增加一些動態功能，很簡單：點擊按鈕，改變數值。引入 Vue 框架，並透過 Vue 元件來實現計數器功能，完整的範例程式如下。

➜ 【程式部分 5-1 原始程式見附件程式 / 第 5 章 /1.tempText.html】

```html
<!DOCTYPE html>
<html lang="en">
<head>
    <meta charset="UTF-8">
    <meta name="viewport" content="width=device-width, initial-scale=1.0">
    <title> 範本插值 </title>
    <script src="https://unpkg.com/vue@next"></script>
</head>
<body>
    <div id="Application" style="text-align: center;">
        <h1> 這裡是範本的內容 :{{count}} 次點擊 </h1>
        <button v-on:click="clickButton"> 按鈕 </button>
    </div>
    <script>
        // 定義一個 Vue 元件，名為 App
        const App = {
            // 定義元件中的資料
            data() {
                return {
                    // 目前只用到 count 資料
                    count:0
                }
            },
            // 定義元件中的函數
            methods: {
                // 實現點擊按鈕的方法
                clickButton() {
                    this.count = this.count + 1
                }
            }
        }
        // 將 Vue 元件綁定到頁面上 id 為 Application 的元素上
        Vue.createApp(App).mount("#Application")
    </script>
```

```
</body>
</html>
```

　　在瀏覽器中執行上面的程式，點擊頁面中的按鈕。可以看到頁面中標題的文字也在不斷變化。如以上程式所示，在 HTML 的標籤中使用「{{}}」可以進行變數插值，這是 Vue 中最基礎的一種範本語法，其可以將當前元件中定義的變數的值插入指定位置，並且這種插值會預設實現綁定的效果，即當我們修改了變數的值時，其可以同步回饋到頁面的著色上。

　　一些情況下，有些元件的著色是由變數控制的，但是我們想讓它一旦著色後就不能夠再被修改，這時可以使用範本中的 v-once 指令，被這個指令設定的元件在進行變數插值時只會插值一次，範例如下。

➡ 【原始程式見附件程式 / 第 5 章 /1.tempText.html】

```
<h1 v-once> 這裡是範本的內容 :{{count}} 次點擊 </h1>
```

　　在瀏覽器中再次實驗，可以發現網頁中指定的插值位置被替換成了文字「0」後，無論我們再怎麼點擊按鈕，標題也不會改變。

　　還有一點需要注意，如果要插值的文字為一段 HTML 程式，則直接使用雙括號就不太好使了，雙括號會將其內的變數解析成純文字。舉例來說，定義 Vue 元件 App 中的資料如下。

➡ 【原始程式見附件程式 / 第 5 章 /1.tempText.html】

```
data() {
    return {
        count:0,
        countHTML:"<span style='color:red;'>0</span>"
    }
}
```

　　如果使用雙括號插值的方式將 HTML 程式插入，最終會將其以文字的方式著色出來，程式如下：

```
<h1 v-once> 這裡是範本的內容 :{{countHTML}} 次點擊 </h1>
```

執行效果如圖 5-1 所示。

> 這裡是範本的內容 :<span style='color:red;>0</span> 次點擊

▲ 圖 5-1 使用雙括號進行 HTML 插值

這種效果明顯不符合預期，對於 HTML 程式插值，我們需要使用 v-html 指令來完成，範例如下。

➔ 【原始程式見附件程式 / 第 5 章 /1.tempText.html】

```
<h1 v-once> 這裡是範本的內容 :<span v-html="countHTML"></span> 次點擊 </h1>
```

v-html 指令可以指定一個 Vue 變數資料，其會透過 HTML 解析的方式將原始 HTML 替換到其指定的標籤位置，如以上程式執行後效果如圖 5-2 所示。

> # 這裡是範本的內容 :0 次點擊

▲ 圖 5-2 使用 v-html 進行 HTML 插值

前面介紹了如何在標籤內部進行內容的插值，我們知道，標籤除其內部的內容外，本身的屬性設定也是非常重要的，例如我們可能需要動態改變標籤的 style 屬性，從而實現元素著色樣式的修改。在 Vue 中，我們可以使用屬性插值的方式做到標籤屬性與變數的綁定。

對於標籤屬性的插值，Vue 中不再使用雙括號的方式，而是使用 v-bind 指令，範例程式如下：

```
<h1 v-bind:id="id1"> 這裡是範本的內容 :{{count}} 次點擊 </h1>
```

定義一個簡單的 CSS 樣式如下：

```
#h1 {
    color: red;
}
```

再新增一個名為 id1 的 Vue 元件屬性，範例如下。

→　【原始程式見附件程式 / 第 5 章 /1.tempText.html】

```
data() {
    return {
        count:0,
        countHTML:"<span style='color:red;'>0</span>",
        id1:"h1"
    }
}
```

執行程式，可以看到已經將 id 屬性動態地綁定到了指定的標籤中，當 Vue 元件中 id1 屬性的值發生變化時，其也會動態地反映到 h1 標籤上，我們可以透過這種動態繫結的方式靈活地更改標籤的樣式表。v-bind 指令同樣適用於其他 HTML 屬性，只需要在其中使用冒號加屬性名稱的方式指定即可。

其實，無論是雙括號方式的標籤內容插值還是 v-bind 方式的標籤屬性插值，除可以直接使用變數插值外，也可以使用基本的 JavaScript 運算式，例如：

```
<h1 v-bind:id="id1"> 這裡是範本的內容 :{{count + 10}} 次點擊 </h1>
```

上面的程式執行後，頁面上著色的數值是 count 屬性增加 10 之後的結果。有一點需要注意，如果所有插值的地方都使用運算式，則只能使用單一運算式，否則會發生異常。

5.1.2　範本指令

本質上，Vue 中的範本指令也是 HTML 標籤屬性，其通常由首碼「v-」開頭，例如我們前面使用的 v-bind、v-once 等都是指令。

大部分指令都可以直接設定為 JavaScript 變數或單一的 JavaScript 運算式，我們首先建立一個名為 directives.html 的測試檔案，在其中撰寫 HTML 的通用程式後引入 Vue 框架，之後在 body 標籤中新增以下程式：

→ 【程式部分 5-2 原始程式見附件程式 / 第 5 章 /2.directives.html 】

```html
<div id="Application">
    <!-- 這裡使用了條件著色 -->
    <h1 v-if="show"> 標題 </h1>
</div>
<script>
    const App = {
        data() {
            return {
                show:false // 控制 h1 標籤是否著色
            }
        }
    }
    Vue.createApp(App).mount("#Application")
</script>
```

如以上程式所示，其中 v-if 就是一個簡單的選擇著色指令，其設定為布林值 true 時，當前標籤元素才會被著色。

某些特殊的 Vue 指令也可以指定參數，例如 v-bind 和 v-on 指令，對於可以新增參數的指令，參數和指令使用冒號進行分割，例如：

```
v-bind:style
V-on:click
```

指令的參數本身也可以是動態的，例如我們透過可以透過區分 id 選擇器和類別選取器來定義不同的元件樣式，之後動態地切換元件的屬性，範例如下。

CSS 樣式：

```css
#h1 {
    color:red;
}
.h1 {
    color:blue;
}
```

HTML 標籤定義如下：

```
<h1 v-bind:[prop]="name" v-if="show"> 標題 </h1>
```

在 Vue 元件中定義屬性資料如下。

➜　【原始程式見附件程式 / 第 5 章 /2.directives.html】

```
const App = {
    data() {
        return {
            show:true,
            prop:"class",
            name:"h1"
        }
    }
}
```

在瀏覽器中執行上面的程式，可以看到 h1 標籤被正確地綁定了 class 屬性。

在參數後面，還可以為 Vue 中的指令增加修飾符號，修飾符號會為 Vue 指令增加額外的功能，以一個常見的應用場景為例，在網頁中，如果有可以輸入資訊的輸入框，通常我們不希望使用者在首尾輸入空白字元，透過 Vue 的指令修飾符號，很容易實現自動去除首尾空白字元的功能，範例程式如下：

```
<input v-model.trim="content">
```

如以上程式所示，使用 v-model 指令將輸入框的文字與 content 屬性進行綁定，如果使用者在輸入框中輸入的文字首尾有空白字元，當輸入框失去焦點時，Vue 會自動幫我們去掉這些首尾空白字元。

你應該已經體會到了 Vue 指令的靈活與強大之處。最後介紹 Vue 中常用的兩個縮寫，在 Vue 應用程式開發中，v-bind 和 v-on 兩個指令的使用非常頻繁，對於這兩個指令，Vue 為開發者提供了更加高效的縮寫方式，對於 v-bind 指令，可以將其 v-bind 首碼省略，直接使用冒號加屬性名稱的方式進行綁定，例如 v-bind:id ="id" 可以縮寫為以下形式：

```
:id="id"
```

對於 v-on 類別的事件綁定指令，可以將首碼 v-on: 使用 @ 符號替代，例如
v-on:click="myFunc" 指令可以縮寫成以下形式：

```
@click="myFunc"
```

在後面的學習中你會體驗到，有了這兩個縮寫功能，將大大提高我們應用
Vue 的撰寫效率。

5.2 條件著色

條件著色是 Vue 控制 HTML 頁面著色的方式之一。很多時候，我們都需要
透過條件著色的方式來控制 HTML 元素的顯示和隱藏。在 Vue 中，要實現條件
著色，可以使用 v-if 相關的指令，也可以使用 v-show 相關的指令。本節將細緻
地探討這兩種指令的使用。

5.2.1 使用 v-if 指令進行條件著色

v-if 指令在之前的測試程式中簡單地使用過了，簡單來講，其可以有條件地
選擇是否著色一個 HTML 元素，v-if 指令可以設定為一個 JavaScript 變數或運算
式，當變數或運算式為真值時，其指定的元素才會被著色。為了方便程式測試，
可以新建一個為 condition.html 的測試檔案，在其中撰寫程式。

簡單的條件著色範例如下：

```
<h1 v-if="show">標題</h1>
```

在上面的程式中，只有當 show 變數的值為真時當前標題元素才會被著色，
Vue 範本中的條件著色 v-if 指令類似於 JavaScript 程式語言中的 if 敘述，我們都
知道在 JavaScript 中，if 關鍵字可以和 else 關鍵字結合使用組成 if-else 區塊，在
Vue 範本中也可以使用類似的條件著色邏輯，v-if 指令可以和 v-else 指令結合使
用，範例如下。

➔　【原始程式見附件程式 / 第 5 章 /3.confition.html】

```
<h1 v-if="show"> 標題 </h1>
<p v-else> 如果不顯示標題就顯示段落 </p>
```

　　執行程式可以看到，標題元素與段落元素是互斥出現的，如果根據條件著色出了標題元素，則不會再著色出段落元素，如果沒有著色標題元素，則會著色出段落元素。需要注意，在將 v-if 與 v-else 結合使用時，設定了 v-else 指令的元素必須緊接在 v-if 或 v-else-if 指令指定的元素後面，否則其不會被辨識到，例如下面的程式，執行後的效果將如圖 5-3 所示。

➔　【原始程式見附件程式 / 第 5 章 /3.confition.html】

```
<h1 v-if="show"> 標題 </h1>
<h1>Hello</h1>
<p v-else> 如果不顯示標題就顯示段落 </p>
```

▲　圖 5-3　條件著色範例

　　其實，如果你在 VS Code 中撰寫了上面的程式並進行執行，VS Code 開發工具的主控台上也會列印出相關異常資訊提示 v-else 指令使用錯誤，如圖 5-4 所示。

▲ 圖 5-4　VS Code 主控台列印出的異常提示

在 v-if 與 v-else 之間，我們還可以插入任意 v-else-if 來實現多分支著色邏輯。在實際應用中，多分支著色邏輯也很常用，例如根據學生的分數對成績進行分檔，就可以使用多分支邏輯，範例如下。

→ 【原始程式見附件程式 / 第 5 章 /3.confition.html】

```
<h1 v-if="mark == 100"> 滿分 </h1>
<h1 v-else-if="mark > 60"> 及格 </h1>
<h1 v-else> 不及格 </h1>
```

v-if 指令的使用必須新增到一個 HTML 元素上，如果我們需要使用條件同時控制多個標籤元素的著色，有兩種方式可以實現。

（1）使用 div 標籤對要控制的元素進行包裝，範例如下：

```
<div v-if="show">
    <p> 內容 </p>
    <p> 內容 </p>
    <p> 內容 </p>
</div>
```

（2）使用 template 標籤對元素進行分組，範例如下：

```
<template v-if="show">
    <p> 內容 </p>
    <p> 內容 </p>
    <p> 內容 </p>
</template>
```

一般來說我們更推薦使用 template 分組的方式來控制一組元素的條件著色邏輯，因為在 HTML 著色元素時，使用 div 包裝元件後，div 元素本身會被著色出來，而使用 template 分組的元件著色後並不會著色 template 標籤本身。我們可以透過 Chrome 瀏覽器來驗證這種特性，在 Chrome 瀏覽器中按 F12 鍵可以打開開發者工具視窗，也可以透過點擊功能表列中的「更多工具」→「開發人員工具」來打開此視窗。

▲ 圖 5-5　打開 Chrome 的開發人員工具

在開發中工具視窗的 Elememnts 專欄中，可以看到使用 div 和使用 template 標籤對元素組合包裝進行條件著色的異同，如圖 5-6 所示。

▲ 圖 5-6 使用 Chrom 開發人員工具分析著色情況

5.2.2 使用 v-show 指令進行條件著色

v-show 指令的基本用法與 v-if 類似,其也是透過設定條件的值的真假來決定元素的著色情況的。範例如下:

```
<h1 v-show="show">v-show 標題在這裡 </h1>
```

與 v-if 不同的是,v-show 並不支援 template 範本,同樣其也不可以和 v-else 結合使用。

雖然 v-if 與 v-show 的用法非常相似,但是它們的著色邏輯天差地別。

從元素本身的存在性來說,v-if 才是真正意義上的條件著色,其在條件變換的過程中,元件內部的事件監聽器都會正常執行,子元件也會正常被銷毀或重建。同時,v-if 採取惰性載入的方式進行著色,如果初始條件為假,則關於這個元件的任何著色工作都不會進行,直到其綁定的條件為真時,才會真正開始著色此元素。

v-show 指令的著色邏輯只是一種視覺上的條件著色,實際上無論 v-show 指令設定的條件是真還是假,當前元素都會被著色,v-show 指令只是簡單地透過切換元素 CSS 樣式中的 display 屬性來實現展示效果。

我們可以透過 Chrome 瀏覽器的開發人員工具來觀察 v-if 與 v-show 指令的著色邏輯，範例程式如下：

```
<h1 v-if="show">v-if 標題在這裡 </h1>
<h1 v-show="show">v-show 標題在這裡 </h1>
```

當條件為假時，可以看到，v-if 指定的元素不會出現在 HTML 檔案的 DOM 結構中，而 v-show 指定的元素依然會存在，如圖 5-7 所示。

由於 v-if 與 v-show 這兩種指令的著色原理不同，通常 v-if 指令有更高的切換性能消耗，而 v-show 指令有更高的初始著色性能消耗。在實際開發中，如果元件的著色條件會比較頻繁地切換，則建議使用 v-show 指令來控制，如果元件的著色條件在初始指定後就很少變化，則建議使用 v-if 指令控制。

▲ 圖 5-7　v-if 與 v-show 的區別

5.3 迴圈著色

在網頁中，清單是很常見的一種元件。在清單中，每一行元素都有相似的 UI（User Interface，使用者介面），只是其填充的資料有所不同，使用 Vue 中的迴圈著色指令，我們可以輕鬆地建構出清單視圖。

5.3.1 v-for 指令的使用方法

在 Vue 中，v-for 指令可以將一個陣列中的資料著色為清單視圖。v-for 指令需要設定為一種特殊的語法，其格式如下：

Item in list

在上面的格式中，in 為語法關鍵字，其也可以替換為 of。

在 v-for 指令中，item 是一個臨時變數，其為清單中被迭代出的元素名稱，list 是清單變數本身。我們可以新建一個名為 for.html 的測試檔案，在其 body 標籤中撰寫以下核心程式。

➜ 【程式部分 5-3 原始程式見附件程式 / 第 5 章 /4.for.html】

```
<body>
    <div id="Application">
        <!-- 使用迴圈指令來著色標籤 -->
        <div v-for="item in list">
            {{item}}
        </div>
    </div>
    <script>
        const App = {
            data() {
                return {
                    list:[1,2,3,4,5]
                }
            }
        }
        Vue.createApp(App).mount("#Application")
    </script>
</body>
```

執行程式，可以看到網頁中正常著色出了 5 個 div 元件，如圖 5-8 所示。

▲ 圖 5-8　迴圈著色效果圖

　　更多時候，我們需要著色的資料都是物件資料，使用物件來對清單元素進行填充，例如定義連絡人物件清單如下：

➜ 【原始程式見附件程式 / 第 5 章 /4.for.html】

```
list:[
    {
        name: " 琿少 ",
        num: "151xxxxxxxx"
    },
    {
        name: "Jaki",
        num: "151xxxxxxxx"
    },
    {
        name: "Lucy",
        num: "151xxxxxxxx"
    },
    {
        name: "Monki",
        num: "151xxxxxxxx"
    },
    {
        name: "Bei",
        num: "151xxxxxxxx"
    }
]
```

修改要著色的 HTML 標籤結構如下：

➜ 【原始程式見附件程式 / 第 5 章 /4.for.html】

```
<div id="Application">
    <ul>
        <li v-for="item in list">
            <div>{{item.name}}</div>
            <div>{{item.num}}</div>
        </li>
    </ul>
</div>
```

執行程式，效果如圖 5-9 所示。

▲ 圖 5-9 使用物件資料進行迴圈著色

在 v-for 指令中，也可以獲取到當前遍歷項的索引，範例如下：

```
<ul>
    <li v-for="(item,index) in list">
        <div>{{index + "." + item.name}}</div>
        <div>{{item.num}}</div>
    </li>
</ul>
```

需要注意，index 索引的設定值是從 0 開始的。

在上面的範例程式中，v-for 指令遍歷的為清單，實際上也可以對一個 JavaScript 物件進行 v-for 遍歷。在 JavaScript 中，清單本身也是一種特殊的物件，我們使用 v-for 對物件進行遍歷時，指令中的第 1 個參數為遍歷的物件中的屬性的值，第 2 個參數為遍歷的物件中的屬性的名稱，第 3 個參數為遍歷的索引。首先，定義物件如下：

```
preson: {
    name: " 琿少 ",
    age: "00",
    num: "151xxxxxxxx",
    emali: "xxxx@xx.com"
}
```

使用有序清單來承載 preson 物件的資料，程式如下：

```
<ol>
    <li v-for="(value,key,index) in preson">
        {{key}}:{{value}}
    </li>
</ol>
```

執行程式，效果如圖 5-10 所示。

▲ 圖 5-10　將物件資料著色到頁面

需要注意，在使用 v-for 指令進行迴圈著色時，為了更進一步地對清單項進行重用，可以將其 key 屬性綁定為一個唯一值的，程式如下：

```
<ol>
    <li v-for="(value,key,index) in preson" :key="index">
```

```
            {{key}}:{{value}}
        </li>
</ol>
```

5.3.2 v-for 指令的高級用法

當使用 v-for 對清單進行迴圈著色後，實際上就實現了對這個資料物件的綁定，當我們呼叫下面這些函數對清單資料物件進行更新時，視圖也會對應地更新：

```
push()          // 向清單尾部追加一個元素
pop()           // 刪除清單尾部的元素
unshift()       // 向清單標頭插入一個元素
shift()         // 刪除清單標頭的元素
splice()        // 對清單進行分割操作
sort()          // 對清單進行排序操作
reverse()       // 對清單進行反向操作
```

首先在頁面上新增一個按鈕來演示清單反向操作：

```
<button @click="click">
    反向
</button>
```

定義 Vue 函數如下：

```
methods: {
    click() {
        this.list.reverse()
    }
}
```

執行程式，可以看到當點擊頁面上的按鈕時，清單元素的著色順序會進行正逆切換。當我們對整個清單都進行替換時，直接將清單變數重新賦值即可。

在實際開發中，原始的清單資料往往並不適合直接著色到頁面，v-for 指令支援在著色前對資料進行額外的處理，修改標籤如下：

```
<ul>
    <li v-for="(item,index) in handle(list)">
        <div>{{index + "." + item.name}}</div>
        <div>{{item.num}}</div>
    </li>
</ul>
```

上面的程式中，handle 為定義的處理函數，在進行著色前，會透過這個函數對清單資料進行處理，例如可以使用篩檢程式來進行清單資料的過濾著色，實現 handle 函數如下：

```
handle(l) {
    return l.filter(obj => obj.name != " 琿少 ")
}
```

當需要同時迴圈著色多個元素時，與 v-if 指令類似，最常用的方式是使用 template 標籤進行包裝，例如：

```
<template v-for="(item,index) in handle(list)">
    <div>{{index + "." + item.name}}</div>
    <div>{{item.num}}</div>
</template>
```

5.4　範例：待辦任務清單

透過本章的學習，下面嘗試實現一個簡單的待辦任務清單應用，其可以展示當前未完成的任務項，也支援新增新的任務以及刪除已經完成的任務。

5.4.1　使用 HTML 架設應用框架結構

使用 VS Code 開發工具新建一個名為 todoList.html 的檔案，在其中撰寫以下 HTML 程式：

➡ 【程式部分 5-4 原始程式見附件程式 / 第 5 章 /5.todolist.html】

```html
<!DOCTYPE html>
<html lang="en">
<head>
    <meta charset="UTF-8">
    <meta http-equiv="X-UA-Compatible" content="IE=edge">
    <meta name="viewport" content="width=device-width, initial-scale=1.0">
    <title>待辦任務清單</title>
    <script src="https://unpkg.com/vue@next"></script>
</head>
<body>
    <div id="Application">
        <!-- 輸入框元素，用來新建待辦任務 -->
        <form @submit.prevent="addTask">
            <span>新建任務</span>
            <input
            v-model="taskText"
            placeholder="請輸入任務..."
            />
            <button>新增</button>
        </form>
        <!-- 有序清單，使用 v-for 來建構 -->
        <ol>
            <li v-for="(item, index) in todos">
                {{item}}
                <button @click="remove(index)">
                    刪除任務
                </button>
                <hr/>
            </li>
        </ol>
    </div>
</body>
</html>
```

上面的 HTML 程式主要在頁面上定義了兩塊內容，表單輸入框用來新建任務，有序清單用來顯示當前待辦的任務。執行程式，瀏覽器中展示的頁面效果如圖 5-11 所示。

▲ 圖 5-11 待辦任務應用頁面設定

目前，頁面中只展示了一個表單輸入框，要將待辦的任務新增進來，還需要實現 JavaScript 程式邏輯。

5.4.2 實現待辦任務清單邏輯

在 5.4.1 節撰寫的程式的基礎上，我們來實現 JavaScript 的相關邏輯。範例程式如下：

→ 【程式部分 5-5 原始程式見附件程式 / 第 5 章 /5.todolist.html】

```
<script>
    const App = {
        data() {
            return {
                // 待辦任務清單資料
                todos:[],
                // 當前輸入的待辦任務
                taskText: ""
            }
        },
        methods: {
            // 新增一筆待辦任務
```

```
        addTask() {
            // 判斷輸入框是否為空
            if (this.taskText.length == 0) {
                alert(" 請輸入任務 ")
                return
            }
            this.todos.push(this.taskText)
            this.taskText = ""
        },
        // 刪除一筆待辦任務
        remove(index) {
            this.todos.splice(index, 1)
        }
    }
}
Vue.createApp(App).mount("#Application")
</script>
```

再次執行程式，嘗試在輸入框中輸入一些待辦任務進行新增，之後可以看到，清單中已經能夠將新增的任務按照新增順序展示出來。當我們點擊每一筆待辦任務旁邊的「刪除任務」按鈕時，可以將當前專欄刪除，如圖 5-12 所示。

▲ 圖 5-12 待辦任務應用效果

可以看到，透過 Vue，我們只使用了不到 30 行的核心程式就完成了待辦任務清單的邏輯開發。Vue 在實際開發中帶來的效率提升可見一斑。目前，我們的應用頁面還非常簡陋，並且每次更新頁面後，已經新增的待辦任務也會消失。如果你有興趣，可以嘗試新增一些 CSS 樣式表來使應用的頁面更加漂亮一些，透過使用前端的一些資料持久化功能，我們也可以對待辦任務資料進行持久化的本機存放區。

5.5　本章小結

本章基於 Vue 的範本語法介紹了 Vue 框架中非常重要的範本插值、範本指令等技術，詳細介紹了如何使用 Vue 進行元件的條件著色和迴圈著色。本章的內容是 Vue 框架中最核心的內容之一，僅使用這些技術，已經可以讓我們的前端網頁開發效率得到很大的提升。下面這些基礎知識你是否已經掌握了呢？挑戰一下吧！

（1）Vue 是如何實現元件與資料間的綁定的？

提示 從範本語法來分析，簡述 v-bind 和 v-model 的用法與異同。

（2）在 Vue 中有 v-if 與 v-show 兩種條件著色指令，它們分別怎麼使用，有何異同？

提示 v-if 與 v-show 在著色方式上有著本質的差別，從此處分析其適合的應用場景。

（3）Vue 中的範本插值應該如何使用，其是否可直接插入 HTML 文字？

提示 需要熟練掌握 v-html 指令的應用。

第 **6** 章
Vue 元件的屬性和方法

在定義 Vue 元件時，屬性和方法是最重要的兩部分。屬性和方法也是物件導向程式設計的核心內容。我們建立元件時，需要實現其內部的 data 方法，這個方法會傳回一個物件，此物件中定義的資料會儲存在元件實例中，並透過回應式的更新原理來驅動頁面著色。

方法定義在 Vue 元件的 methods 選項中，其與屬性一樣，可以在元件中存取到。本章將介紹 Vue 元件中屬性與方法的相關基礎知識，以及計算屬性和偵聽器的應用。

透過本章，你將學習到：

- 屬性的基礎知識。

- 方法的基礎知識。

- 計算屬性的應用。

- 偵聽器的應用。

- 如何進行函數的限流。

- 表單的資料綁定技術。

- 使用 Vue 進行樣式綁定。

6.1 屬性與方法基礎

前面的章節在撰寫 Vue 元件時，元件的資料都放在了 data 選項中，Vue 元件的 data 選項是一個函數，元件在被建立時會呼叫此函數來建構回應式的資料系統。首先建立一個名為 dataMethod.html 的檔案來撰寫本節的範例程式。

6.1.1 屬性基礎

在 Vue 元件中定義的屬性資料，可以直接使用元件進行呼叫，這是因為 Vue 在組織資料時，任何定義的屬性都會暴露在元件中。實際上，這些屬性資料是儲存在元件的 $data 物件中的，範例如下：

➔ 【程式部分 6-1 原始程式見附件程式 / 第 6 章 /1.dataMethod.html】

```
// 定義元件
const App = {
    data() {
        return {
            count:0,
        }
    }
}
// 建立元件並獲取元件實例
```

```
let instance = Vue.createApp(App).mount("#Application")
// 可以獲取到元件中的 data 資料
console.log(instance.count)
// 可以獲取到元件中的 data 資料
console.log(instance.$data.count)
```

執行上面的程式，透過主控台的列印可以看出使用元件實例直接獲取屬性與使用 $data 方式獲取屬性的結果是一樣的，本質上它們存取的資料也是同一區塊資料，無論使用哪種方式對資料進行了修改，兩種方式獲取到的值都會改變，範例如下：

➡ 【原始程式見附件程式 / 第 6 章 /1.dataMethod.html】

```
// 修改屬性
instance.count = 5
// 下面獲取到的 count 的值為 5
console.log(instance.count)
console.log(instance.$data.count)
```

需要注意，在實際開發中，也可以動態地向元件實例中新增屬性，但是這種方式新增的屬性不能被回應式系統追蹤，其變化無法同步到頁面元素。

6.1.2 方法基礎

元件的方法被定義在 methods 選項中，在實現元件的方法時，可以放心地在其中使用 this 關鍵字，Vue 自動將其綁定到當前元件實例本身。舉例來說，新增一個 add 方法如下：

```
methods: {
    add() {
        this.count ++
    }
}
```

可以將其綁定到 HTML 元素上，也可以直接使用元件實例來呼叫此方法，實例如下：

```
//0
console.log(instance.count)
instance.add()
//1
console.log(instance.count)
```

6.2 計算屬性和偵聽器

大多數情況下，我們都可以將 Vue 元件中定義的屬性資料直接著色到 HTML 元素上，但是有些場景下，屬性中的資料並不適合直接著色，需要我們進行處理後再進行著色操作，在 Vue 中，通常使用計算屬性或偵聽器來實現這種邏輯。

6.2.1 計算屬性

在前面章節的範例程式中，我們定義的屬性都是儲存屬性，顧名思義，儲存屬性的值是我們直接定義好的，當前屬性只是有著儲存這些值的作用，在 Vue 中，與之相對的還有計算屬性，計算屬性並不是用來儲存資料的，而是透過一些計算邏輯來即時地維護當前屬性的值。以 6.1 節的程式為基礎，假設需要在元件中定義一個 type 屬性，當元件的 count 屬性不大於 10 時，type 屬性的值為「小」，否則 type 屬性的值為「大」。範例如下：

➔ 【程式部分 6-2 原始程式見附件程式 / 第 6 章 /1.dataMethod.html】

```
// 定義元件
const App = {
    data() {
        return {
            count:0,
        }
    },
    //computed 選項定義計算屬性
```

```
    computed: {
        type() {
            return this.count > 10 ? "大" : "小"
        }
    },
    methods: {
    add() {
        this.count ++
    }
  }
}
// 建立元件並獲取元件實例
let instance = Vue.createApp(App).mount("#Application")
// 像存取普通屬性一樣存取計算屬性
console.log(instance.type)
```

如以上程式所示，計算屬性定義在 Vue 元件的 conputed 選項中，在使用時，可以像存取普通屬性一樣存取它，通常計算屬性最終的值都是由儲存屬性透過邏輯運算計算得來的，計算屬性強大的地方在於，當會影響其值的儲存屬性發生變化時，計算屬性也會同步進行更新，如果有元素綁定了計算屬性，其也會同步進行更新。舉例來說，撰寫 HTML 程式如下：

```
<div id="Application">
    <div>{{type}}</div>
    <button @click="add">Add</button>
</div>
```

執行程式，點擊頁面上的按鈕，當元件 count 的值超過 10 時，頁面上對應的文案會更新成「大」。

6.2.2 使用計算屬或函數

從效果來看，使用計算屬性可以達到的部分效果也可以使用函數來實現。對於 6.2.1 節範例的場景，改寫程式如下：

→　【原始程式見附件程式 / 第 6 章 /1.dataMethod.html 】

HTML 元素：

```
<div id="Application">
    <div>{{typeFunc()}}</div>
    <button @click="add">Add</button>
</div>
```

Vue 元件定義：

```
const App = {
    data() {
        return {
            count:0,
        }
    },
    computed: {
        type() {
            return this.count > 10 ? " 大 " : " 小 "
        }
    },
    methods: {
        add() {
            this.count ++
        },
        typeFunc() { // 此函數的作用與計算屬性 type 類似
            return this.count > 10 ? " 大 " : " 小 "
        }
    }
}
```

　　從程式的執行行為來看，使用函數與使用計算屬性的結果完全一致。然而事實上，計算屬性是基於其所依賴的儲存屬性的值的變化而重新計算的，計算完成後，其結果會被快取，下次存取計算屬性時，只要其所依賴的屬性沒有變化，其內的邏輯程式就不會重複執行。而函數則不同，每次存取其都是重新執行函數內的邏輯程式得到的結果。因此，在實際應用中，我們可以根據是否需要快取這一標準來選擇使用計算屬性或函數。

6.2.3 計算屬性的賦值

　　儲存屬性的主要作用是資料的存取，我們可以使用賦值運算來進行屬性值的修改。一般來說計算屬性只用來設定值，不會用來存值，因此計算屬性預設提供的是設定值的方法，我們稱之為 get 方法，但是這並不代表計算屬性不支援賦值，計算屬性也可以透過賦值進行存資料操作，存資料的方法需要手動實現，我們通常稱之為 set 方法。

　　舉例來說，修改 6.2.2 節的程式中的 type 計算屬性如下：

➜ 【原始程式見附件程式 / 第 6 章 /1.dataMethod.html】

```
computed: {
    type: {
        // 實現計算屬性的 get 方法，用來設定值
        get() {
            return this.count > 10 ? "大" : "小"
        },
        // 實現計算屬性的 set 方法，用來設定值
        set(newValue) {
            if (newValue == "大") {
                this.count = 11
            } else {
                this.count = 0
            }
        }
    }
}
```

　　可以直接使用元件實例進行計算屬性 type 的賦值，賦值時會呼叫我們定義的 set 方法，從而實現對儲存屬性 count 的修改，範例如下：

➜ 【原始程式見附件程式 / 第 6 章 /1.dataMethod.html】

```
let instance = Vue.createApp(App).mount("#Application")
// 初始值為 0
console.log(instance.count)
// 初始狀態為「小」
```

```
console.log(instance.type)
// 對計算屬性進行修改
instance.type = " 大 "
// 列印結果為 11
console.log(instance.count)
```

　　如以上程式所示，在實際使用中，計算屬性對使用方是透明的，我們無須關心某個屬性是不是計算屬性，按照普通屬性的方式對其進行使用即可，但是要額外注意，如果一個計算屬性只實現了 get 方法而沒有實現 set 方法，則在使用時，只能進行設定值操作而不能進行賦值操作。在 Vue 中，這類只實現了 get 方法的計算屬性也被稱為唯讀屬性，如果我們對一個唯讀屬性進行了賦值操作，就會有異常產生，相應地，主控台會輸出以下異常資訊：

```
[Vue warn]: Write operation failed: computed property "type" is readonly.
```

6.2.4　屬性偵聽器

　　屬性偵聽是 Vue 非常強大的功能。使用屬性偵聽器方便監聽某個屬性的變化以完成複雜的業務邏輯。相信大部分使用網際網路的人都使用過搜尋引擎，以 Google 搜尋引擎為例，當我們向搜尋框中寫入關鍵字後，網頁上會自動連結出一些推薦詞供使用者選擇，如圖 6-1 所示，這種場景就非常適合使用監聽器來實現。

▲ 圖 6-1　搜尋引擎的推薦詞功能

在定義 Vue 元件時，可以透過 watch 選項來定義屬性偵聽器，首先建立一個名為 watch.html 的檔案，在其中撰寫以下測試程式：

➔ 【程式部分 6-3 原始程式見附件程式 / 第 6 章 /2.watch.html】

```html
<!DOCTYPE html>
<html lang="en">
<head>
    <meta charset="UTF-8">
    <meta http-equiv="X-UA-Compatible" content="IE=edge">
    <meta name="viewport" content="width=device-width, initial-scale=1.0">
    <title> 屬性偵聽器 </title>
    <!-- 注意：資源的 CDN 位址可能會有變化，請讀者注意 -->
    <script src="https://unpkg.com/vue@3/dist/vue.global.js"></script>
</head>
<body>
    <div id="Application">
        <!-- 輸入框元素，雙向綁定 searchText 屬性 -->
        <input v-model="searchText"/>
    </div>
    <script>
        const App = {
            data() {
                return {
                    searchText:"" // 輸入框的綁定資料
                }
            },
            watch: {
                    // 屬性監聽器，當 searchText 變化時會被呼叫
                searchText(oldValue, newValue) {
                    if (newValue.length > 10) {
                        alert(" 文字太長了 ")
                    }
                }
            }
        }
        Vue.createApp(App).mount("#Application")
    </script>
</body>
</html>
```

執行上面的程式，嘗試在頁面的輸入框中輸入一些字元，可以看到當輸入框中的字串超過 10 個時，就會有警告框彈出提示輸入文字過長，如圖 6-2 所示。

▲ 圖 6-2　屬性偵聽器應用範例

從一些特性來看，屬性偵聽器和計算屬性有類似的應用場景，使用計算屬性的 set 方法也可以實現與上面範例程式類似的功能。

6.3　進行函數限流

在專案開發中，限流是一個非常重要的概念。我們在實際開發中也經常會遇到需要進行限流的場景，例如當使用者點擊網頁上的某個按鈕後會從後端伺服器進行資料的請求，在資料請求回來之前，使用者額外地點擊不僅無效，而且浪費。或，網頁中某個按鈕會導致頁面更新，我們需要限制使用者對其頻繁地操作。這時就可以使用限流函數，常見的限流方案是根據時間間隔進行限流，即在指定的時間間隔內不允許重複執行同一函數。

本節將討論如何在前端開發中使用限流函數。

6.3.1　手動實現一個簡易的限流函數

我們先來嘗試手動實現一個基於時間間隔的限流函數，要實現這樣一個功能：頁面中有一個按鈕，點擊按鈕後透過列印方法在主控台輸出當前的時間，要求這個按鈕的兩次事件觸發間隔不能小於 2 秒。

　　新建一個名為 throttle.html 的測試檔案，分析我們需要實現的功能，很直接的想法是使用一個變數來控制按鈕事件是否可觸發，在觸發按鈕事件時對此變數進行修改，並使用 setTimeout 函數來控制 2 秒後將變數的值還原。使用這個想法來實現限流函數非常簡單，範例如下：

➜ 【程式部分 6-4 原始程式見附件程式 / 第 6 章 /3.throttle.html】

```
<!DOCTYPE html>
<html lang="en">
<head>
    <meta charset="UTF-8">
    <meta http-equiv="X-UA-Compatible" content="IE=edge">
    <meta name="viewport" content="width=device-width, initial-scale=1.0">
    <title> 限流函數 </title>
    <!-- 注意：資源的 CDN 位址可能會有變化，請讀者注意 -->
    <script src="https://unpkg.com/vue@3/dist/vue.global.js"></script>
</head>
<body>
    <div id="Application">
        <button @click="click"> 按鈕 </button>
    </div>
    <script>
        const App = {
            data() {
                return {
                    throttle:false   // 限流變數，標記當前是否觸發限流
                }
            },
            methods: {
                click() { // 測試函數
                    if (!this.throttle) {
                        console.log(Date())
                    } else {
                        return
                    }
                    this.throttle = true
                    setTimeout(() => { // 延遲時間 2 秒後恢復限流變數的值
```

```
                      this.throttle = false
                }, 2000);
            }
        }
    }
    Vue.createApp(App).mount("#Application")
    </script>
</body>
</html>
```

執行上面的程式，快速點擊頁面上的按鈕，從 VS Code 的主控台可以看到，無論按鈕被點擊了多少次，列印方法都按照每 2 秒最多執行 1 次的頻率進行限流。其實，在上述範例程式中，限流本身是一種通用的邏輯，列印時間才是業務邏輯，因此可以將限流的邏輯封裝成單獨的工具方法，修改核心 JavaScript 程式如下：

➜　【程式部分 6-5 原始程式見附件程式 / 第 6 章 /3.throttle.html】

```
var throttle = false                        // 限流變數
function throttleTool(callback, timeout) {  // 包裝的限流函數
    if (!throttle) {                        // 如果未被限流，則直接執行包裝的回呼函數
        callback()
    } else {                                // 如果被限流，則直接傳回，什麼都不做
        return
    }
    throttle = true                         // 修改限流變數
    setTimeout(() => {                       // 延遲時間指定時間後恢復限流變數
        throttle = false
    }, timeout)
}
const App = {
    methods: {
        click() {
            throttleTool(()=>{
                console.log(Date())
            }, 2000)
```

```
        }
    }
}
Vue.createApp(App).mount("#Application")
```

再次執行程式，程式依然可以正確執行。現在我們已經有了一個限流工具，可以為任意函數增加限流功能，並且可以任意設定限流的時間間隔。

6.3.2 使用 Lodash 函數庫進行函數限流

目前我們已經了解了限流函數的實現邏輯，在 6.3.1 節中，也手動實現了一個簡單的限流工具，儘管其能夠滿足當前的需求，細細分析，其還有許多需要最佳化的地方。在實際開發中，每個業務函數所需要的限流間隔都不同，而且需要各自獨立地限流，我們自己撰寫的限流工具就無法滿足了，但是得益於 JavaScript 生態的繁榮，有許多第三方工具函數庫都提供了函數限流功能，它們強大且好用，Lodash 函數庫就是其中之一。

Lodash 是一款高性能的 JavaScript 工具程式庫，其提供了大量的陣列、物件、字串等邊界的操作方法，使開發者可以更加簡單地使用 JavaScript 來程式設計計。

Lodash 函數庫中提供了 debounce 函數來進行方法的呼叫限流（防手震），要使用它，首先需要引入 Lodash 函數庫，程式如下：

```
<script src="https://unpkg.com/lodash@4.17.20/lodash.min.js"></script>
```

以 6.3.1 節撰寫的程式為例，修改程式如下：

```
const App = {
    methods: {
        click: _.debounce(function(){
            console.log(Date())
        }, 2000)
```

```
    }
}
```

執行程式，體驗一下 Lodash 限流函數的功能。

提示 防手震和限流的意義並不完全一樣，其核心目的都是防止頻繁地操作造成使用者體驗降低。

6.4 表單資料的雙向綁定

雙向綁定是 Vue 中處理使用者互動的一種方式，文字輸入框、多行文本輸入區域、單選按鈕與多選框等都可以進行資料的雙向綁定。新建一個名為 input.html 的檔案用來撰寫本節的測試程式。

6.4.1 文字輸入框

文字輸入框的資料綁定我們之前使用過，使用 Vue 的 v-model 指令直接設定即可，非常簡單，範例如下。

➜ 【程式部分 6-6 原始程式見附件程式 / 第 6 章 /4.input.html】

```html
<!DOCTYPE html>
<html lang="en">
<head>
    <meta charset="UTF-8">
    <meta http-equiv="X-UA-Compatible" content="IE=edge">
    <meta name="viewport" content="width=device-width, initial-scale=1.0">
    <title> 表單輸入 </title>
    <!-- 注意：資源的 CDN 位址可能會有變化，請讀者注意 -->
    <script src="https://unpkg.com/vue@3/dist/vue.global.js"></script>
</head>
<body>
    <div id="Application">
                <!-- 將輸入框中的內容進行雙向綁定 -->
        <input v-model="textField"/>
        <p> 文字輸入框內容 :{{textField}}</p>
```

```
    </div>
    <script>
        const App = {
            data() {
                return {
                    textField:"" // 輸入框的內容
                }
            }
        }
        Vue.createApp(App).mount("#Application")
    </script>
</body>
</html>
```

執行程式，當輸入框中輸入的文字發生變化的時候，我們可以看到段落中的文字也會同步產生變化。

6.4.2 多行文本輸入區域

多行文本可以使用 textarea 標籤來實現，textarea 方便定義一塊區域用來顯示和輸入多行文本，文字支援換行，並且可以設定最多可以輸入多少文字。textarea 的資料綁定方式與 input 一樣，範例程式如下。

➜ 【原始程式見附件程式 / 第 6 章 /4.input.html】

```
<textarea v-model="textarea"></textarea>
<p style="white-space: pre-line;">多行文本
內容 :{{textarea}}</p>
```

上面的程式中，為 p 標籤設定 white-space 樣式是為了使其可以正常展示多行文本中的換行，執行效果如圖 6-3 所示。

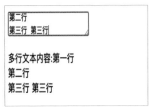

▲ 圖 6-3 輸入多行文本

需要注意，textarea 元素只能透過 v-model 指令的方式來進行內容的設定，不能直接在標籤內插入文字，例如下面的程式是錯誤的：

```
<textarea v-model="textarea">{{text}}</textarea>
```

6.4.3 核取方塊與單選按鈕

　　核取方塊為網頁提供多項選擇的功能，當將 HTML 中的 input 標籤的類型設定為 checkbox 時，其就會以核取方塊的樣式進行著色。核取方塊通常成組出現，每個選項的狀態只有兩種：選中或未選中，如果只有一個核取方塊，在使用 v-model 指令進行資料綁定時，直接將其綁定為布林值即可，範例如下。

➜ 【原始程式見附件程式 / 第 6 章 /4.input.html】

```
<input type="checkbox" v-model="checkbox"/>
<p>{{checkbox}}</p>
```

　　執行上面的程式，當核取方塊的選中狀態發生變化時，對應的屬性 checkbox 的值也會切換。更多時候核取方塊都是成組出現的，這時可以為每個核取方塊元素設定一個特殊的值，透過陣列屬性的綁定來獲取每個核取方塊是否被選中，如果被選中，則陣列中會存在其所連結的值，如果沒有被選中，則陣列中其連結的值也會被刪除，範例如下。

➜ 【原始程式見附件程式 / 第 6 章 /4.input.html】

```
<input type="checkbox" value=" 足球 " v-model="checkList"/> 足球
<input type="checkbox" value=" 籃球 " v-model="checkList"/> 籃球
<input type="checkbox" value=" 排球 " v-model="checkList"/> 排球
<p>{{checkList}}</p>
```

　　執行程式，效果如圖 6-4 所示。

　　單選按鈕的資料綁定邏輯與核取方塊類似，對每個單選按鈕元素都可以設定一個特殊的值，並將同為一組的單選按鈕綁定到同一個屬性中，同一組中的某個單選按鈕被選中時，對應綁定的變數值也會替換為當前選中的單選按鈕的值，範例如下。

➜ 【原始程式見附件程式 / 第 6 章 /4.input.html】

```
<input type="radio" value=" 男 " v-model="sex"/> 男
<input type="radio" value=" 女 " v-model="sex"/> 女
<p>{{sex}}</p>
```

執行程式，效果如圖 6-5 所示。

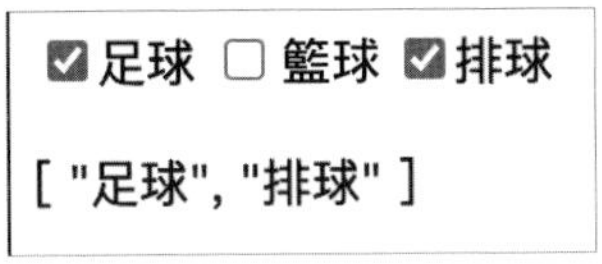

☑足球 ☐籃球 ☑排球

["足球", "排球"]

○男 ◉女

女

▲ 圖 6-5 進行單選按鈕資料綁定 　　　▲ 圖 6-4 進行核取方區塊資料綁定

6.4.4 選擇清單

選擇清單能夠提供一群組選項供使用者選擇，其可以支援單選，也可以支援多選。HTML 中使用 select 標籤來定義選擇清單。如果是單選的選擇清單，可以將其直接綁定到 Vue 元件的屬性上，如果是支援多選的選擇清單，則可以將其綁定到陣列屬性上。單選的選擇清單範例程式如下。

➜ 【原始程式見附件程式 / 第 6 章 /4.input.html】

```
<select v-model="select">
    <option> 男 </option>
    <option> 女 </option>
</select>
<p>{{select}}</p>
```

在 select 標籤內部，option 標籤用來定義一個選項，若要使選擇清單支援多選操作，則只需要為其新增 multiple 屬性即可，範例如下。

➜ 【原始程式見附件程式 / 第 6 章 /4.input.html】

```
<select v-model="selectList" multiple>
    <option> 足球 </option>
    <option> 籃球 </option>
```

```
    <option> 排球 </option>
</select>
<p>{{selectList}}</p>
```

之後，在頁面中選擇時，按 command（control）鍵即可進行多選，效果如圖 6-6 所示。

▲ 圖 6-6　進行選擇清單資料綁定

6.4.5　兩個常用的修飾符號

在對表單進行資料綁定時，我們可以使用修飾符號來控制綁定指令的一些行為。比較常用的修飾符號有 lazy 和 trim。

lazy 修飾符號的作用類似於屬性的惰性載入。當使用 v-model 指令對文字輸入框進行綁定時，每當輸入框中的文字發生變化時，其都會同步修改對應屬性的值。在某些業務場景下，並不需要即時關注輸入框中文案的變化，只需要在使用者輸入完成後進行資料邏輯的處理，就可以使用 lazy 修飾符號，範例如下。

➜ 【原始程式見附件程式 / 第 6 章 /4.input.html】

```
<input v-model.lazy="textField"/>
<p> 文字輸入框內容 :{{textField}}</p>
```

執行上面的程式，只有當使用者完成輸入即輸入框失去焦點後，段落中才會同步輸入框中最終的文字資料。

trim 修飾符號的作用是將綁定的文字資料的首尾空格去掉，在很多應用場景中，使用者輸入的文案都是要提交到服務端進行處理的，trim 修飾符號處理首尾空格的特性可以為開發者提供很大方便，範例如下。

➔　【原始程式見附件程式 / 第 6 章 /4.input.html】

```
<input v-model.trim="textField"/>
<p> 文字輸入框內容 :{{textField}}</p>
```

6.5　樣式綁定

我們可以透過 HTML 元素的 class 屬性、id 屬性或直接使用標籤名稱來進行 CSS 樣式的綁定，其中，最為常用的是使用 class 的方式進行樣式綁定。在 Vue 中，對 class 屬性的資料綁定做了特殊的增強，方便透過布林變數控制其設定的樣式是否被選用。

6.5.1　為 HTML 標籤綁定 class 屬性

v-bind 指令雖然可以直接對 class 屬性進行資料綁定，但如果將綁定的值設定為一個物件，其就會產生一種新的語法規則，設定的物件中可以指定對應的 class 樣式是否被選用。首先建立一個名為 class.html 的測試檔案，在其中撰寫以下範例程式。

➔　【程式部分 6-7 原始程式見附件程式 / 第 6 章 /5.class.html】

```
<!DOCTYPE html>
<html lang="en">
<head>
    <meta charset="UTF-8">
    <meta http-equiv="X-UA-Compatible" content="IE=edge">
    <meta name="viewport" content="width=device-width, initial-scale=1.0">
    <title>Class 綁定 </title>
    <!-- 注意：資源的 CDN 位址可能會有變化，請讀者注意 -->
    <script src="https://unpkg.com/vue@3/dist/vue.global.js"></script>
    <style>
        .red {
            color:red
        }
        .blue {
            color:blue
```

```
        }
    </style>
</head>
<body>
    <div id="Application">
        <div :class="{blue:isBlue,red:isRed}">
            範例文案
        </div>
    </div>
    <script>
        const App = {
            data() {
                return {
                    isBlue:true,
                    isRed:false,
                }
            }
        }
        Vue.createApp(App).mount("#Application")
    </script>
</body>
</html>
```

如以上程式所示，其中 div 元素的 class 屬性的值會根據 isBlue 和 isRed
屬性的值而改變，當只有 isBlue 屬性的值為 true 時，div 元素的 class 屬性為
blue，同理，當只有 isRed 屬性的值為 true 時，div 元素的 class 屬性為 red。需
要注意，class 屬性可綁定的值並不會衝突，如果設定的物件中有多個屬性的值
都是 true，則都會被新增到 class 屬性中。

在實際開發中，並不一定要用內聯的方式為 class 綁定控制物件，也可以直
接將其設定為一個 Vue 元件中的資料物件，修改程式如下。

➜ 【原始程式見附件程式 / 第 6 章 /5.class.html】

　　HTML 元素：

```
<div :class="style">
    範例文案
```

```
</div>
```

　　Vue 元件：

```
const App = {
    data() {
        return {
            style:{
                blue:true,
                red:false
            }
        }
    }
}
```

　　修改後程式的執行效果與之前完全一樣，更多時候可以將樣式物件作為計算屬性進行傳回，使用這種方式進行元件樣式的控制非常高效。

　　Vue 還支援使用陣列物件來控制 class 屬性，範例如下。

➔ 【原始程式見附件程式 / 第 6 章 /5.class.html】

　　HTML 元素：

```
<div :class="[redClass, fontClass]">
    範例文案
</div>
```

　　Vue 元件：

```
const App = {
    data() {
        return {
            redClass:"red",
            fontClass:"font"
        }
    }
}
```

6.5.2 綁定內聯樣式

內聯樣式是指直接透過 HTML 元素的 style 屬性來設定樣式，style 屬性可以透過 JavaScript 物件來設定樣式，可以直接在其內部使用 Vue 屬性，範例程式如下。

➜ 【原始程式見附件程式 / 第 6 章 /5.class.html】

HTML 元素：

```
<div :style="{color:textColor,fontSize:textFont}">
    範例文案
</div>
```

Vue 元件：

```
const App = {
    data() {
        return {
            textColor:'green',
            textFont:'50px'
        }
    }
}
```

需要注意，內聯設定的 CSS 與外部定義的 CSS 有一點區別，外部定義的 CSS 屬性在命名時，多採用「-」符號進行連接（如 font-size），而內聯的 CSS 中屬性的命名採用的是駝峰命名法，如 fontSize。

內聯 style 同樣支援直接綁定物件屬性，直接綁定物件在實際開發中更加常用，使用計算屬性來承載樣式物件可以十分方便地進行動態樣式更新。

6.6 範例：使用者註冊頁面

本節嘗試完成一個功能完整的使用者註冊頁面，並透過一些簡單的 CSS 樣式來使頁面設定得漂亮一些。

6.6.1 架設使用者註冊頁面

我們計畫架設一個使用者註冊頁面，頁面由標題、一些資訊輸入框、偏好設定和確認按鈕這幾個部分組成。首先，建立一個名為 register.html 的測試檔案，按照標準的開發習慣，先來架設 HTML 框架結構，撰寫程式如下。

→ 【程式部分 6-8 原始程式見附件程式 / 第 6 章 /6.register.html】

```
<div class="container" id="Application">
    <div class="container">
        <div class="subTitle"> 加入我們，一起創造美好世界 </div>
        <h1 class="title"> 建立你的帳號 </h1>
        <div v-for="(item, index) in fields" class="inputContainer">
            <div class="field">{{item.title}} <span v-if="item.required"
style="color: red;">*</span></div>
            <input class="input" :type="item.type" />
            <div class="tip" v-if="index == 2"> 請確認密碼程度需要大於 6 位 </div>
        </div>
        <div class="subContainer">
            <div class="setting"> 偏好設定 </div>
            <input class="checkbox" type="checkbox" /><label class="label"> 接收更
新郵件 </label>
        </div>
        <button class="btn"> 建立帳號 </button>
    </div>
</div>
```

上面的程式提供了主頁面所需要的所有元素，並且為元素指定了 class 屬性，同時也整合了一些 Vue 的邏輯，例如迴圈著色和條件著色。下面定義 Vue 元件，範例程式如下。

→ 【程式部分 6-9 原始程式見附件程式 / 第 6 章 /6.register.html】

```
const App = {
    data() {
        return {
            fields:[
                {
```

```
                    title:" 使用者名稱 ",
                    required:true,
                    type:"text"
                },{
                    title:" 電子郵件位址 ",
                    required:false,
                    type:"text"
                },{
                    title:" 密碼 ",
                    required:true,
                    type:"password"
                }
            ],
        }
    }
}
Vue.createApp(App).mount("#Application")
```

　　上面的程式定義了 Vue 元件中與頁面設定相關的一些屬性，到目前為止，還沒有處理與使用者互動相關的邏輯，先將頁面元素的 CSS 樣式補齊，範例程式如下。

➜　【原始程式見附件程式 / 第 6 章 /6.register.html 】

```
<style>
    .container {
        margin:0 auto;
        margin-top: 70px;
        text-align: center;
        width: 300px;
    }
    .subTitle {
        color:gray;
        font-size: 14px;
    }
    .title {
        font-size: 45px;
    }
    .input {
```

```css
        width: 90%;
}
.inputContainer {
        text-align: left;
        margin-bottom: 20px;
}
.subContainer {
        text-align: left;
}
.field {
        font-size: 14px;
}
.input {
        border-radius: 6px;
        height: 25px;
        margin-top: 10px;
        border-color: silver;
        border-style: solid;
        background-color: cornsilk;
}
.tip {
        margin-top: 5px;
        font-size: 12px;
        color: gray;
}
.setting {
        font-size: 9px;
        color: black;
}
.label {
        font-size: 12px;
        margin-left: 5px;
        height: 20px;
        vertical-align:middle;
}
.checkbox {
        height: 20px;
        vertical-align:middle;
}
```

```
    .btn {
        border-radius: 10px;
        height: 40px;
        width: 300px;
        margin-top: 30px;
        background-color: deepskyblue;
        border-color: blue;
        color: white;
    }
</style>
```

執行程式，頁面效果如圖 6-7 所示。

在註冊頁面中，元素的 UI 效果也預示了其部分功能，例如在輸入框上方有些標了紅星，其表示此項是必填項，即使用者不填寫將無法完成註冊操作。對於密碼輸入框，也將其類型設定為 password，當使用者在輸入文字時，此項會被自動加密。6.6.2 節將重點對頁面的使用者互動邏輯進行處理。

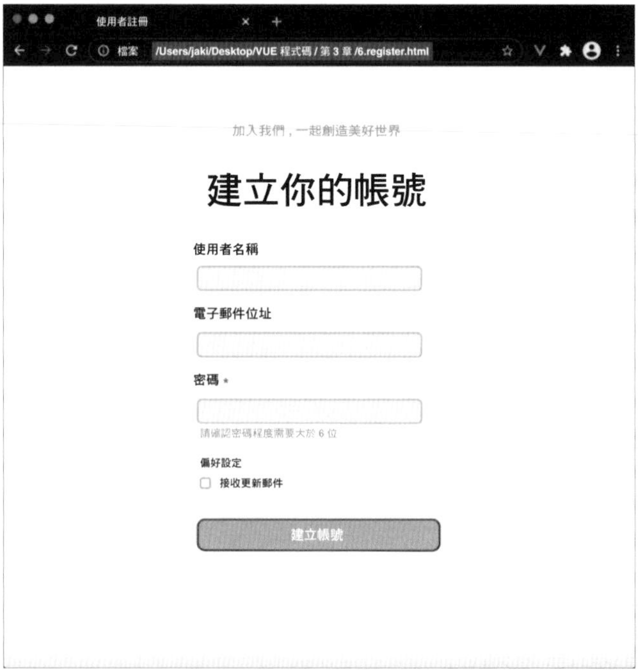

▲ 圖 6-7　簡潔的使用者註冊頁面

6.6.2 實現註冊頁面的使用者互動

以我們撰寫好的註冊頁面為基礎，本小節來為其新增使用者互動邏輯。在使用者點擊「建立帳號」按鈕時，我們需要獲取使用者輸入的使用者名稱、密碼、電子郵件和偏好設定，其中的使用者名稱和密碼是必填項，並且密碼的長度需要大於 6 位，對於使用者輸入的電子郵件，也可以使用正規表示法來對其進行驗證，只有格式正確的電子郵件才允許被註冊。

由於頁面中的 3 個文字輸入框是透過迴圈動態著色的，因此在對其進行綁定時，也需要採用動態的方式進行綁定。首先在 HTML 元素中將需要綁定的變數設定好，範例如下。

➜ 【原始程式見附件程式 / 第 6 章 /6.register.html】

```html
<div class="container" id="Application">
    <div class="container">
        <div class="subTitle">加入我們，一起創造美好世界 </div>
        <h1 class="title">建立你的帳號 </h1>
        <div v-for="(item, index) in fields" class="inputContainer">
            <div class="field">{{item.title}} <span v-if="item.required"
style="color: red;">*</span></div>
            <input v-model="item.model" class="input" :type="item.type" />
            <div class="tip" v-if="index == 2">請確認密碼長度大於 6 位 </div>
        </div>
        <div class="subContainer">
            <div class="setting">偏好設定 </div>
            <input v-model="receiveMsg" class="checkbox" type="checkbox" /><label
class="label">接收更新郵件 </label>
        </div>
        <button @click="createAccount" class="btn">建立帳號 </button>
    </div>
</div>
```

完善 Vue 元件如下：

➜　【程式部分 6-10 原始程式見附件程式 / 第 6 章 /6.register.html 】

```
const App = {
    data() {
        return {
            fields:[ // 綁定到輸入框的資料
                {
                    title:" 使用者名稱 ",required:true,type:"text",
                    model:""
                },{
                    title:" 電子郵件位址 ",required:false,type:"text",
                    model:""
                },{
                    title:" 密碼 ",required:true,type:"password",
                    model:""
                }
            ],
            receiveMsg:false
        }
    },
    computed:{  // 計算屬性
        name: {
            get() {
                return this.fields[0].model
            },
            set(value){
                this.fields[0].model = value
            }
        },
        email: {
            get() {
                return this.fields[1].model
            },
            set(value){
                this.fields[1].model = value
            }
        },
        password: {
            get() {
                return this.fields[2].model
            },
```

```
                set(value){
                    this.fields[2].model = value
                }
            }
        },
        methods:{
            emailCheck() { // 電子郵件有效性驗證
                var verify = /^\w[-\w.+]*@([A-Za-z0-9][-A-Za-z0-9]+\.)+[A-Za-z]{2,14}/;
                if (!verify.test(this.email)) {
                    return false
                } else {
                    return true
                }
            },
            createAccount() { // 帳號有效性驗證
                if (this.name.length == 0) {
                    alert(" 請輸入使用者名稱 ")
                    return
                } else if (this.password.length <= 6) {
                    alert(" 密碼設定需要大於 6 位字元 ")
                    return
                } else if (this.email.length > 0 && !this.emailCheck(this.email)) {
                    alert(" 請輸入正確的電子郵件 ")
                    return
                }
                alert(" 註冊成功 ")
                console.log('name:${this.name}\npassword:${this.password} \
    nemail:${this.email}\nreceiveMsg:${this.receiveMsg}')
            }
        }
    }
Vue.createApp(App).mount("#Application")
```

上面的程式中，透過設定輸入框 field 物件來實現動態資料綁定，為了方便值的操作，使用計算屬性對幾個常用的輸入框資料實現了便捷的存取方法，這些技巧都是本章介紹的核心內容。當使用者點擊「建立帳號」按鈕時，createAccount 方法會進行一些有效性驗證，我們對每個欄位需要滿足的條件進行依次驗證即可，上面的範例程式中使用了正規表示法對電子郵件位址的有效性進行了檢驗。

現在，執行程式，在瀏覽器中嘗試進行使用者註冊的操作，到目前為止，我們完成了一個較為完整的使用者端的註冊頁面，在實際應用中，最終的註冊操作還需要與後端進行互動。

6.7　本章小結

本章介紹了 Vue 元件中有關屬性和方法的基礎應用，並且透過一個較為完整的範例練習了資料綁定、迴圈與條件著色以及計算屬性相關的核心知識。相信透過本章的學習，你對 Vue 的使用能夠有更深的理解。

在進入新章節的學習前，先來檢驗一下本章的學習成果吧！

（1）在 Vue 中，計算屬性和普通屬性有什麼區別？

提示 普通屬性的本質是儲存屬性，計算屬性的本質是呼叫函數。從這方面思考其異同，並思考它們各自適用的場景。

（2）屬性偵聽器的作用是什麼？

提示 當資料變化會觸發其他相關的業務邏輯時，可以嘗試使用屬性監聽器來實現。

（3）你能夠手動實現一個限流函數嗎？

提示 結合本章中的範例思考實現限流函數的核心想法。

（4）Vue 中的雙向綁定適用於哪些場景？

提示 當某個頁面元素可以接受使用者的互動而改變其綁定的資料時，我們就可以考慮使用雙向綁定。

第 **7** 章
處理使用者互動

　　處理使用者互動實際上就是對使用者操作事件的監聽和處理，例如使用者的滑鼠點擊事件、鍵盤輸入事件等。在 Vue 中，使用 v-on 指令來進行事件的監聽和處理，更多時候我們會使用其縮寫方式「@」來代替 v-on 指令。

　　對網頁應用來說，事件的監聽主要分為兩類：鍵盤按鍵事件和滑鼠操作事件。本章將系統地介紹在 Vue 中監聽和處理事件的方法。

透過本章，你將學習到：

- 事件監聽和處理的方法。
- Vue 中多事件處理功能的使用。
- Vue 中事件修飾符號的使用。
- 鍵盤事件與滑鼠事件的處理。

7.1 事件的監聽與處理

　　v-on 指令（通常使用 @ 符號代替）用來為 DOM 事件綁定監聽，其可以設定為一個簡單的 JavaScript 敘述，也可以設定為一個 JavaScript 函數。

> **小提示** 當前在學習 Vue 的基礎功能時，我們使用的是 CDN 的方式引入的 Vue，所寫的程式也是 JavaScript 的，這樣方便我們進行框架使用的學習。後面會使用鷹架專案來統一處理編譯流程，那時使用 TypeScript 來撰寫邏輯。

7.1.1 事件監聽範例

　　關於 DOM 事件的綁定，在前面的章節中也簡單使用過了，首先建立一個名為 event.html 的範例檔案，撰寫簡單的測試程式如下：

➜ 【程式部分 7-1 原始程式見附件程式 / 第 7 章 /1.event.html】

```html
<!DOCTYPE html>
<html lang="en">
<head>
    <meta charset="UTF-8">
    <meta http-equiv="X-UA-Compatible" content="IE=edge">
    <meta name="viewport" content="width=device-width, initial-scale=1.0">
    <title>事件綁定</title>
    <!-- 需要注意，CDN 位址可能會變化 -->
    <script src="https://unpkg.com/vue@3/dist/vue.global.js"></script>
</head>
<body>
    <div id="Application">
        <div>點擊次數 :{{count}}</div>
        <button @click="click">點擊</button>
    </div>
    <script>
      const App = {
          data() {
              return {
                  count:0 // 計數變數
```

```
                }
            },
            methods: {
                click() {
                    this.count += 1
                }
            }
        }
        Vue.createApp(App).mount("#Application")
    </script>
</body>
</html>
```

　　在瀏覽器中執行上面的程式，當點擊頁面中的按鈕時，會執行 click 函數從而改變 count 屬性的值，並可以在頁面上即時看到變化的效果。使用 @click 直接綁定點擊事件方法是最基礎的一種使用者互動處理方式。當然，也可以直接將要執行的邏輯程式放入 @click 賦值的地方，程式如下：

```
<button @click="this.count += 1"> 點擊 </button>
```

　　修改後程式的執行效果和修改前沒有任何差異，只是通常事件的處理方法都不是單行 JavaScript 程式可以搞定的，更多時候會採用綁定方法函數的方式來處理事件。在上面的程式中，定義的 click 函數並沒有參數，實際上當觸發我們綁定的事件函數時，系統會自動將當前的 Event 物件傳遞到函數中，如果我們需要使用此 Event 物件，定義的處理函數往往是下面的樣子：

```
click(event) {
    console.log(event)
    this.count += 1
}
```

　　你可以嘗試一下，Event 物件中會儲存當前事件的很多資訊，例如事件類型、滑鼠位置、鍵盤按鍵情況等。

　　你或許會問，如果 DOM 元素綁定執行事件的函數需要傳自訂的參數怎麼辦？以上面的程式為例，如果這個計數器的步進值是可設定的，例如透過函數的參數來進行控制，修改 click 方法如下：

```
click(step) {
    this.count += step
}
```

在進行事件綁定時，可以採用內聯處理的方式設定函數的參數，範例程式如下：

```
<button @click="click(2)">點擊 </button>
```

再次執行程式，點擊頁面上的按鈕，可以看到計數器將以 2 為步進值進行增加。如果在自訂傳遞參數的基礎上，需要使用系統的 Event 物件參數，可以使用 $event 來傳遞此參數，例如修改 click 函數如下：

```
click(step, event) {
    console.log(event)
    this.count += step
}
```

使用以下方式綁定事件：

```
<button @click="click(2, $event)">點擊 </button>
```

7.1.2 多事件處理

多事件處理是指對於同一個使用者互動事件，需要呼叫多個方法進行處理。當然，一種比較簡單的方式是撰寫一個匯總函數作為事件的處理函數，但是在 Vue 中，綁定事件時支援使用逗點對多個函數進行呼叫綁定，以 7.1.1 節的程式為例，click 函數實際上完成了兩個功能點：計數和列印 Log。可以將這兩個功能拆分開來，改寫如下：

→　【原始程式見附件程式 / 第 7 章 /1.event.html】

```
methods: {
    click(step) {
        this.count += step
    },
```

```
    log(event) {
        console.log(event)
    }
}
```

需要注意，如果要進行多事件處理，在綁定事件時要採用內聯呼叫的方式綁定，程式如下：

```
<button @click="click(2), log($event)"> 點擊 </button>
```

7.1.3 事件修飾符號

在學習事件修飾符號前，首先回顧一下 DOM 事件的傳遞原理。當我們在頁面上觸發了一個點擊事件時，事件會從父元件開始依次傳遞到子元件，這個過程通常形象地稱為事件捕捉，當事件傳遞到最上層的子元件時，其還會逆向地再進行一輪傳遞，從子元件依次向下傳遞，這個過程被稱為事件反昇。在 Vue 中使用 @click 的方式綁定事件時，預設監聽的是 DOM 事件的反昇階段，即從子元件傳遞到父元件的過程。

下面撰寫一個事件範例元件。

➡ 【程式部分 7-2 原始程式見附件程式 / 第 7 章 /1.event.html 】

```
HTML 範本：
<div @click="click1" style="border:solid red">
    外層
    <div @click="click2" style="border:solid red">
        中層
        <div @click="click3" style="border:solid red">
            點擊
        </div>
    </div>
</div>
```

實現 3 個綁定的函數如下：

```
methods: {
    click(step) {
        this.count += step
    },
    log(event) {
        console.log(event)
    },
    click1() {
        console.log(" 外層 ")
    },
    click2() {
        console.log(" 中層 ")
    },
    click3() {
        console.log(" 內層 ")
    }
}
```

執行上面的程式，點擊頁面最內層的元素，透過觀察主控台的列印，可以看到事件函數的呼叫順序如下：

```
內層
中層
外層
```

如果要監聽捕捉階段的事件，就需要使用事件修飾符號，事件修飾符號 capture 可以將監聽事件的時機設定為捕捉階段，範例如下：

➜　【原始程式見附件程式 / 第 7 章 /1.event.html】

```
<div @click.capture="click1" style="border:solid red">
    外層
  <div @click.capture="click2" style="border:solid red">
      中層
      <div @click.capture="click3" style="border:solid red">
          點擊
      </div>
```

```
    </div>
</div>
```

再次執行程式，點擊最內層的元素，可以看到主控台的列印效果如下：

```
外層
中層
內層
```

捕捉事件觸發的順序剛好與反昇事件相反。在實際應用中，可以根據具體的需求來選擇要使用反昇事件還是捕捉事件。

理解事件的傳遞對處理使用者頁面互動來說至關重要，但是也有很多場景不希望事件進行傳遞，例如在上面的例子中，當使用者點擊內層的元件時，只想讓其觸發內層元件綁定的方法，當使用者點擊外層元件時，只觸發外層元件綁定的方法，這時就需要使用 Vue 中另一個非常重要的事件修飾符號：stop。

stop 修飾符號可以阻止事件的傳遞，範例如下：

→ 【原始程式見附件程式 / 第 7 章 /1.event.html】

```
<div @click.stop="click1" style="border:solid red">
    外層
    <div @click.stop="click2" style="border:solid red">
        中層
        <div @click.stop="click3" style="border:solid red">
            點擊
        </div>
    </div>
</div>
```

此時在點擊時，只有被點擊的當前元件綁定的方法會被呼叫。

除 capture 和 stop 事件修飾符號外，還有一些常用的修飾符號，整體列舉如表 7-1 所示。

▼ 表 7-1　常用的修飾符號

事件修飾符	作　用
stop	阻止事件傳遞
capture	監聽捕捉場景的事件
once	只觸發一次事件
self	當事件物件的 taeget 屬性是當前元件時才觸發事件
prevent	禁止預設的事件
passive	不禁止預設的事件

　　需要注意，事件修飾符號可以串聯使用，例如下面的寫法既能造成阻止事件傳遞的作用，又能控制只觸發一次事件。

➔ 【原始程式見附件程式 / 第 7 章 /1.event.html】

```
<div @click.stop.once="click3" style="border:solid red">
    點擊
</div>
```

　　對鍵盤按鍵事件來說，Vue 中定義了一組按鈕別名事件修飾符號，其用法後面會具體介紹。

7.2 Vue 中的事件類型

　　事件本身是有類型之分的，例如使用 @click 綁定的就是元素的點擊事件，如果需要透過使用者滑鼠操作行為來實現更加複雜的互動邏輯，則需要監聽更加複雜的滑鼠事件。當使用 Vue 中的 v-on 指令進行普通 HTML 元素的事件綁定時，其支援所有的原生 DOM 事件，更進一步，如果使用 v-on 指令對自訂的 Vue 元件進行事件綁定，則其也可以支援自訂的事件。這些內容會在第 8 章詳細介紹。

7.2.1 常用的事件類型

click 事件是頁面開發中常用的互動事件。當 HTML 元素被點擊時會觸發此事件,常用的互動事件列舉如表 7-2 所示。

▼ 表 7-2 常用的互動事件

事 件	意 義	可用的元素
click	點擊事件,當元件被點擊時觸發	大部分 HTML 元素
dblclick	按兩下事件,當元件被按兩下時觸發	大部分 HTML 元素
focus	獲取焦點事件,例如輸入框開啟編輯模式時觸發	input、select、textarea 等
blur	失去焦點事件,例如輸入框結束編輯模式時觸發	input、select、textarea 等
change	元素內容改變事件,輸入框結束輸入後,如果內容有變化,就會觸發此事件	input、select、textarea 等
select	元素內容選中事件,輸入框中的文字被選中時會觸發此事件	input、select、textarea 等
mousedown	滑鼠按鍵被按下事件	大部分 HTML 元素
mouseup	滑鼠按鍵抬起事件	大部分 HTML 元素
mousemove	滑鼠在元件內移動事件	大部分 HTML 元素
mouseout	滑鼠移出元件時觸發	大部分 HTML 元素
mouseover	滑鼠移入元件時觸發	大部分 HTML 元素
keydown	鍵盤按鍵被按下	HTML 中所有表單類別元素
keyup	鍵盤按鍵被抬起	HTML 中所有表單類別元素

對於上面列舉的事件類型,可以撰寫範例程式來理解其觸發的時機,新建一個名為 eventType.html 的檔案,撰寫測試程式如下。

→ 【程式部分 7-3 原始程式見附件程式 / 第 7 章 /2.eventType.html】

```html
<!DOCTYPE html>
<html lang="en">
<head>
    <meta charset="UTF-8">
    <meta http-equiv="X-UA-Compatible" content="IE=edge">
    <meta name="viewport" content="width=device-width, initial-scale=1.0">
    <title> 事件類型 </title>
    <!-- 需要注意，CDN 位址可能會變化 -->
    <script src="https://unpkg.com/vue@3/dist/vue.global.js"></script></head>
<body>
    <div id="Application">
        <div @click="click"> 點擊事件 </div>
        <div @dblclick="dblclick"> 按兩下事件 </div>
        <input @focus="focus" @blur="blur" @change="change" @select="select"></input>
        <div @mousedown="mousedown"> 滑鼠按下 </div>
        <div @mouseup="mouseup"> 滑鼠抬起 </div>
        <div @mousemove="mousemove"> 滑鼠移動 </div>
        <div @mouseout="mouseout" @mouseover="mouseover"> 滑鼠移入移出 </div>
        <input @keydown="keydown" @keyup="keyup"></input>
    </div>
    <script>
        const App = {
            methods: {
                click(){
                    console.log(" 點擊事件 ");
                },
                dblclick(){
                    console.log(" 按兩下事件 ");
                },
                focus(){
                    console.log(" 獲取焦點 ")
                },
                blur(){
                    console.log(" 失去焦點 ")
                },
                change(){
                    console.log(" 內容改變 ")
                },
```

```
            select(){
                console.log("文字選中")
            },
            mousedown(){
                console.log("滑鼠按鍵按下")
            },
            mouseup(){
                console.log("滑鼠按鍵抬起")
            },
            mousemove(){
                console.log("滑鼠移動")
            },
            mouseout(){
                console.log("滑鼠移出")
            },
            mouseover(){
                console.log("滑鼠移入")
            },
            keydown(){
                console.log("鍵盤按鍵按下")
            },
            keyup(){
                console.log("鍵盤按鍵抬起")
            }
        }
    }
    Vue.createApp(App).mount("#Application")
</script>
</body>
</html>
```

　　對於每一種類型的事件，我們都可以透過參數中的 Event 物件來獲取事件的
具體資訊，例如在滑鼠點擊事件中，可以獲取使用者具體點擊的是左鍵還是右
鍵。

7.2.2　按鍵修飾符號

當需要對鍵盤按鍵進行監聽時，通常使用 keyup 參數，如果只是要對某個按鍵進行監聽，可以透過 Event 物件來判斷，例如要監聽使用者是否按了確認鍵，方法可以這麼寫：

➔　【原始程式見附件程式 / 第 7 章 /2.eventType.html】

```
keyup(event){
    console.log(" 鍵盤按鍵抬起 ")
    if (event.key == 'Enter') {
        console.log(" 確認鍵被按下 ")
    }
}
```

在 Vue 中，還有一種更加簡單的方式可以實現對某個具體按鍵的監聽，即使用按鍵修飾符號，在綁定監聽方法時，可以設定要監聽的具體按鍵，例如：

```
<input @keyup.enter="keyup"></input>
```

需要注意，修飾符號的命名規則與 Event 物件中屬性 key 值的命名規則略有不同，Event 物件中的屬性採用的是大寫字母駝峰法，如 Enter、PageDown，在使用按鍵修飾符號時，需要將其轉為中畫線駝峰法，如 enter、page-down。

Vue 中還提供了一些特殊的系統按鍵修飾符號，這些修飾符號是配合其他鍵盤按鍵或滑鼠按鍵來使用的，主要有 4 種：ctrl、alt、shift 和 meta。

這些系統按鍵修飾符號的使用意義是只有當使用者按下這些鍵時，對應的鍵盤或滑鼠事件才能觸發，在處理複合鍵指令時經常會用到，例如：

```
<div @mousedown.ctrl="mousedown"> 滑鼠按下 </div>
```

上面程式的作用是在使用者按 Control 鍵的同時再按滑鼠按鍵才會觸發綁定的事件函數。

```
<input @keyup.alt.enter="keyup"></input>
```

　　上面程式的作用是在使用者按 Alt 鍵的同時再按確認鍵才會觸發綁定的事件函數。

　　還有一個細節需要注意，上面範例的系統修飾符號只要滿足條件就會觸發，以滑鼠按下事件為例，只要滿足使用者按 Control 鍵的時候按滑鼠按鍵，就會觸發事件，即讓使用者同時按了其他按鍵也不會受影響，例如使用者使用了 Shift+Control+ 滑鼠左鍵的組合按鍵。如果想要精準地進行按鍵修飾，可以使用 exact 修飾符號，使用這個修飾符號修飾後，只有精準地滿足按鍵的條件才會觸發事件，例如：

```
<div @mousedown.ctrl.exact="mousedown"> 滑鼠按下 </div>
```

　　上面透過修飾後的程式，在使用 Shift+Control+ 滑鼠左鍵的組合方式操作時不會再觸發事件函數。

> 🌸 提示 meta 系統按鍵修飾符號在不同的鍵盤上表示不同的按鍵，在 Mac 鍵盤上表示 Command 鍵，在 Windows 系統上對應 Windows 徽標鍵。

　　前面介紹了鍵盤按鍵相關的修飾符號，Vue 中還有 3 個常用的滑鼠按鍵修飾符號。在進行網頁應用的開發時，通常左鍵用來選擇，右鍵用來設定，透過下面這些修飾符號可以設定當使用者按了滑鼠指定的按鍵後才會觸發事件函數：

```
left
right
middle
```

　　例如下面的範例程式，只有按了滑鼠左鍵才會觸發事件：

```
<div @click.left="click"> 點擊事件 </div>
```

7.3　實戰一：隨滑鼠移動的小球

　　本節嘗試使用本章學習到的知識來撰寫一個簡單的範例應用。此應用的邏輯非常簡單，在頁面上繪製一塊區域，在區域內繪製一個圓形球體，我們需要實現當滑鼠在區域內移動時，球體可以平滑地隨滑鼠移動。

　　要實現頁面元素隨滑鼠移動很簡單，只需要監聽滑鼠移動事件，做好元素座標的更新即可。首先新建一個名為 ball.html 的檔案，可以將頁面的 HTML 版面設定撰寫出來，要實現這樣的範例應用，只需要兩個內容元素即可，範例如下：

➜　【程式部分 7-4 原始程式見附件程式 / 第 7 章 /3.ball.html】

　　HTML 範本：

```html
<div id="Application">
    <div class="container" @mousemove.stop="move">
        <div class="ball" :style="{left: offsetX+'px', top:offsetY+'px'}">
        </div>
    </div>
</div>
```

　　對應地，實現 CSS 樣式的程式如下：

```css
<style>
    body {
        margin: 0;
        padding: 0;
    }
    .container {
        margin: 0;
        padding: 0;
        position: absolute;
        width: 440px;
        height: 440px;
        background-color: blanchedalmond;
        display: inline;
    }
    .ball {
        position:absolute;
        width: 60px;
        height: 60px;
        left:100px;
        top:100px;
        background-color: red;
        border-radius: 30px;
        z-index:100
```

```
    }
</style>
```

下面我們只關注如何實現 JavaScript 邏輯,要控制小球的移動,需要即時修改小球的版面設定位置,因此可以在 Vue 元件中定義兩個屬性 offsetX 和 offsetY,分別用來控制小球的橫垂直座標,之後根據滑鼠所在位置的座標不斷更新座標屬性即可。範例程式如下:

➔ 【程式部分 7-5 原始程式見附件程式 / 第 7 章 /3.ball.html 】

```
<script>
    const App = {
        data() {
            return {
                offsetX:0,   // 描述小球元素的左上角點當前所在的水平座標位置
                offsetY:0    // 描述小球元素的左上角點當前所在的垂直座標位置
            }
        },
        methods: {
            // 核心的移動函數,視窗的長寬為 440,小球的半徑為 30
            move(event) {
                // 檢查右側不能超出邊界
                if (event.clientX + 30 > 440) {
                    this.offsetX = 440 - 60
                // 檢查左側不能超出邊界
                } else if (event.clientX - 30 < 0) {
                    this.offsetX = 0
                } else {
                    this.offsetX = event.clientX - 30
                }
                // 檢查下側不能超出邊界
                if (event.clientY + 30 > 440) {
                    this.offsetY = 440 - 60
                // 檢查上側不能超出邊界
                } else if (event.clientY - 30 < 0) {
                    this.offsetY = 0
                } else {
                    this.offsetY = event.clientY - 30
                }
```

```
        }
      }
    }
    Vue.createApp(App).mount("#Application")
</script>
```

其中，event.clientX 可以獲取到當前滑鼠位置的水平座標，event.clientY 可以獲取到當前滑鼠位置的垂直座標，我們將其對應到小球的球心位置。需要注意的是，小球的邊界不能超出視窗的邊界。

執行程式，效果如圖 7-1 所示，可以嘗試移動滑鼠來控制小球的位置。

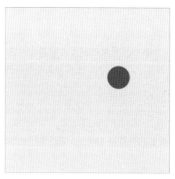

▲ 圖 7-1 隨滑鼠移動的小球

上面的範例程式中，使用了 clientX 和 clientY 來定位座標，在滑鼠 Event 事件物件中，有很多與座標相關的屬性，其意義各不相同，列舉如表 7-3 所示。

▼ 表 7-3 與座標相關的屬性

X 座標	Y 座標	意　義
clientX	clientY	滑鼠位置相對當前 body 容器可視區域的橫垂直座標
pageX	pageY	滑鼠位置相對整個頁面的橫垂直座標
screenX	screenY	滑鼠位置相對裝置螢幕的橫垂直座標
offsetX	offsetY	滑鼠位置相對於父容器的橫垂直座標
x	y	與 screenX 和 screenY 意義一樣

7.4 實戰二：彈球遊戲

小時候你是否玩過一款桌面彈球遊戲？遊戲的規則非常簡單，開始遊戲時，頁面中的彈球以隨機的速度和方向執行，當彈球飛行到左側邊緣、右側邊緣或上側邊緣時會進行回彈，在介面的下側有一塊擋板，我們可以透過鍵盤上的左右按鍵來控制擋板的移動，當球體落向頁面底部時，如果玩家使用擋板接住，則彈球會繼續反彈，如果沒有接住，則遊戲失敗。

實現這個遊戲，可以提高我們對鍵盤事件使用的熟練度。此遊戲的核心邏輯在於彈球的移動以及回彈演算法，思考一下，本節我們一起來完成它。

首先，新建一個名為 game.html 的檔案，定義 HTML 版面設定結構如下：

➜ 【程式部分 7-6 原始程式見附件程式 / 第 7 章 /4.game.html 】

```
<div id="Application">
    <!-- 遊戲區域 -->
    <div class="container">
        <!-- 底部擋板 -->
        <div class="board" :style="{left: boardX + 'px'}"></div>
        <!-- 彈球 -->
        <div class="ball" :style="{left: ballX+'px', top: ballY+'px'}"></div>
        <!-- 遊戲結束提示 -->
        <h1 v-if="fail" style="text-align: center;"> 遊戲失敗 </h1>
    </div>
</div>
```

如以上程式所示，底部擋板元素可以透過鍵盤來控制移動，遊戲失敗的提示文案預設是隱藏的，當遊戲失敗後控制器展示。撰寫樣式表程式如下：

➜ 【程式部分 7-7 原始程式見附件程式 / 第 7 章 /4.game.html 】

```
<style>
    body {
        margin: 0;
        padding: 0;
    }
```

```css
    .container {
        position: relative;
        margin: 0 auto;
        width: 440px;
        height: 440px;
        background-color: blanchedalmond;
    }
    .ball {
        position:absolute;
        width: 30px;
        height: 30px;
        left:0px;
        top:0px;
        background-color:orange;
        border-radius: 30px;
    }
    .board {
        position:absolute;
        left: 0;
        bottom: 0;
        height: 10px;
        width: 80px;
        border-radius: 5px;
        background-color: red;
    }
</style>
```

　　在控制頁面設定時，當父容器的 position 屬性設定為 relative 時，子元件的 position 屬性設定為 absolute，可以將子元件相對父元件進行絕對版面設定。實現此遊戲的 JavaScript 邏輯並不複雜，完整範例程式如下：

➔　【程式部分 7-8 原始程式見附件程式 / 第 7 章 /4.game.html】

```html
<script>
    const App = {
        data() {
            return {
                // 控制擋板位置
                boardX:0,
                // 控制彈球位置
```

```
                    ballX:0,
                    ballY:0,
                    // 控制彈球移動速度
                    rateX:0.1,
                    rateY:0.1,
                    // 控制結束遊戲提示的展示
                    fail:false
            }
        },
        // 元件生命週期函數，元件載入時會呼叫
        mounted() {
            // 新增鍵盤事件
            this.enterKeyup();
            // 隨機彈球的運動速度和方向
            this.rateX = (Math.random() + 0.1)
            this.rateY = (Math.random() + 0.1)
            // 開啟計數器，控制彈球移動
            this.timer = setInterval(()=>{
                // 到達右側邊緣進行反彈
                if (this.ballX + this.rateX   >= 440 - 30) {
                    this.rateX *= -1
                }
                // 到達左側邊緣進行反彈
                if (this.ballX + this.rateX <= 0) {
                    this.rateX *= -1
                }
                // 到達上側邊緣進行反彈
                if (this.ballY + this.rateY <= 0) {
                    this.rateY *= -1
                }
                    // 修改小球的位置： 當前位置加上單位時間的速度
                this.ballX += this.rateX
                this.ballY += this.rateY
                // 失敗判定
                if (this.ballY >= 440 - 30 - 10) {
                    // 擋板接住了彈球，進行反彈
                    if (this.boardX <= this.ballX + 30 && this.boardX + 80 >=
this.ballX) {
                        this.rateY *= -1
```

```
                    } else {
                        // 沒有接住彈球，遊戲結束
                        clearInterval(this.timer)
                        this.fail = true
                    }
                }
            },2)
        },
        methods: {
            // 控制擋板移動
            keydown(event){
                if (event.key == "ArrowLeft") {
                    if (this.boardX  > 10) {
                        this.boardX -= 20
                    }
                } else if (event.key == "ArrowRight") {
                    if (this.boardX  < 440 - 80) {
                        this.boardX += 20
                    }
                }
            },
            enterKeyup() {
                document.addEventListener("keydown", this.keydown);
            }
        }
    }
    Vue.createApp(App).mount("#Application")
</script>
```

　　上面的範例程式中使用到我們尚未學習過的 Vue 技巧，即元件生命週期方法的應用，在 Vue 元件中，mounted 方法會在元件被掛載時呼叫，我們可以將一些元件的初始化工作放到這個方法中執行。

　　執行程式，遊戲執行效果如圖 7-2 所示。現在，放鬆一下吧！

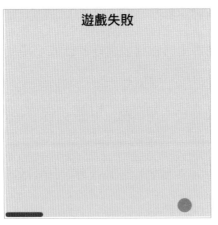

▲ 圖 7-2 彈球遊戲頁面

7.5 本章小結

　　本節主要介紹了如何透過 Vue 快速地實現各種事件的監聽與處理，在應用程式開發中，處理事件是非常重要的一環，是應用程式與使用者間互動的橋樑。嘗試透過解答下列問題來檢驗本章的學習成果。

　　（1）思考 Vue 中綁定監聽事件的指令是什麼？

提示 理解 v-on 的用法，熟練使用其縮寫方式 @。

　　（2）什麼是事件修飾符號？常用的事件修飾符號有哪些，其作用分別是什麼？

提示 熟練應用 stop、prevent、capture、once 等事件修飾符號。

　　（3）在 Vue 中如何監聽鍵盤某個按鍵的事件？

提示 可以使用按鍵修飾符號。

（4）如何處理複合鍵事件？

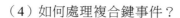提示　Vue 提供了 4 個常用的系統按鍵修飾符號，其可以與其他按鍵修飾符號組合使用，從而實現複合鍵的監聽。

（5）在滑鼠相關事件中，如何獲取滑鼠所在的位置？各種位置座標的意義分別是什麼？

提示　理解 clientX/Y、pageX/Y、screenX/Y、offsetX/Y、和 x/y 屬性座標的意義，分析其不同之處。

第 **8** 章
元件基礎

　　元件是 Vue 中非常強大的功能。透過元件，開發者可以封裝出重複使用性強、擴充性強的 HTML 元素，並且透過元件的組合可以將複雜的頁面元素拆分成多個獨立的內部元件，方便程式的邏輯分離與管理。

　　元件系統的核心是將大型應用拆分成多個可以獨立使用且可重複使用的小元件，之後透過元件樹的方式將這些小元件建構成完整的應用程式。在 Vue 中定義和使用元件非常簡單，但卻對專案的開發至關重要。

透過本章，你將學習到：

- Vue 應用程式的基礎概念。

- 如何定義元件和使用元件。

- Vue 應用與元件的相關設定。

- 元件中的資料傳遞技術。

- 元件事件的傳遞與回應。

- 元件插槽的相關知識。

- 動態元件的應用。

8.1 關於 Vue 應用與元件

　　Vue 框架將標準的網頁頁面開發以物件導向的方式進行了抽象。一個網頁甚至一個網站在 Vue 中被抽象為一個應用程式。一個應用程式中可以定義和使用很多元件，但是需要設定一個根元件，當應用程式被掛載著色到頁面時，此根元件會作為初始元素進行著色。

8.1.1 Vue 應用的資料設定選項

　　在前面章節的範例程式中，我們已經使用過 Vue 應用，使用 Vue 中的 createApp 方法即可建立一個 Vue 應用實例，其實，Vue 應用中有許多方法和設定項可供開發者使用。

　　首先建立一個名為 application.html 的測試檔案用來撰寫範例程式。建立一個 Vue 應用非常簡單，呼叫 createApp 方法即可：

```
const App = Vue.createApp({})
```

　　createApp 方法會傳回一個 Vue 應用實例，在建立應用實例時，可以傳入一個 JavaScript 物件來提供應用建立時資料相關的設定項，例如經常使用的 data 選項與 methods 選項。

　　data 選項本身需要設定為一個 JavaScript 函數,該函數需要提供應用所需的全域資料,範例如下:

➜ 【原始程式見附件程式 / 第 8 章 /1.application.html 】

```
const appData = {
    count:0   // 計數
}
const App = Vue.createApp({
    data(){ //data 選項用來設定頁面所需要使用的屬性資料
        return appData
    }
})
```

　　props 選項用於接收父元件傳遞的資料,後面會具體介紹它。

　　computed 選項之前使用過,其用來設定元件的計算屬性,可以在其中實現 getter 和 setter 方法,範例如下:

➜ 【原始程式見附件程式 / 第 8 章 /1.application.html 】

```
computed: {
    countString: {
        get(){
            return this.count + " 次 "
        }
    }
}
```

　　methods 選項用來設定元件中需要使用的方法,注意,不要使用箭頭函數來定義 methods 中的方法,其會影響內部 this 關鍵字的指向。範例如下:

➜ 【原始程式見附件程式 / 第 8 章 /1.application.html 】

```
methods:{
    click() {
        this.count += 1
    }
}
```

watch 設定項之前也使用過，其可以對元件屬性的變化新增監聽函數，範例如下：

➜　【原始程式見附件程式 / 第 8 章 /1.application.html】

```
watch:{
    count(value, oldValue){ // 參數分別為 count 變化前和變化後的值
        console.log(value, oldValue)
    }
}
```

注意，當要監聽的元件屬性發生變化後，監聽函數會將變化後的值與變化前的值作為參數傳遞進來。如果要使用的監聽函數本身定義在元件的 methods 選項中，也可以直接使用字串的方式來指定要執行的監聽方法，範例如下：

➜　【原始程式見附件程式 / 第 8 章 /1.application.html】

```
methods:{
    click() {
        this.count += 1
    },
    countChange(value, oldValue) {
        console.log(value, oldValue)
    }
},
watch:{
    count:"countChange" // 監聽 count 屬性，發生變化時會呼叫 countChange 方法
}
```

其實，Vue 元件中的 watch 選項還可以設定很多高級的功能，例如深度巢狀結構監聽、多重監聽處理等，後面會更加具體地向讀者介紹。

8.1.2　定義元件

當我們建立 Vue 應用實例後，使用 mount 方法可以將其綁定到指定的 HTML 元素上。應用實例可以使用 component 方法來定義元件，定義好元件後，可以直接在 HTML 檔案中使用。

　　例如建立一個名為 component.html 的測試檔案，在其中撰寫以下 JavaScript
範例程式：

➜ 【程式部分 8-1】

```
<script>
    const App = Vue.createApp({})                      // 建立 App 實例
    const alertComponent = {                           // 定義警告框元件
        data() {
            return {
                msg:"警告框提示",                        // 警告框內容
                count:0                                 // 計數變數
            }
        },
        methods:{
            click(){
                alert(this.msg + this.count++)          // 彈出警告框，顯示內容和計數變數
            }
        },
        template:'<div><button @click="click">按鈕</button></div>' // 元件的範本
    }
    App.component("my-alert",alertComponent)            // 在 App 上掛載元件
    App.mount("#Application")                           // 掛載 App
</script>
```

　　如以上程式所示，在 Vue 應用中定義元件時使用 component 方法，這個方
法的第 1 個參數用來設定元件名稱，第 2 個參數進行元件的設定，元件的設定
選項與應用的設定選項基本一致。上面的程式中，data 選項設定了元件必要的
資料，methods 選項為元件提供了所需的方法，注意，定義元件時最重要的是
template 選項，這個選項用於設定元件的 HTML 範本，前面我們建立了一個簡
單的按鈕，當使用者點擊此按鈕時會有警告框彈出。

　　之後，當需要使用自訂的元件時，只需要使用元件名稱標籤即可，例如：

```
<div id="Application">
    <my-alert></my-alert>
```

```
    <my-alert></my-alert>
</div>
```

執行程式，嘗試點擊頁面上的按鈕，可以看到程式已經能夠按照預期正常執行了，如圖 8-1 所示。

▲ 圖 8-1　使用元件

注意，上面程式中的 my-alert 元件定義在 Application 應用實例中，在組織 HTML 框架結構時，my-alert 元件也只能在 Application 掛載的標籤內使用，在外部使用是無法正常執行的，例如下面的寫法將無法正常著色出元件：

```
<div id="Application">
</div>
<my-alert></my-alert>
```

使用 Vue 中的元件可以使得 HTML 程式的重複使用性大大增強，在日常開發中，可以將一些通用的頁面元素封裝成可訂製化的元件，在開發新的網站應用時，可以使用日常累積的元件快速架設。你或許發現了，元件在定義時的設定選項與 Vue 應用實例在建立時的設定選項是一致的，都有 data、methods、watch 和 computed 等設定項。這是因為我們在建立應用時傳入的參數實際上就是根元件。

當元件進行重複使用時，每個標籤實際上都是一個獨立的元件實例，其內部的資料是獨立維護的，例如上面範例程式中的 my-alert 元件內部維護了一個名為 count 的屬性，點擊按鈕後其會計數，不同的按鈕將分別進行計數。

8.2 元件中資料與事件的傳遞

由於元件具有重複使用性，因此要使得元件能夠在不同的應用中得到最大限度的重複使用與最少的內部改動，這就需要元件具有一定的靈活度，即可設定性。可設定性歸根結底是透過資料的傳遞來實現的，在使用元件時，透過傳遞不同的資料來使元件互動行為、著色樣式有略微的差異。本節將探討如何透過資料與事件的傳遞使得我們撰寫的 Vue 元件更具靈活性。

8.2.1 為元件新增外部屬性

在使用原生的 HTML 標籤元素時，可以透過屬性來控制元素的一些著色行為，例如 style 屬性可以設定元素的樣式風格，class 屬性用來設定元素的類別，等等。自定義元件的使用方式與原生 HTML 標籤一樣，也可以透過屬性來控制其內部行為。

以 8.1 節的測試程式為例，my-alert 元件會在頁面中著色出一個按鈕元素，此按鈕的標題為字串「按鈕」，這個標題文案是寫死在 template 範本字串中的，因此無論我們建立出多少個 my-alert 元件，其著色出的按鈕標題都是一樣的。如果需要在使用此元件時靈活地設定其按鈕顯示的標題，就需要使用元件中的 props 設定。

props 是 propertys 的縮寫，顧名思義為屬性，props 定義的屬性是供外部設定使用的，也可以將其稱為外部屬性。修改 my-alert 元件的定義如下：

➜ 【程式部分 8-2】

```
const alertComponent = {
    data() {
        return {
            msg:" 警告框提示 ",
            count:0
        }
    },
    methods:{
        click(){
```

```
            alert(this.msg + this.count++)
        }
    },
    props:["title"],
    template:'<div><button @click="click">{{title}}</button></div>'
}
```

props 選項用來定義自定義元件內的外部屬性，元件可以定義任意多個外部屬性，在 template 範本中，可以用存取內部 data 屬性一樣的方式來存取定義的外部屬性。在使用 my-alert 元件時，可以直接設定 title 屬性來設定按鈕的標題，程式如下：

```
<my-alert title=" 按鈕 1"></my-alert>
<my-alert title=" 按鈕 2"></my-alert>
```

執行後的頁面效果如圖 8-2 所示。

▲ 圖 8-2 自定義元件屬性

props 也可以進行許多複雜的設定，例如類型檢查、預設值等，後面的章節會更詳細地介紹。

8.2.2 處理元件事件

在開發自訂的元件時，需要進行事件傳遞的場景並不少見。例如前面撰寫的 my-alert 元件，在使用該元件時，當使用者點擊按鈕時會自動彈出系統的警告框，但更多時候，不同的專案使用的警告框風格可能並不一樣，彈出警告框的邏輯也可能相差甚遠，這樣看來，my-alert 元件的重複使用性非常差，不能滿足各種訂製化需求。

如果要對 my-alert 元件進行改造，可以嘗試將其中按鈕點擊的時間傳遞給父元件處理，即傳遞給使用此元件的業務方處理。在 Vue 中，可以使用內建的 $emit 方法來傳遞事件，範例如下：

➔ 【程式部分 8-3】

```
<div id="Application">
    <my-alert @myclick="appfunc" title=" 按鈕 1"></my-alert>
    <my-alert title=" 按鈕 2"></my-alert>
</div>
<script>
    const App = Vue.createApp({
        methods:{
            appfunc(){
                console.log(' 點擊了自定義元件 ')
            }
        }
    })
    const alertComponent = {
        props:["title"],
        template:'<div><button @click="$emit('myclick')">{{title}}</button></div>'
    }
    App.component("my-alert",alertComponent)
    App.mount("#Application")
</script>
```

修改後的程式將 my-alert 元件中按鈕的點擊事件定義為 myclick 事件進行傳遞，在使用此元件時，可以直接使用 myclick 這個事件名稱進行監聽。$emit 方法在傳遞事件時也可以傳遞一些參數，很多自定義元件都有狀態，這時就可以將狀態作為參數進行傳遞。範例程式如下：

➔ 【程式部分 8-4】

```
<div id="Application">
    <my-alert @myclick="appfunc" title=" 按鈕 1"></my-alert>
    <my-alert @myclick="appfunc" title=" 按鈕 2"></my-alert>
```

```
</div>
<script>
    const App = Vue.createApp({
        methods:{
            appfunc(param){
                console.log('點擊了自定義元件 -'+param)
            }
        }
    })
    const alertComponent = {
        props:["title"],
        template:'<div><button @click="$emit('myclick',
title)">{{title}}</button></div>'
    }
    App.component("my-alert",alertComponent)
    App.mount("#Application")
</script>
```

執行程式，當點擊按鈕時，其會在主控台列印出當前按鈕的標題，這個標題資料就是子元件傳遞事件時帶給父元件的事件參數。如果在傳遞事件之前，子元件還有一些內部的邏輯需要處理，也可以在子元件中包裝一個方法，在方法內呼叫 $emit 進行事件傳遞，範例程式如下：

➔ 【程式部分 8-5】

```
<div id="Application">
    <my-alert @myclick="appfunc" title="按鈕1"></my-alert>
    <my-alert @myclick="appfunc" title="按鈕2"></my-alert>
</div>
<script>
    const App = Vue.createApp({
        methods:{
            appfunc(param){
                console.log('點擊了自定義元件 -'+param)
            }
        }
    })
    const alertComponent = {
        props:["title"],
```

```
        methods:{
            click(){
                console.log(" 元件內部的邏輯 ")
                this.$emit('myclick', this.title)
            }
        },
        template:'<div><button @click="click">{{title}}</button></div>'
    }
    App.component("my-alert",alertComponent)
    App.mount("#Application")
</script>
```

現在，可以靈活地透過事件的傳遞來使自定義元件的功能更加純粹，好的
開發模式是將元件內部的邏輯在元件內部處理掉，而需要呼叫方處理的業務邏
輯屬於元件外部的邏輯，將其傳遞到呼叫方處理。

8.2.3 在元件上使用 v-model 指令

還記得 v-model 指令嗎？我們通常形象地將其稱為 Vue 中的雙向綁定指令，
即對可互動使用者輸入的相關元素來說，使用這個指令可以將資料的變化同步
到元素上，同樣，當元素輸入的資訊變化時，也會同步到對應的資料屬性上。
在撰寫自定義元件時，難免會使用到可進行使用者輸入的相關元素，如何對其
輸入的內容進行雙向綁定呢？

首先，我們來複習一下 v-model 指令的使用，範例程式如下：

➡ 【程式部分 8-6 原始程式見附件程式 / 第 8 章 /2.component.html】

```
<div id="Application">
    <div>
        <input v-model="inputText" />
        <div>{{inputText}}</div>
        <button @click="this.inputText = ''"> 清空 </button>
    </div>
</div>
<script>
    const App = Vue.createApp({
```

```
        data(){
            return {
                inputText:"" // 雙向綁定到輸入框的屬性
            }
        }
    })
    App.mount("#Application")
</script>
```

　　執行程式，之後在頁面的輸入框中輸入文案，可以看到對應的 div 標籤中的
文案也會改變，同理，當我們點擊「清空」按鈕後，輸入框和對應的 div 標籤中
的內容也會被清空，這就是 v-model 雙向綁定指令提供的基礎功能，如果不使用
v-model 指令，要實現相同的效果也不是不可能，範例程式如下：

➔ 【程式部分 8-7 原始程式見附件程式 / 第 8 章 /2.component.html】

```
<div id="Application">
    <div>
        <input :value="inputText" @input="action"/>
        <div>{{inputText}}</div>
        <button @click="this.inputText = ''"> 清空 </button>
    </div>
</div>
<script>
    const App = Vue.createApp({
        data(){
            return {
                inputText:""
            }
        },
        methods:{
            action(event){
                this.inputText = event.target.value
            }
        }
    })
    App.mount("#Application")
</script>
```

　　修改後程式的執行效果與修改前完全一樣，程式中先使用 v-bind 指令來控制輸入框的內容，即當屬性 inputText 改變後，v-bind 指令會將其同步更新到輸入框中，之後使用 v-on:input 指令來監聽輸入框的輸入事件，當輸入框的輸入內容發生變化時，手動透過 action 函數更新 inputText 屬性，這樣就實現了雙向綁定的效果。這也是 v-model 指令的基本工作原理。理解了這些，為自定義元件增加 v-model 支援就非常簡單。範例程式如下：

➔　【程式部分 8-8 原始程式見附件程式 / 第 8 章 /2.component.html 】

```
<div id="Application">
    <my-input v-model="inputText"></my-input>
    <div>{{inputText}}</div>
    <button @click="this.inputText = ''"> 清空 </button>
</div>
<script>
    const App = Vue.createApp({
        data(){
            return {
                inputText:""
            }
        },
    })
    const inputComponent = {
        props:["modelValue"],
        methods:{
            action(event){
                this.$emit('update:modelValue', event.target.value)
            }
        },
        template:'<div><span> 輸入框：</span><input :value="modelValue"
@input="action"/></div>'
    }
    App.component("my-input", inputComponent)
    App.mount("#Application")
</script>
```

執行上面的程式，你會發現 v-model 指令已經可以正常執行了。其實，所有支援 v-model 指令的元件中預設都會提供一個名為 modelValue 的屬性（屬性名稱是固定的），而元件內部的內容發生變化後，向外傳遞的事件為 update:modelValue（事件名稱也是固定的），並且在事件傳遞時會將元件內容作為參數進行傳遞。因此，要讓自定義元件能夠使用 v-model 指令，只需要按照正確的規範來定義元件即可。

8.3 自定義元件的插槽

插槽是指 HTML 起始標籤與結束標籤中間的部分，通常在使用 div 標籤時，其內部的插槽位置既可以放置要顯示的文案，又可以巢狀結構放置其他標籤。例如：

```
<div> 文案部分 </div>
<div>
    <button> 按鈕 </button>
</div>
```

插槽的核心作用是將元件內部的元素抽離到外部實現，在進行自定義元件的設計時，良好的插槽邏輯可以使元件的使用更加靈活，對開發容器類型的自定義元件來說，插槽就更加重要了，在定義容器類別的元件時，開發者只需要將容器本身撰寫好，內部的內容都透過插槽來實現。

8.3.1 元件插槽的基本用法

首先，建立一個名為 slot.html 的檔案，在其中撰寫以下核心範例程式。

→ 【程式部分 8-9 原始程式見附件程式 / 第 8 章 /3.slot.html】

```
<body>
    <div id="Application">
        <my-container></my-container>
    </div>
    <script>
        const App = Vue.createApp({
```

```
        })
        const containerComponent = {
            template:'<div style="border-style:solid;border-color:red;
border-width:10px"></div>'
        }
        App.component("my-container", containerComponent)
        App.mount("#Application")
    </script>
</body>
```

　　上面的程式中，定義了一個名為 my-container 的容器元件，這個容器本身非常簡單，只是新增了紅色的邊框，直接嘗試向容器元件內部新增子元素是不可行的，例如：

```
<my-container> 元件內部 </my-container>
```

　　執行程式，你會發現元件中並沒有任何文字被著色，要讓自定義元件支援插槽，需要使用 slot 標籤來指定插槽的位置，修改元件範本如下。

➡ 【原始程式見附件程式 / 第 8 章 /3.slot.html】

```
const containerComponent = {
    template:'<div style="border-style:solid;border-color:red; border-width:10px">
            <slot></slot>
        </div>'
}
```

　　再次執行程式，可以看到 my-container 標籤內部的內容已經被新增到了自定義元件的插槽位置，如圖 8-3 所示。

▲ 圖 8-3 自定義元件的插槽

雖然上面的範例程式中只是使用文字作為插槽的內容，實際上插槽中也支援任意的標籤內容或其他元件。

對支援插槽的元件來說，也可以為插槽新增預設的內容，這樣當元件在使用時，如果沒有設定插槽內容，就會自動著色預設的內容，範例如下：

➜ 【原始程式見附件程式 / 第 8 章 /3.slot.html】

```
<div id="Application">
    <my-container></my-container>
</div>
<script>
    const App = Vue.createApp({
    })
    const containerComponent = {
        template:'<div style="border-style:solid;border-color:red; border-width:10px">
                <slot> 插槽的預設內容 </slot>
            </div>'
    }
    App.component("my-container", containerComponent)
    App.mount("#Application")
</script>
```

注意，一旦元件在使用時設定了插槽的內容，預設的內容就不會再被著色。

8.3.2 多具名插槽的用法

具名插槽是指為插槽設定一個具體的名稱，在使用元件時，可以透過插槽的名稱來設定插槽的內容。由於具名插槽可以非常明確地指定插槽內容的位置，因此當一個元件要支援多個插槽時，通常需要使用具名插槽。

例如要撰寫一個容器元件，此元件由標頭元素、主元素和尾部元素組成，此元件就需要有 3 個插槽，具名插槽的用法範例如下：

➡ 【程式部分 8-10 原始程式見附件程式 / 第 8 章 /3.slot.html】

```
<div id="Application">
    <my-container2>
        <template v-slot:header>
            <h1> 這裡是標頭元素 </h1>
        </template>
        <template v-slot:main>
            <p> 內容部分 </p>
            <p> 內容部分 </p>
        </template>
        <template v-slot:footer>
            <p> 這裡是尾部元素 </p>
        </template>
    </my-container2>
</div>
<script>
    const App = Vue.createApp({
    })
    const container2Component = {
        template:'<div>
                <slot name="header"></slot>
                <hr/>
                <slot name="main"></slot>
                <hr/>
                <slot name="footer"></slot>
            </div>'
    }
    App.component("my-container2", container2Component)
    App.mount("#Application")
</script>
```

　　如以上程式所示，在元件內部定義 slot 插槽時，可以使用 name 屬性來為其
設定具體的名稱，需要注意的是，在使用此元件時，要使用 template 標籤來包
裝插槽內容，對於 template 標籤，透過 v-slot 來指定與其對應的插槽位置。頁面
著色效果如圖 8-4 所示。

▲　圖 8-4　多具名插槽的應用

在 Vue 中，很多指令都有縮寫形式，具名插槽同樣有縮寫形式，可以使用符號 # 來代替「v-slot:」，上面的範例程式修改以下依然可以正常執行：

→　【原始程式見附件程式 / 第 8 章 /3.slot.html】

```
<my-container2>
    <template #header>
        <h1> 這裡是標頭元素 </h1>
    </template>
    <template #main>
        <p> 內容部分 </p>
        <p> 內容部分 </p>
    </template>
    <template #footer>
        <p> 這裡是尾部元素 </p>
    </template>
</my-container2>
```

8.4　動態元件的簡單應用

動態元件是 Vue 開發中經常會使用的一種高級功能，有時候頁面中某個位置要著色的元件並不是固定的，可能會根據使用者的操作而著色不同的元件，這時就需要使用動態元件。

以下我們來看一個簡單的動態元件使用場景。

還記得在前面的章節中使用過的 radio 單選按鈕元件嗎，當使用者選擇不同的選項後，切換頁面著色的元件是很常見的需求，使用動態元件非常方便處理這種場景。

首先，新建一個名為 dynamic.html 的測試檔案，首先撰寫以下範例程式：

→ 【程式部分 8-11 原始程式見附件程式 / 第 8 章 /4.dynamic.html】

```
<div id="Application">
    <input type="radio" value="page1" v-model="page"/> 頁面 1
    <input type="radio" value="page2" v-model="page"/> 頁面 2
    <div>{{page}}</div>
</div>
<script>
    const App = Vue.createApp({
        data(){
            return {
                page:"page1"
            }
        },
    })
    App.mount("#Application")
</script>
```

執行上面的程式後，會在頁面中著色出一組單選按鈕，當使用者切換選項後，其 div 標籤中著色的文案會對應修改，在實際應用中並不只是修改 div 標籤中的文字這樣簡單，更多情況下會採用更換元件的方式進行內容的切換。

定義兩個 Vue 元件如下：

→ 【程式部分 8-12 原始程式見附件程式 / 第 8 章 /4.dynamic.html】

```
const App = Vue.createApp({
    data(){
        return {
```

```
                page:"page1"
        }
    }
})
const page1 = {
    template:'<div style="color:red">
            頁面元件 1
        </div>'
}
const page2 = {
    template:'<div style="color:blue">
            頁面元件 2
        </div>'
}
App.component("page1", page1)
App.component("page2", page2)
App.mount("#Application")
```

　　page1 元件和 page2 元件本身非常簡單，使用不同的顏色顯示簡單文案。現在我們要將頁面中的 div 元素替換為動態元件，範例程式如下：

➜ 【原始程式見附件程式 / 第 8 章 /4.dynamic.html】

```
<div id="Application">
    <input type="radio" value="page1" v-model="page"/> 頁面 1
    <input type="radio" value="page2" v-model="page"/> 頁面 2
    <component :is="page"></component>
</div>
```

　　component 是一個特殊的標籤，其透過 is 屬性來指定要著色的元件名稱，如以上程式所示，隨著 Vue 應用中 page 屬性的變化，component 所著色的元件也會動態變化，效果如圖 8-5 所示。

▲ 圖 8-5 動態元件的應用

到目前為止，使用 component 方法定義的元件都是通用元件，對小型專案來說，這種開發方式非常方便，但是對大型專案來說，缺點也很明顯。首先全域定義的範本命名不能重複，大型專案中可能會使用非常多的元件，維護困難。在定義通用元件的時候，元件內容是透過字串格式的 HTML 範本定義的，在撰寫時對開發者來說不太友善，並且全域版本定義中不支援使用內部的 CSS 樣式。這些問題都可以透過單檔案元件技術解決。後面的進階章節會對使用 Vue 開發商業級專案做更多詳細的介紹。

8.5 實戰：開發一款小巧的開關按鈕元件

本節嘗試撰寫一款小巧美觀的開關元件。開關元件需要滿足一定的訂製化需求，例如開關的樣式、背景顏色、邊框顏色等。當使用者對開關元件的開關狀態進行切換時，需要將事件同步傳遞到父元件中。

透過本章內容的學習，相信讀者完成此元件遊刃有餘。首先，新建一個名為 switch.html 的測試檔案，在其中撰寫基礎的文件結構，範例如下：

→ 【原始程式見附件程式 / 第 8 章 /5.switch.html 】

```
<!DOCTYPE html>
<html lang="en">
<head>
    <meta charset="UTF-8">
    <meta http-equiv="X-UA-Compatible" content="IE=edge">
    <meta name="viewport" content="width=device-width, initial-scale=1.0">
    <title>Vue 開關元件 </title>
```

```
    <!-- 需要注意，CDN 位址可能會變化 -->
    <script src="https://unpkg.com/vue@3/dist/vue.global.js"></script></head>
<body>
</body>
</html>
```

　　根據需求，先來撰寫 JavaScript 元件程式，由於開關元件有一定的可訂製性，因此可以將按鈕顏色、開關風格、邊框顏色、背景顏色等屬性設定為外部屬性。此開關元件也是可互動的，因此需要使用一個內部狀態屬性來控制開關的狀態，範例程式如下：

➜　【程式部分 8-13 原始程式見附件程式 / 第 8 章 /5.switch.html】

```javascript
const switchComponent = {
    // 定義的外部屬性
    props:["switchStyle", "borderColor", "backgroundColor", "color"],
    // 內部屬性，控制開關狀態
    data() {
        return {
            isOpen:false,
            left:'0px'
        }
    },
    // 透過計算屬性來設定 CSS 樣式
    computed: {
        cssStyleBG:{
            get() {
                if (this.switchStyle == "mini") {
                    return 'position: relative; border-color: ${this.borderColor};
border-width: 2px; border-style: solid;width:55px; height: 30px;border-radius: 30px;
background-color: ${this.isOpen ? this.backgroundColor:'white'};'
                } else {
                    return 'position: relative; border-color: ${this.borderColor};
border-width: 2px; border-style: solid;width:55px; height: 30px;border-radius: 10px;
background-color: ${this.isOpen ? this.backgroundColor:'white'};'
                }
            }
        },
        cssStyleBtn:{
```

```
                    get() {
                        if (this.switchStyle == "mini") {
                            return 'position: absolute; width: 30px; height: 30px;
left:${this.left}; border-radius: 50%; background-color: ${this.color};'
                        } else {
                            return 'position: absolute; width: 30px; height: 30px;
left:${this.left}; border-radius: 8px; background-color: ${this.color};'
                        }
                    }
                }
        },
        // 元件狀態切換方法
        methods: {
            click() {
                this.isOpen = !this.isOpen
                this.left = this.isOpen ? '25px' : '0px'
                this.$emit('switchChange', this.isOpen)
            }
        },
        template:'
            <div :style="cssStyleBG" @click="click">
                <div :style="cssStyleBtn"></div>
            </div>
        '
}
```

完成元件的定義後，可以建立一個 Vue 應用來演示元件的使用，程式如下：

→ 【原始程式見附件程式 / 第 8 章 /5.switch.html】

```
const App = Vue.createApp({
    data(){
        return {
            state1:" 關 ",                    // 第 1 個開關的狀態描述
            state2:" 關 "                     // 第 2 個開關的狀態描述
        }
    },
    methods:{                               // 切換開關狀態的方法
        change1(isOpen){
            this.state1 = isOpen ? " 開 " : " 關 "
```

```
        },
        change2(isOpen){
            this.state2 = isOpen ? "開" : "關"
        },
    }
})
App.component("my-switch", switchComponent)
App.mount("#Application")
```

在 HTML 檔案中定義兩個 my-switch 元件，程式如下：

➜ 【原始程式見附件程式 / 第 8 章 /5.switch.html】

```
<div id="Application">
    <my-switch @switch-change="change1" switch-style="mini"
background-color="green" border-color="green" color="blue"></my-switch>
    <div>開關狀態 :{{state1}}</div>
    <br/>
    <my-switch @switch-change="change2" switch-style="normal"
background-color="blue" border-color="blue" color="red"></my-switch>
    <div>開關狀態 :{{state2}}</div>
</div>
```

如以上程式所示，在頁面上建立了兩個自訂開關元件，兩個元件的樣式風格根據外部設定的差異略有不同，並且我們將 div 元素展示的文案與開關元件的開關狀態進行了綁定，注意，在定義元件時，外部屬性採用的命名規則是附帶小寫字母的駝峰式的，但是在 HTML 標籤中使用時，需要改成以「-」符號位分割的駝峰命名法。執行程式，嘗試切換頁面上開關的狀態，效果如圖 8-6 所示。

▲ 圖 8-6　自訂開關元件

8.6 本章小結

　　本章介紹了 Vue 中元件的相關基礎概念，並學習了如何自定義元件。在 Vue 專案開發中，使用元件可以使開發過程更加高效。下面舉出一些思考題，透過這些題目回顧一下本章所學的內容。

　　（1）如何理解 Vue 中的元件？

提示 元件使得 HTML 元素進行了範本化，使得 HTML 程式擁有更強的重複使用性。同時，透過外部屬性，元件可以根據需求靈活地進行訂製，靈活性強。在實際開發中，運用元件可以提高開發效率，同時使得程式更加結構化，更易維護。

　　（2）在 Vue 中，什麼是根元件，如何定義？

提示 根元件是直接掛載在 Vue 應用上的元件，可以從外部屬性、內部屬性、方法傳遞等方面進行思考。

　　（3）什麼是元件插槽技術，它有什麼實際應用？

提示 元件插槽是指在元件內部預先定義一些插槽點，在呼叫元件時，外部可以透過 HTML 巢狀結構的方式來設定插槽點的內容。在實際應用中，撰寫容器類別元件時離不開元件插槽，其將某些相依外部的內容交由使用方自己處理，使得元件的職責更加清晰。

第 **9** 章
元件進階

　　在前面的章節中，我們對元件已經有了基礎的認識，也能夠使用 Vue 的元件功能來撰寫一些簡單獨立的頁面模組。在實際開發中，能夠對元件進行簡單的應用還遠遠不夠，還需要理解元件著色更深層的原理，這有助我們在開發中更加靈活地使用元件功能。

　　本章將介紹元件的生命週期、註冊方式以及更多高級功能。透過本章的學習，你將對 Vue 元件系統有更加深入的理解。

透過本章，你將學習到：

- 元件的生命週期。

- 應用的全域設定。

- 元件屬性的高級用法。

- 元件 Mixin 技術。

- 自訂指令的應用。

- Vue 3 的 Teleport 新特性的應用。

9.1 元件的生命週期與高級設定

元件在被建立出來到著色完成會經歷一系列過程，同樣元件的銷毀也會經歷一系列過程，元件從建立到銷毀的這一系列過程被稱為元件的生命週期。在 Vue 中，元件生命週期的節點會被定義為一系列的方法，這些方法稱為生命週期鉤子方法。有了這些生命週期方法，我們可以在合適的時機來完成合適的工作。例如在元件掛載前準備元件所需要的資料，當元件銷毀時清除某些殘留資料等。

Vue 中也提供了許多對元件進行設定的高級 API 介面，包括對應用或元件進行全域設定的 API 功能介面以及元件內部相關的高級設定項。

9.1.1 生命週期方法

首先，我們透過一個簡單的範例來直觀地感受一下元件生命週期方法的呼叫時機。新建一個名為 life.html 的測試檔案，撰寫以下測試程式：

➜ 【程式部分 9-1 原始程式見附件程式 / 第 9 章 /1.life.html 】

```
<!DOCTYPE html>
<html lang="en">
<head>
    <meta charset="UTF-8">
    <meta http-equiv="X-UA-Compatible" content="IE=edge">
    <meta name="viewport" content="width=device-width, initial-scale=1.0">
```

```
    <title>Vue 元件生命週期 </title>
    <!-- 需要注意，CDN 位址可能會變化 -->
    <script src="https://unpkg.com/vue@3/dist/vue.global.js"></script>
</head>
<body>
    <div id="Application">
    </div>
    <script>
        const root = {
            beforeCreate () {
                console.log(" 元件建立前 ")
            },
            created () {
                console.log(" 元件建立完成 ")
            },
            beforeMount () {
                console.log(" 元件掛載前 ")
            },
            mounted () {
                console.log(" 元件掛載完成 ")
            },
            beforeUpdate () {
                console.log(" 元件更新前 ")
            },
            updated () {
                console.log(" 元件更新完成 ")
            },
            activated () {
                console.log(" 被快取的元件啟動時呼叫 ")
            },
            deactivated () {
                console.log(" 被快取的元件停用時呼叫 ")
            },
            beforeUnmount() {
                console.log(" 元件被卸載前呼叫 ")
            },
            unmounted() {
                console.log(" 元件被卸載後呼叫 ")
            },
```

```
            errorCaptured(error, instance, info) {
                console.log(" 捕捉到來自子元件的異常時呼叫 ")
            },
            renderTracked(event) {
                console.log(" 虛擬 DOM 重新著色時呼叫 ")
            },
            renderTriggered(event) {
                console.log(" 虛擬 DOM 被觸發著色時呼叫 ")
            }
        }
        const App = Vue.createApp(root)
        App.mount("#Application")
    </script>
</body>
</html>
```

　　如以上程式所示，每個方法中都使用列印輸出標明了其呼叫的時機。執行
程式，主控台將輸出以下資訊：

```
元件建立前
元件建立完成
元件掛載前
元件掛載完成
```

　　從主控台列印的資訊可以看到，本次頁面著色過程中只執行了 4 個元件的
生命週期方法，這是由於使用的是 Vue 根元件，頁面著色的過程中只執行了元
件的建立和掛載過程，並沒有執行卸載過程。如果某個元件是透過 v-if 指令來
控制其著色的，當其著色狀態切換時，元件會交替地進行掛載和卸載動作，範
例程式如下：

➜ 【原始程式見附件程式 / 第 9 章 /1.life.html】

```
<div id="Application">
    <sub-com v-if="show"></sub-com>
    <button @click="changeShow"> 測試 </button>
</div>
<script>
    const sub = {
```

```
        beforeCreate () {
            console.log(" 元件建立前 ")
        },
        created () {
            console.log(" 元件建立完成 ")
        },
        beforeMount () {
            console.log(" 元件掛載前 ")
        },
        mounted () {
            console.log(" 元件掛載完成 ")
        },
        beforeUnmount() {
            console.log(" 元件被卸載前呼叫 ")
        },
        unmounted() {
            console.log(" 元件被卸載後呼叫 ")
        }
    }
    const App = Vue.createApp({
        data(){
            return {
                show:false // 使用此變數控制元件的顯示
            }
        },
        methods: {
                // 切換元件的顯示 / 隱藏
            changeShow(){
                this.show = !this.show
            }
        }
    })
    App.component("sub-com", sub)
    App.mount("#Application")
</script>
```

　　在上面列舉的生命週期方法中，還有 4 個方法非常常用，分別是 render-
Triggered、renderTracked、beforeUpdate 和 updated 方法。當元件中的 HTML
元素發生著色或更新時，會呼叫這些方法，範例如下：

➜ 【原始程式見附件程式 / 第 9 章 /1.life.html】

```
<div id="Application">
    <sub-com>
        {{content}}
    </sub-com>
    <button @click="change"> 測試 </button>
</div>
<script>
    const sub = {
        beforeUpdate () {
            console.log(" 元件更新前 ")
        },
        updated () {
            console.log(" 元件更新完成 ")
        },
        renderTracked(event) {
            console.log(" 虛擬 DOM 重新著色時呼叫 ")
        },
        renderTriggered(event) {
            console.log(" 虛擬 DOM 被觸發著色時呼叫 ")
        },
        template:'
            <div>
                <slot></slot>
            </div>
        '
    }
    const App = Vue.createApp({
        data(){
            return {
                content:0                          // 元件插槽顯示的內容
            }
        },
        methods: {
            change(){
                this.content += 1                  // 計數自動增加
            }
        }
    })
```

```
    App.component("sub-com", sub)
    App.mount("#Application")
</script>
```

執行上面的程式，當點擊頁面中的按鈕時，頁面顯示的計數會自動增加，同時主控台列印資訊如下：

> 虛擬 DOM 被觸發著色時呼叫
> 元件更新前
> 虛擬 DOM 重新著色時呼叫
> 元件更新完成

透過測試程式的實踐，我們對 Vue 元件的生命週期已經有了直觀的認識，對各個生命週期函數的呼叫時機與順序也有了初步的了解，這些生命週期鉤子可以幫助我們在開發中更有效地組織和管理資料。

9.1.2 應用的全域設定選項

當呼叫 Vue.createApp 方法後，會建立一個 Vue 應用實例，對於此應用實例，其內部封裝了一個 config 物件，我們可以透過這個物件的一些全域選項來對其進行設定。常用的設定項有異常與警告捕捉設定和全域屬性設定。

在 Vue 應用執行過程中，難免會有異常和警告產生，可以定義自訂函數來對抛出的例外和警告進行處理。範例如下：

➔ 【程式部分 9-2 原始程式見附件程式 / 第 9 章 /2.app.html】

```
const App = Vue.createApp({})
App.config.errorHandler = (err, vm, info) => {
    // 捕捉執行中產生的異常
    //err 參數是錯誤物件，info 為具體的錯誤資訊
}
App.config.warnHandler = (msg, vm, trace) => {
    // 捕捉執行中產生的警告
    //msg 是警告資訊，trace 是元件的關係回溯
}
```

之前，我們在使用元件時，元件內部使用到的資料不是是元件內部自己定義的，就是是透過外部屬性從父元件傳遞進來的，在實際開發中，有些資料可能是全域的，例如應用名稱、應用版本資訊等，為了方便在任意元件中使用這些全域資料，可以透過 globalProperties 全域屬性物件進行設定，範例如下：

➔ 【程式部分 9-3 原始程式見附件程式 / 第 9 章 /2.app.html 】

```
const App = Vue.createApp({})
// 設定全域資料
App.config.globalProperties = {
    version:"1.0.0"
}
const sub = {
    mounted () {
        // 在任意元件的任意地方都可以透過 this 直接存取全域資料
        console.log(this.version)
    }
}
```

9.1.3 元件的註冊方式

元件的註冊方式分為全域註冊與局部註冊兩種。直接使用應用實例的 component 方法註冊的元件都是通用元件，即可以在應用的任何地方使用這些元件，包括其他元件內部，範例如下：

➔ 【程式部分 9-4 原始程式見附件程式 / 第 9 章 /3.com.html 】

```
<div id="Application">
    <comp1></comp1>
</div>
<script>
    const App = Vue.createApp({})
    const comp1 = {
        template:'
            <div>
                元件 1
                <comp2></comp2>
```

```
            </div>
        '
    }
    const comp2 = {
        template:'
            <div>
                元件 2
            </div>
        '
    }
    // 全域註冊 comp1 元件
    App.component("comp1", comp1)
    // 全域註冊 comp2 元件
    App.component("comp2", comp2)
    App.mount("#Application")
</script>
```

如以上程式所示，在 comp2 元件中可以直接使用 comp1 元件，全域註冊元件雖然用起來很方便，但很多時候其並不是最佳的程式設計方式。一個複雜的元件內部可能由許多子元件組成，這些子元件本身是不需要暴露到父元件外面的，這時使用全域註冊的方式註冊元件會污染應用的全域環境，更理想的方式是使用局部註冊的方式註冊元件，範例如下：

→ 【程式部分 9-5 原始程式見附件程式 / 第 9 章 /3.com.html】

```
<div id="Application">
    <comp1></comp1>
</div>
<script>
    const App = Vue.createApp({})
    const comp2 = {
        template:'
            <div>
                元件 2
            </div>
        '
    }
    const comp1 = {
```

```
        components:{  // 在 comp1 元件內部局部註冊 comp2 元件
            'comp2':comp2
        },
        template:'
            <div>
                元件 1
                <comp2></comp2>
            </div>
        '
    }
    App.component("comp1", comp1)
    App.mount("#Application")
</script>
```

如以上程式所示，comp2 元件只能夠在 comp1 元件內部使用。

9.2 元件 props 屬性的高級用法

使用 props 方便向元件傳遞資料。從功能上講，props 也可以稱為元件的外部屬性，props 的傳遞參數不同，可以使元件有很強的靈活性和擴充性。

9.2.1 對 props 屬性進行驗證

JavaScript 是一種非常靈活、非常自由的程式語言。在 JavaScript 中定義函數時無須指定參數的類型，對開發者來說，這種程式設計風格雖然十分方便，但卻不是特別安全。這也是之後我們選擇使用 TypeScript 來作為主要開發語言的原因。以 Vue 元件為例，某個自定義元件需要使用 props 進行外部傳值，如果其要接收的參數為一個數值，但是最終呼叫方傳遞了一個字串類型的資料，則元件內部難免會出現錯誤。Vue 在定義元件的 props 時，可以透過新增約束的方式對其類型、預設值、是否選填等進行設定。

新建一個名為 props.html 的測試檔案，在其中撰寫以下核心程式：

➔ 【程式部分 9-6 原始程式見附件程式 / 第 9 章 /4.props.html 】

```html
<div id="Application">
    <comp1 :count="5"></comp1>
</div>
<script>
    const App = Vue.createApp({})
    const comp1 = {
        props:["count"],                // 外部屬性
        data(){
            return {
                thisCount:0             // 內部屬性
            }
        },
        methods:{
            click(){
                this.thisCount += 1      // 點擊後，內部屬性 thisCount 自動增加
            }
        },
        computed: {
            innerCount:{
                get(){
                        // 頁面顯示的值為內部屬性 thisCount 和外部屬性 count 的和
                    return this.count + this.thisCount
                }
            }
        },
        template:'
            <button @click="click"> 點擊 </button>
            <div> 計數 :{{innerCount}}</div>
        '
    }
    App.component("comp1", comp1)
    App.mount("#Application")
</script>
```

上面的程式定義了一個名為 count 的外部屬性，這個屬性在元件內實際上的
作用是控制元件計數的初始值。注意，在外部傳遞數數值型態的資料到元件內

部時，必須使用 v-bind 指令的方式進行傳遞，直接使用 HTML 屬性設定的方式傳遞會將傳遞的資料作為字串傳遞（而非 JavaScript 運算式）。例如下面的元件使用方式，最終頁面著色的計數結果將不是預期的：

```
<comp1 count="5"></comp1>
```

雖然 count 屬性的作用是作為元件內部計數的初始值，但是呼叫方不一定會理解元件內部的邏輯，呼叫此元件時極有可能會傳遞非數數值型態的資料，例如：

```
<comp1 :count="{}"></comp1>
```

頁面的著色效果如圖 9-1 所示。

▲ 圖 9-1　元件著色範例

可以看到，其著色結果並不是正常的。在 Vue 中，為了避免這種預期之外的情況產生，可以對定義的 props 進行約束來顯式地指定其類型。當將元件的 props 設定項設定為清單時，其表示當前定義的屬性沒有任何約束控制，如果將其設定為物件，則可以進行更多約束設定。修改上面程式中 props 的定義如下：

```
props:{
    count:{
        // 定義此屬性的類型為數值類型
        type: Number,
        // 設定此屬性是否必傳
        required: false,
        // 設定預設值
        default: 10
    }
}
```

此時，在呼叫此元件時，如果設定 count 屬性的值不符合要求，則主控台會有警告資訊輸出，舉例來說，如果 count 設定的值不是數數值型態，則會拋出以下警告：

```
[Vue warn]: Invalid prop: type check failed for prop "count". Expected Number with
value NaN, got Object
```

在實際開發中，建議所有的 props 都採用物件的方式定義，顯式地設定其類型、預設值等，這樣不僅可以使元件在呼叫時更加安全，也側面為開發者提供了元件的參數使用文件。

如果只需要指定屬性的類型，而不需要做更加複雜的性質指定，可以使用以下方式定義：

```
props:{
    // 數數值型態
    count:Number,
    // 字串類型
    count2:String,
    // 布林數值型態
    count3:Boolean,
    // 陣列類型
    count4:Array,
    // 物件類型
    count5:Object,
    // 函數類型
    count6:Function
}
```

如果一個屬性可能是多種類型，可以以下定義：

```
props:{
    // 指定屬性類型為字串或數值
    param:[String, Number]
}
```

在對屬性的預設值進行設定時，如果預設值的獲取方式比較複雜，也可以將其定義為函數，函數執行的結果會被作為當前屬性的預設值，範例如下：

```
props:{
    count: {
        default:function() {
            return 10
        }
    }
}
```

Vue 中 props 的定義也支援進行自訂的驗證，以上面的程式為例，假設元件內需要接收的 count 屬性的值必須大於數值 10，則可透過自訂驗證函數實現：

➔　【程式部分 9-7 原始程式見附件程式 / 第 9 章 /4.props.html】

```
props:{
    count: {
        validator: function(value) { // 自訂的驗證函數
                // 外部傳入的 count 值的類型必須是數數值型態，且必須大於 10
            if (typeof(value) != 'number' || value <= 10) {
                return false
            }
            return true
        }
    }
}
```

當元件的 count 屬性被賦值時，會自動呼叫驗證函數進行驗證，如果驗證函數傳回 true，則表明此賦值是有效的，如果驗證函數傳回 false，則主控台會輸出異常資訊。

提示　其實，Vue 之所以提供對外部屬性的約束能力，就是為了彌補 JavaScript 語言對類型檢查這方面功能的缺失。如果使用的是 TypeScript 語言，對簡單的類型來說，就不需要使用 Vue 提供的屬性約束能力了。

9.2.2 props 的唯讀性質

你可能已經發現了，對元件內部來說，props 是唯讀的。也就是說，不能在元件的內部修改 props 屬性的值，可以嘗試運行以下程式：

```
props:{
    count: {
        validator: function(value) {
            if (typeof(value) != 'number' || value <= 10) {
                return false
            }
            return true
        }
    }
},
methods:{
    click(){
        this.count += 1   // 嘗試修改外部屬性的值是無效的
    }
}
```

當 click 函數被觸發時，頁面上的計數並沒有改變，並且主控台會抛出 Vue 警告資訊。

props 的這種唯讀性能是 Vue 單向資料流程特性的一種表現。所有的外部屬性 props 都只允許父元件的資料流程動到子元件中，子元件的資料則不允許流向父元件。因此，在元件內部修改 props 的值是無效的，以計數器頁面為例，如果定義的 props 的作用只是設定元件某些屬性的初始值，完全可以使用計算屬性來進行橋接，也可以將外部屬性的初始值映射到元件的內部屬性上，範例如下：

➔ 【原始程式見附件程式 / 第 9 章 /4.props.html 】

```
props:{
    count: {
        validator: function(value) {
            if (typeof(value) != 'number' || value <= 10) {
                return false
```

```
            }
            return true
        }
    }
},
data(){
    return {
        thisCount:this.count // 直接將外部屬性的值作為內部屬性的初始值
    }
}
```

9.2.3 元件資料注入

　　資料注入是一種便捷的元件間資料傳遞方式。一般情況下，當父元件需要傳遞資料到子元件時，我們會使用 props，但是當元件的巢狀結構層級很多，子元件需要使用多層之外的父元件的資料就非常麻煩了，資料需要一層一層地進行傳遞。

　　新建一個名為 provide.html 的測試檔案，在其中撰寫以下核心範例程式：

➡ 【程式部分 9-8 原始程式見附件程式 / 第 9 章 /5.provide.html】

```
<div id="Application">
    <!-- 自訂的清單元件 -->
    <my-list :count="5">
    </my-list>
</div>
<script>
    const App = Vue.createApp({})
    const listCom = {
        props:{
            count: Number
        },
        template:'
            <div style="border:red solid 10px;">
                <my-item v-for="i in this.count" :list-count=
"this.count" :index="i"></my-item>
            </div>
```

```
        '
    }
    const itemCom = {
        props: {
            listCount:Number,
            index:Number
        },
        template:'
            <div style="border:blue solid 10px;"><my-label :list-count=
"this.listCount" :index="this.index"></my-label></div>
        '
    }
    const labelCom = {
        props: {
            listCount:Number,
            index:Number
        },
        template:'
            <div>{{index}}/{{this.listCount}}</div>
        '
    }
    App.component("my-list", listCom)
    App.component("my-item", itemCom)
    App.component("my-label", labelCom)
    App.mount("#Application")
</script>
```

上面的程式中，我們建立了 3 個自定義元件，my-list 元件用來建立一個清單視圖，其中每一行的元素為 my-item 元件，my-item 元件中又使用了 my-label 元件進行文字顯示。清單中每一行會著色出當前的行數以及總行數，執行上面的程式，頁面效果如圖 9-2 所示。

上面的程式執行本身沒有什麼問題，煩瑣的地方在於 my-label 元件中需要使用 my-list 元件中的 count 屬性，要透過 my-item 元件資料才能順利傳遞。隨著元件的巢狀結構層數增多，資料的傳遞將越來越複雜。對於這種場景，可以使用資料注入的方式來跨層級進行資料傳遞。

　　所謂資料注入，是指父元件可以向其所有子元件提供資料，不論在層級結構上此子元件的層級有多深。以上面的程式為例，my-label 元件可以跳過 my-item 元件直接使用 my-list 元件中提供的資料。

▲　圖 9-2　自訂清單元件

　　實現資料注入需要使用元件的 provide 與 inject 兩個設定項，提供資料的父元件需要設定 provide 設定項來提供資料，子元件需要設定 inject 設定項來獲取資料。修改上面的程式如下：

→　【程式部分 9-9 原始程式見附件程式 / 第 9 章 /5.provide.html 】

```
const listCom = {
    props:{
        count: Number
    },
    provide(){ //provide 設定項設定要注入的資料
        return {
            listCount:this.count
        }
    },
    template:'
        <div style="border:red solid 10px;">
            <my-item v-for="i in this.count" :index="i"></my-item>
        </div>
    '
}
const itemCom = {
```

```
    props: {
        index:Number
    },
    template:'
        <div style="border:blue solid
10px;"><my-label :index="this.index"></my-label></div>
    '
}
const labelCom = {
    props: {
        index:Number
    },
    inject:['listCount'], //inject 設定項設定要獲取的資料，必須是父元件注入的
    template:'
        <div>{{index}}/{{this.listCount}}</div>
    '
}
```

　　執行程式，程式依然可以極佳地執行，使用資料注入的方式傳遞資料時，父元件不需要了解哪些子元件要使用這些資料，同樣子元件也無須關心所使用的資料來自哪裡。一定程度上說，這使程式的可控性降低了。因此，在實際開發中，要根據場景來決定使用哪種方式來傳遞資料，而非濫用注入技術。

🔧提示 注入技術的本質是一種進行跨元件資料通信的方法。

9.3 元件 Mixin 技術

　　使用元件開發的一大優勢在於可以提高程式的重複使用性。透過 Mixin 技術，元件的重複使用性可以得到進一步的提高。

9.3.1 使用 Mixin 來定義元件

　　當我們開發大型前端專案時，可能會定義非常多的元件，這些元件中可能有某部分功能是通用的，對於這部分通用的功能，如果每個元件都撰寫一遍會

非常煩瑣，而且不易於之後的維護。這時就可以使用 Mixin 技術。首先，新建一個名為 mixin.html 的測試檔案。我們撰寫 3 個簡單的範例元件，核心程式如下。

➔　【程式部分 9-10 原始程式見附件程式 / 第 9 章 /6.mixin.html】

```
<div id="Application">
    <my-com1 title=" 元件 1"></my-com1>
    <my-com2 title=" 元件 2"></my-com2>
    <my-com3 title=" 元件 3"></my-com3>
</div>
<script>
    const App = Vue.createApp({})
    const com1 = {
        props:['title'],
        template:'
            <div style="border:red solid 2px;">
                {{title}}
            </div>
        '
    }
    const com2 = {
        props:['title'],
        template:'
            <div style="border:blue solid 2px;">
                {{title}}
            </div>
        '
    }
    const com3 = {
        props:['title'],
        template:'
            <div style="border:green solid 2px;">
                {{title}}
            </div>
        '
    }
    App.component("my-com1", com1)
    App.component("my-com2", com2)
    App.component("my-com3", com3)
```

```
    App.mount("#Application")
</script>
```

執行上面的程式，效果如圖 9-3 所示。

▲ 圖 9-3 元件示意圖

上面的程式中，定義的 3 個範例元件中每個元件都定義了一個名為 title 的外部屬性，這部分程式其實可以抽離出來作為獨立的「功能模組」，需要此功能的元件只需要「混入」此功能模組即可。範例程式如下：

➡ 【程式部分 9-11 原始程式見附件程式 / 第 9 章 /6.mixin.html】

```
const App = Vue.createApp({})
// 定義通用的模組
const myMixin = {
    props:['title']
}
const com1 = {
    // 使用 myMixin 通用模組
    mixins:[myMixin],
    template:'
        <div style="border:red solid 2px;">
            {{title}}
        </div>
    '
}
const com2 = {
    // 使用 myMixin 通用模組
    mixins:[myMixin],
    template:'
```

```
            <div style="border:blue solid 2px;">
                {{title}}
            </div>
        '
    }
    const com3 = {
        // 使用 myMixin 通用模組
        mixins:[myMixin],
        template:'
            <div style="border:green solid 2px;">
                {{title}}
            </div>
        '
    }
```

　　如以上程式所示，可以定義一個混入物件，混入物件中可以包含任意的元件定義選項，當此物件被混入元件時，元件會將混入物件中提供的選項引入當前元件內部。這類似於 TypeScript 語言中的「繼承」語法。

9.3.2 Mixin 選項的合併

　　當混入物件與元件中定義了相同的選項時，Vue 可以非常智慧地對這些選項進行合併。不衝突的設定將完整合併，衝突的設定會以元件中自己的設定為準，範例如下：

➡ 【程式部分 9-12 原始程式見附件程式 / 第 9 章 /6.mixin.html】

```
const myMixin = {
    data() {
        return {
            a:"a",
            b:"b",
            c:"c"
        }
    }
}
const com = {
    mixins:[myMixin],
```

```
    data(){
        return {
            d:"d"
        }
    },
    // 元件被建立後會呼叫，用來測試混入的資料情況
    created() {
        //a、b、c、d 都存在
        console.log(this.$data)
    }
}
```

　　上面的程式中，混入物件中定義了元件的屬性資料，包含 a、b 和 c 共 3 個屬性，元件本身定義了 d 屬性，最終元件在使用時，其內部的屬性會包含 a、b、c 和 d。如果屬性的定義有衝突，則會以元件內部定義的為準，範例如下：

➔ 【程式部分 9-13 原始程式見附件程式 / 第 9 章 /6.mixin.html】

```
const myMixin = {
    props:["title"],
    data() {
        return {
            a:"a",
            b:"b",
            c:"c"
        }
    }
}
const com = {
    mixins:[myMixin],
    data(){
        return {
            c:"C"
        }
    },
    // 元件被建立後會呼叫，用來測試混入的資料情況
    created() {
        // 屬性 c 的值為 "C"
        console.log(this.$data)
```

```
    }
}
```

生命週期函數的這些設定項的混入與屬性類別的設定項的混入略有不同，不名稱重複的生命週期函數會被完整混入元件，名稱重複的生命週期函數被混入元件時，在函數觸發時，會先觸發 Mixin 物件中的實現，再觸發元件內部的實現，這類似於物件導向程式設計中子類別對父類別方法的覆載。範例如下：

➜ 【程式部分 9-14 原始程式見附件程式 / 第 9 章 /6.mixin.html】

```
const myMixin = {
    mounted () {
        console.log("Mixin 物件 mounted")
    }
}
const com = {
    mounted () {
        console.log(" 元件本身 mounted")
    }
}
```

執行上面的程式，當 com 元件被掛載時，主控台會先列印「Mixin 物件 mounted」，再列印「元件本身 mounted」。

9.3.3 進行全域 Mixin

Vue 也支援對應用進行全域 Mixin 混入。直接對應用實例進行 Mixin 設定即可，實例程式如下：

➜ 【原始程式見附件程式 / 第 9 章 /6.mixin.html】

```
const App = Vue.createApp({})
App.mixin({
    mounted () {
        console.log("Mixin 物件 mounted")
    }
})
```

注意，雖然全域 Mixin 使用起來非常方便，但是會使其後所有註冊的元件都預設被混入這些選項，當程式出現問題時，這會增加排除問題的難度。全域 Mixin 技術非常適合開發外掛程式，如開發元件掛載的記錄工具等。

9.4 使用自訂指令

在 Vue 中，指令的使用無處不在，前面一直在使用的 v-bind、v-model、v-on 等都是指令。Vue 也可以自訂指令，對於某些訂製化的需求，配合自訂指令來封裝元件，可以使開發過程變得非常容易。

9.4.1 認識自訂指令

Vue 內建的指令已經提供了大部分核心功能，但是有時候，仍需要直接操作 DOM 元素來實現業務功能，這時就可以使用自訂指令。先來看一個簡單的範例。首先，新建一個名為 directive.html 的檔案來實現以下功能：在頁面上提供一個 input 輸入框，當頁面被載入後，輸入框預設處於焦點狀態，即使用者可以直接對輸入框進行輸入。撰寫範例程式如下：

➡ 【程式部分 9-15 原始程式見附件程式 / 第 9 章 /7.directive.html】

```
<div id="Application">
    <input v-getfocus />
</div>
<script>
    const App = Vue.createApp({})
    App.directive('getfocus', {
        // 當被綁定此指令的元素被掛載時呼叫
        mounted (element) {
            console.log(" 元件獲得了焦點 ")
            element.focus()
        }
    })
    App.mount("#Application")
</script>
```

如以上程式所示，呼叫應用範例的 directive 方法可以註冊全域的自訂指令，上面程式中的 getfocus 是指令的名稱，在使用時需要加上「v-」首碼。執行上面的程式，可以看到，頁面被載入時其中的輸入框預設處於焦點狀態，可以直接進行輸入。

在定義自訂指令時，通常需要在元件的某些生命週期節點來操作，自訂指令中除支援生命週期方法 mounted 外，也支援使用 beforeMount、beforeUpdate、updated、beforeUnmount 和 unmounted 生命週期方法，我們可以選擇合適的時機來實現自訂指令的邏輯。

上面的範例程式採用了全域註冊的方式來自訂指令，因此所有元件都可以使用，如果只想讓自訂指令在指令的元件上可用，也可以在進行元件定義時（局部註冊），在元件內部進行 directives 設定來定義自訂指令，範例如下：

```
const sub = {
    directives: {
        // 元件內部的自訂指令
        getfocus:{
            mounted(el) {
                el.focus()
            }
        }
    },
    mounted () {
        // 元件掛載
        console.log(this.version)
    }
}
App.component("sub-com", sub)
```

9.4.2　自訂指令的參數

在 9.4.1 節中，我們演示了一個自訂指令的小例子，這個例子本身非常簡單，沒有為自訂指令賦值，也沒有使用自訂指令的參數。我們知道，Vue 內建的指令可以設定值和參數，如 v-on 指令可以設定值為函數來回應互動事件，也可以透過設定參數來控制要監聽的事件類型。

自訂的指令也可以設定值和參數，這些設定資料會透過一個 param 物件傳遞到指令中實現的生命週期方法中，範例如下：

➡ 【程式部分 9-16 原始程式見附件程式 / 第 9 章 /7.directive.html】

```
<div id="Application">
    <input v-getfocus:custom="1" />
</div>
<script>
    const App = Vue.createApp({})
    App.directive('getfocus', {
        // 當被綁定此指令的元素被掛載時呼叫
        mounted (element, param) {
            if (param.value == "1") { // 根據參數來處理指示邏輯
                element.focus()
            }
            // 將列印參數 :custom
            console.log(" 參數 :" + param.arg)
        }
    })
    App.mount("#Application")
</script>
```

上面的程式很好理解，指令設定的值 1 被綁定到 param 物件的 value 屬性上，指令設定的 custom 參數會被綁定到 param 物件的 arg 屬性上。

有了參數，Vue 自訂指令的使用非常靈活，透過不同的參數進行區分，很方便處理複雜的元件著色邏輯。

對於指令設定的值，其也允許直接設定為 JavaScript 物件，例如下面的設定是合法的：

```
<input v-getfocus:custom="{a:1, b:2}" />
```

9.5 元件的 Teleport 功能

Teleport 可以簡單翻譯為「傳送，傳遞」。其是 Vue 3.0 提供的新功能。有了 Teleport 功能，在撰寫程式時，開發者可以將相關行為的邏輯和 UI 封裝到同一個元件中，以提高程式的聚合性。

以下我們使用 Teleport 功能開發全域彈窗。

要明白 Teleport 功能如何使用及其適用場景，我們可以透過一個小例子來體會。如果需要開發一個全域彈窗元件，此元件附帶一個觸發按鈕，當使用者點擊此按鈕後，會彈出彈窗。新建一個名為 teleport.html 的測試檔案，在其中撰寫以下核心範例程式：

➔ 【程式部分 9-17 原始程式見附件程式 / 第 9 章 /8.teleport.html】

```
<div id="Application">
    <my-alert></my-alert>
</div>
<script>
    const App = Vue.createApp({})
    App.component("my-alert",{
        template:'
            <div>
                <button @click="show = true"> 彈出彈窗 </button>
            </div>
            <div v-if="show" style="text-align: center;padding:20px;
position:absolute;top: 45%; left:30%; width:40%; border:black solid 2px;
background-color:white">
                <h3> 彈窗 </h3>
                <button @click="show = false"> 隱藏彈窗 </button>
            </div>
        ',
        data(){
            return {
                show:false
            }
        }
```

```
    })
    App.mount("#Application")
</script>
```

上面的程式中，定義了一個名為 my-alert 的元件，這個元件中預設提供了一個功能按鈕，點擊後會彈出彈窗，按鈕和彈窗的邏輯都被聚合到了元件內部，執行程式，效果如圖 9-4 所示。

目前來看，程式執行沒什麼問題，但是此元件的可用性並不好，當我們在其他元件內部使用此元件時，全域彈窗的版面設定可能無法達到預期，例如修改 HTML 結構如下：

```
<div id="Application">
    <div style="position: absolute; width: 50px;">
        <my-alert></my-alert>
    </div>
</div>
```

再次執行程式，由於當前元件被放入一個外部的 div 元素內，因此其彈窗版面設定會受到影響，效果如圖 9-5 所示。

▲ 圖 9-4 彈窗效果　　　　▲ 圖 9-5 元件樹結構影響版面設定

為了避免這種由於元件樹結構的改變而影響元件內元素版面設定的問題，一種方式是將觸發事件的按鈕與全域的彈窗分成兩個元件撰寫，保證全域彈窗元件掛載在 body 標籤下，但這樣會使得相關的元件邏輯分散在不同地方，不易後續維護；另一種方式是使用 Teleport。

在定義元件時，如果元件範本中的某些元素只能掛載在指定的標籤下，可以使用 Teleport 來指定，可以形象地理解 Teleport 的功能是將這部分元素「傳送」到了指定的標籤下。以上面的程式為例，可以指定全域彈窗只掛載在 body 元素下，修改如下：

➜ 【程式部分 9-18 原始程式見附件程式 / 第 9 章 /8.teleport.html】

```
App.component("my-alert",{
    template:'
        <div>
            <button @click="show = true"> 彈出彈窗 </button>
        </div>
        <teleport to="body">
        <div v-if="show" style="text-align: center;padding:20px;
position:absolute;top: 30%; left:30%; width:40%; border:black solid 2px;
background-color:white">
            <h3> 彈窗 </h3>
            <button @click="show = false"> 隱藏彈窗 </button>
        </div>
        </teleport>
    ',
    data(){
        return {
            show:false
        }
    }
})
```

最佳化後的程式無論元件本身在元件樹中的何處位置，彈窗都能正確地版面設定。在某些特殊的需求場景下，合理地使用 Teleport 技術能夠極大地簡化開發流程。

9.6 本章小結

本章介紹了元件的更多高級用法。了解元件的生命週期有利於我們更加得心應手地控制元件的行為，同時 Mixin、自訂指令和 Teleport 技術都使得元件的靈活性得到進一步的提高。嘗試回答下面的問題。

（1）Vue 元件的生命週期鉤子是指什麼，有怎樣的應用？

提示 生命週期鉤子的本質是方法，只是這些方法由 Vue 系統自動呼叫，在元件從建立到銷毀的整個過程中，生命週期方法會在其對應的時機被觸發。透過實現生命週期方法，我們可以將一些業務邏輯加到元件的掛載、卸載、更新等過程中。

（2）Vue 應用實例有哪些設定可用？

提示 可以從常用的設定項開始介紹，如進行通用元件的註冊、設定異常與警告的捕捉、進行全域自訂指令的註冊等。

（3）在定義 Vue 元件時，props 有何應用？

提示 props 是父元件傳值到子元件的重要方式，在定義元件的 props 時，我們應該儘量將其定義為描述性物件，對於 props 的類型、預設值、可選性進行控制，如果有必要，也可以進行自訂的有效性驗證。

（4）Vue 元件間如何進行傳值？

提示 可以簡述 props 的基本應用、全域資料的基本應用以及如何使用資料注入技術進行元件內資料的跨層級傳遞。

（5）什麼是 Mixin 技術？

提示 Mixin 技術與繼承有許多類似的地方，可以將某些元件間公用的部分抽離到 Mixin 物件中，從而增強程式的重複使用性。Mixin 分為全域 Mixin 和局部 Mixin，需要額外注意的是，Mixin 是資料衝突時 Vue 中的合併規則。

（6）Teleport 是怎樣一種特性？

提示 Teleport 的核心是在元件內部可以指定某些元素掛載在指定的標籤下，其可以使元件中的部分元素脫離元件自己的版面設定樹結構來進行著色。

第 **10** 章
Vue 回應性程式設計

回應性是 Vue 框架最重要的特點，在開發中，對 Vue 回應性特性的使用非常頻繁，常見的是透過資料綁定的方式將變數的值著色到頁面中，當變數發生變化時，頁面對應的元素也會更新。本章將深入探討 Vue 的回應性原理，理解 Vue 的底層設計邏輯。

透過本章，你將學習到：

- Vue 回應性底層原理。

- 在 Vue 中使用回應性物件與資料。

- Vue 3 的新特性：組合式 API 的應用。

10.1　回應性程式設計原理與在 Vue 中的應用

雖說回應性程式設計我們時時都在使用，但是可能從未思考過其工作原理是怎樣的。其實回應性的本質是對變數的監聽，當監聽到變數發生變化時，可以做一些預先定義的邏輯。舉例來說，對資料綁定技術來說，需要做的就是在變數發生改變時即時地對頁面元素進行更新。

回應性原理在生活中處處可見，例如開關與電燈的關係就是回應性的，透過改變開關的狀態，可以輕鬆控制電燈的開和關。也有更複雜一些的，例如在使用 Excel 表格軟體時，當需要對資料進行統計時，可以使用「公式」進行計算，當公式所使用的變數發生變化時，對應的結果也會發生變化。

10.1.1　手動追蹤變數的變化

如果不使用 Vue 框架，還能否以回應式的方式進行程式設計？我們可以來試一試。首先，新建一個名為 react.html 的測試檔案，撰寫下面的範例程式：

➜ 【程式部分 10-1 原始程式見附件程式 / 第 10 章 /1.react.html】

```
<script>
    // 定義資料變數
    let a = 1;
    let b = 2;
    let sum = a + b;      // 透過計算獲得結果資料
    console.log(sum);
    // 修改資料變數的值
    a = 3;
    b = 4;
    console.log(sum);     // 之前的計算結果並不會回應式地發生變化
</script>
```

執行程式，觀察主控台，可以看到兩次輸出的 sum 變數的值都是 3，也就是說，雖然從邏輯上理解，sum 值的意義是變數 a 和變數 b 的值的和，但是當變數 a 和變數 b 發生改變時，變數 sum 的值並不會回應性地進行改變。

我們如何為 sum 這類變數增加回應性呢？首先需要能夠監聽會影響最終
sum 變數值的子變數的變化，即要監聽變數 a 和變數 b 的變化。在 JavaScript 中，
可以使用 Proxy 來對原物件進行包裝，從而實現對物件屬性設定和獲取操作的監
聽，修改上面的程式如下：

➜ 【程式部分 10-2 原始程式見附件程式 / 第 10 章 /1.react.html】

```
<script>
    // 定義物件資料
    let a = {
        value:1
    };
    let b = {
        value:2
    };
    // 定義處理器
    handleA = {
        //get 方法會在設定值時呼叫，其中第 1 個參數為要設定值的物件，第 2 個參數為所設定值的屬性
        get(target, prop) {
            console.log('獲取 A：${prop} 的值 ')
            return target[prop]
        },
        //get 方法會在設定值時呼叫，其中第 1 個參數為操作的物件，第 2 個參數為要處理的屬性，第 3
個參數為要設定的值
        set(target, key, value) {
            console.log('設定 A：${key} 的值 ${value}')
        }
    }
    handleB = {
        get(target, prop) {
            console.log('獲取 B：${prop} 的值 ')
            return target[prop]
        },
        set(target, key, value) {
            console.log('設定 B：${key} 的值 ${value}')
        }
    }
    let pa = new Proxy(a, handleA);   // 建立一個基於 a 物件的代理物件
    let pb = new Proxy(b, handleB);   // 建立一個基於 b 物件的代理物件
```

```
    let sum = pa.value + pb.value;   // 定義計算結果變數
    pa.value = 3;   // 透過代理修改 a 物件的 value 值
    pb.value = 4;   // 透過代理修改 b 物件的 value 值
</script>
```

　　如以上程式所示，Proxy 物件在初始化時需要傳入一個要包裝的物件和對應的處理器，處理器中可以定義 get 和 set 方法，建立的新代理物件的用法和原物件完全一致，只是在對其內部屬性進行獲取或設定操作時，都會被處理器中定義的 get 或 set 方法攔截。執行上面的程式，透過主控台的列印資訊可以看到，每次獲取物件 value 屬性的值時都會呼叫定義的 get 方法，同樣對 value 屬性進行賦值時，也會先呼叫 set 方法。

　　現在，嘗試使 sum 變數具備回應性，修改程式如下：

➜ 【程式部分 10-3 原始程式見附件程式 / 第 10 章 /1.react.html】

```
<script>
    // 資料物件
    let a = {
        value:1
    };
    let b = {
        value:2
    };
    // 定義觸發器，用來更新資料
    let trigger = null;
    // 資料變數的處理器，當資料發生變化時，呼叫觸發器更新
    handleA = {
        set(target, key, value) {       // 對 a 物件的值進行更新
            target[key] = value         // 更新資料
            if (trigger) {              // 進行觸發器的呼叫
                trigger()
            }
        }
    }
    handleB = {
        set(target, key, value) {       // 對 b 物件的值進行更新
            target[key] = value         // 更新資料
```

```
        if (trigger) {            // 進行觸發器的呼叫
            trigger()
        }
    }
}
// 進行物件的代理包裝
let pa = new Proxy(a, handleA)
let pb = new Proxy(b, handleB)
let sum = 0;
// 實現觸發器邏輯
trigger = () => {
    sum = pa.value + pb.value;
};
trigger();
console.log(sum);
// 透過代理物件修改原資料的值
pa.value = 3;
pb.value = 4;
console.log(sum); // 計算結果的回應性發生了改變
</script>
```

上面的範例程式有著很詳細的功能註釋，理解起來非常簡單，執行程式，可以發現，此時只要資料物件的 value 屬性值發生了變化，sum 變數的值就會即時進行更新。

10.1.2 Vue 中的回應性物件

在 10.1.1 節中，我們透過使用 JavaScript 的 Proxy 物件實現了物件的回應性。在 Vue 中，大多數情況下都不需要關心資料的回應性問題，因為按照 Vue 元件範本撰寫元件物件時，data 方法中傳回的資料預設都是有回應性的。然而，在一些特殊場景下，依然需要對某些資料做特殊的回應式處理。

在 Vue 3 中引入了組合式 API 的新特性，這種新特性允許在 setup 方法中定義元件需要的資料和函數，關於組合式 API 的應用，本章後面會做更具體的介紹。本小節只需要了解 setup 方法中可以在元件被建立前定義元件需要的資料和函數即可。

新建一個名為 reactObj.html 的測試檔案，在其中撰寫以下測試程式：

➜ 【程式部分 10-4 原始程式見附件程式 / 第 10 章 /2.reactObj.html】

```
<body>
    <div id="Application">
    </div>
    <script>
        const App = Vue.createApp({
            // 進行元件資料的初始化
            setup () {
                // 資料初始化
                let myData = {
                    value:0
                }
                // 按鈕的點擊方法
                function click() {
                    myData.value += 1
                    console.log(myData.value)
                }
                // 將資料與函數方法傳回
                return {
                    myData,
                    click
                }
            },
            // 範本中可以直接使用 setup 方法中定義的資料和函數方法
            template:'
                <h1>測試資料：{{myData.value}}</h1>
                <button @click="click">點擊</button>
            '
        })
        App.mount("#Application")
    </script>
</body>
```

執行上面的程式，可以看到頁面成功著色出了元件定義的 HTML 範本元素，並且可以正常觸發按鈕的點擊互動方法，但是無論怎麼點擊按鈕，頁面上著色的數字永遠不會改變，從主控台可以看出，**myData** 物件的 **value** 屬性已經發生了變化，但是頁面並沒有被更新。這是由於 myData 物件是我們自己定義的普通 JavaScript 物件，其本身並沒有回應性，對於產生的修改也不會同步更新到頁面上，這與標準使用元件的 data 方法傳回的資料不同，data 方法傳回的資料會預設被包裝成 Proxy 物件從而獲得回應性。

為了解決上面的問題，Vue 3 中提供了 reactive 方法，使用這個方法對自訂的 JavaScript 物件進行包裝，即可方便為其新增回應性，修改上面程式中的 setup 方法如下：

➜ 【程式部分 10-5　原始程式見附件程式 / 第 10 章 /2.reactObj.html】

```
setup () {
    let myData = Vue.reactive({   // 將資料定義為回應式的
        value:0
    })
    function click() {            // 在點擊方法中對資料進行修改
        myData.value += 1
        console.log(myData.value)
    }
    return {
        myData,
        click
    }
}
```

再次執行程式，當 myData 中的 value 屬性發生變化時，已經可以同步進行頁面元素的更新了。

10.1.3　獨立的回應性值 Ref 的應用

現在，相信你已經可以熟練定義回應式物件了，在實際開發中，很多時候需要的只是一個獨立的原始值，以 10.1.2 節的範例程式為例，我們需要的只是一個數值。對於這種場景，不需要手動將其包裝為物件的屬性，可以直接使用 Vue 提供的 ref 方法來定義回應性獨立值，ref 方法會幫助我們完成物件的包裝，範例程式如下：

➜ 【程式部分 10-6】

```
<script>
    const App = Vue.createApp({
        setup () {
            // 定義回應性獨立值
            let myObject = Vue.ref(0)
            // 注意，myObject 會自動包裝物件，其中定義 value 屬性為原始值
            function click() {
                myObject.value += 1
                console.log(myObject.value)
            }
            // 傳回的資料 myObject 在範本中使用時，已經是獨立值
            return {
                myObject,
                click
            }
        },
        template:'
            <h1>測試資料：{{myObject}}</h1>
            <button @click="click">點擊</button>
        '
    })
    App.mount("#Application")
</script>
```

　　上面程式的執行效果和之前完全沒有區別，有一點需要注意，使用 ref 方法建立回應性物件後，在 setup 方法內，要修改資料，需要對 myObject 中的 value 屬性值進行修改，value 屬性值是 Vue 內部生成的，但是對 setup 方法匯出的資料來說，我們在範本中使用的 myObject 資料已經是最終的獨立值，可以直接進行使用。也就是說，在範本中使用 setup 方法中傳回的使用 ref 定義的資料時，資料物件會被自動展開。

　　Vue 中還提供了一個名為 toRefs 的方法用來支援回應式物件的解構賦值。所謂解構賦值，是指 JavaScript 中的一種語法，可以直接將 JavaScript 物件中的屬性進行解構，從而直接賦值給變數使用。改寫程式如下：

➜ 【程式部分 10-7 原始程式見附件程式 / 第 10 章 /2.reactObj.html 】

```
<div id="Application">
</div>
<script>
    const App = Vue.createApp({
        setup () {
            let myObject = Vue.reactive({   // 定義回應式資料
                value:0
            })
            // 對 myObject 物件進行解構賦值,將 value 屬性單獨取出來
            let { value } = myObject
            function click() {
                value += 1
                console.log(value)
            }
            return {
                value,
                click
            }
        },
        template:'
            <h1> 測試資料:{{value}}</h1>
            <button @click="click"> 點擊 </button>
        '
    })
    App.mount("#Application")
</script>
```

改寫後的程式可以正常執行,並且能夠正確獲取 value 變數的值,但是需要注意,value 變數已經失去了回應性,對其進行修改無法同步的更新頁面。對於這種場景,可以使用 Vue 中提供的 toRefs 方法來進行物件的解構,其會自動將解構出的變數轉為 ref 變數,從而獲得回應性:

➜ 【程式部分 10-8 原始程式見附件程式 / 第 10 章 /2.reactObj.html 】

```
const App = Vue.createApp({
    setup () {
        let myObject = Vue.reactive({    // 定義回應式資料
```

```
            value:0
        })
        // 解構賦值時，value 會直接被轉成 ref 變數
        let { value } = Vue.toRefs(myObject)
        function click() {
            value.value += 1
            console.log(value.value)
        }
        return {
            value,
            click
        }
    },
    template:'
        <h1> 測試資料：{{value}}</h1>
        <button @click="click"> 點擊 </button>
    '
})
```

　　上面的程式中有一點需要注意，Vue 會自動將解構的資料轉換成 ref 物件變數，因此在 setup 方法中使用時，要使用其內部包裝的 value 屬性。關於物件的解構賦值，這裡不做過多介紹，你只需要了解，如果要快速提取物件中某些屬性的值到變數，使用解構賦值這種語法非常方便。

10.2 回應式的計算與監聽

　　回到本章開頭時撰寫的那段原生的 JavaScript 程式中：

```
<script>
    let a = 1;
    let b = 2;
    let sum = a + b;
    console.log(sum);
    a = 3;
    b = 4;
    console.log(sum);
</script>
```

　　這段程式本身與頁面元素沒有綁定關係，變數 a 和變數 b 的值只會影響變數 sum 的值。對於這種場景，sum 變數更像是一種計算變數，在 Vue 中提供了 computed 方法來定義計算變數。

10.2.1　關於計算變數

　　有時候，我們定義的變數的值依賴於其他變數的狀態，當然，在元件中可以使用 computed 選項來定義計算屬性。其實，Vue 中也提供了一個名稱相同的方法，可以直接使用其建立計算變數。

　　新建一個名為 conputed.html 的測試檔案，撰寫以下測試程式：

➔　【程式部分 10-9 原始程式見附件程式 / 第 10 章 /3.computed.html】

```
<div id="Application">
</div>
<script>
    const App = Vue.createApp({
        setup () {
            // 定義資料變數
            let a = 1;
            let b = 2;
            let sum = a + b;                    // 儲存計算結果的變數
            function click() {                  // 點擊事件，對資料變數進行修改
                a += 1;
                b += 2;
                console.log(a)
                console.log(b)
            }
            return {
                sum,
                click
            }
        },
        template:'
            <h1> 測試資料：{{sum}}</h1>
            <button @click="click"> 點擊 </button>
        '
```

```
    })
    App.mount("#Application")
</script>
```

執行上面的程式，當我們點擊按鈕時，頁面上著色的數值並不會發生改變。
使用計算變數的方法定義 sum 變數如下：

➡️ 【程式部分 10-10 原始程式見附件程式 / 第 10 章 /3.computed.html】

```
// 定義回應式資料
let a = Vue.ref(1);
let b = Vue.ref(2);
let sum = Vue.computed(()=>{ // 定義計算變數
    return a.value + b.value
});
function click() {
    a.value += 1;
    b.value += 2;
}
```

如此，變數 a 或變數 b 的值只要發生變化，就會同步改變 sum 變數的值，
並且可以回應性地進行頁面元素的更新。當然，與計算屬性類似，計算變數也
支援被賦值，範例如下：

➡️ 【原始程式見附件程式 / 第 10 章 /3.computed.html】

```
setup () {
    let a = Vue.ref(1);
    let b = Vue.ref(2);
    let sum = Vue.computed({      // 定義計算變數
        set (value){              // 對計算變數進行修改時，可以同步修改原資料變數
            a.value = value
            b.value = value
        },
        get () {
            return a.value + b.value
        }
    });
    function click() {
```

```
        a.value += 1;
        b.value += 2;
        if (sum.value > 10) {
            sum.value = 0          // 對 sum 計算變數的賦值也會影響 a 和 b 物件的值
        }
    }
    return {
        sum,
        click
    }
}
```

10.2.2 監聽回應式變數

到目前為止，已經能夠使用 Vue 中提供的 ref、reactive 和 computed 等方法來建立擁有回應式特性的變數。有時候，當回應式變數發生變化時，需要監聽其變化行為。在 Vue 3 中，watchEffect 方法可以自動對其內部用到的回應式變數進行變化監聽，由於其原理是在元件初始化時收集所有相依，因此在使用時無須手動指定要監聽的變數，範例如下：

➡ 【程式部分 10-11 原始程式見附件程式 / 第 10 章 /4.effect.html】

```
const App = Vue.createApp({
    setup () {
        let a = Vue.ref(1);
        Vue.watchEffect(()=>{
            // 當變數 a 發生變化時，即可執行當前函數
            console.log("變數 a 變化了 ")
            console.log(a.value)
        })
        a.value = 2;
        return {
            a
        }
    }
})
```

在呼叫 watchEffect 方法時，其會立即執行傳入的函數參數，並會追蹤其內部的回應式變數，在其變更時再次呼叫此參數函數。

注意，watchEffect 在 setup 方法中被呼叫後，其會和當前元件的生命週期綁定在一起，元件卸載時會自動停止監聽，如果需要手動停止監聽，方法如下：

➡ 【程式部分 10-12 原始程式見附件程式 / 第 10 章 /4.effect.html】

```
const App = Vue.createApp({
    setup () {
        let a = Vue.ref(1);
        // 暫存 watchEffect 的操作控制碼
        let stop = Vue.watchEffect(()=>{
            // 當變數 a 變化時，即可執行當前函數
            console.log(" 變數 a 變化了 ")
            console.log(a.value)
        })
        a.value = 2;
        // 手動停止監聽
        stop();
        a.value = 3;
        return {
            a
        }
    }
})
```

watch 是一個與 watchEffect 類似的方法，與 watchEffect 方法相比，watch 方法能夠更加精準地監聽指定的回應式資料的變化，範例程式如下：

➡ 【程式部分 10-13 原始程式見附件程式 / 第 10 章 /5.watch.html】

```
<script>
    const App = Vue.createApp({
        setup () {
            let a = Vue.reactive({          // 定義回應式資料
                data:0
            });
            let b = Vue.ref(0);
```

```
        Vue.watch(()=>{                          // 進行資料變化的監聽
            // 監聽 a 物件的 data 屬性變化
            return a.data
        }, (value, old)=>{
            // 新值和舊值都可以獲取到
            console.log(value, old)
        })
        a.data = 1;
        // 可以直接監聽 ref 物件
        Vue.watch(b, (value, old)=>{
            // 新值和舊值都可以獲取到
            console.log(value, old)
        })
        b.value = 3;
    }
    })
    App.mount("#Application")
</script>
```

watch 方法比 watchEffect 方法強大的地方在於其可以分別獲取到變化前的值和變化後的值，十分方便做某些與值的比較相關的業務邏輯。從寫法上來說，watch 方法也支援同時監聽多個資料來源，範例如下：

➔ 【原始程式見附件程式 / 第 10 章 /5.watch.html】

```
setup () {
    let a = Vue.reactive({
        data:0
    });
    let b = Vue.ref(0);
    Vue.watch([()=>{
        // 監聽 a 物件的 data 屬性變化
        return a.data
    },b], ([valueA, valueB], [oldA, oldB])=>{
        // 新值和舊值都可以獲取到
        console.log(valueA, oldA)
        console.log(valueB, oldB)
    })
    a.data = 1;
```

```
    b.value = 3;
}
```

10.3 組合式 API 的應用

前面介紹的 Vue 中的回應式程式設計技術實際上都是為了組合式 API 的應用而做鋪陳。組合式 API 的使用能夠幫助我們更進一步地整理複雜元件的邏輯分佈，能夠從程式層面上將分離的相關邏輯點進行聚合，更適合進行複雜模組元件的開發。

10.3.1 關於 setup 方法

setup 方法是 Vue 3 中新增的方法，屬於 Vue 3 的新特性，同時它也是組合式 API 的核心方法。

setup 方法是組合式 API 功能的入口方法，如果使用組合式 API 模式進行元件開發，則邏輯程式都要撰寫在 setup 方法中。注意，setup 方法會在元件建立之前被執行，即對應在元件的生命週期方法 beforeCreate 方法呼叫之前被執行。由於 setup 方法特殊的執行時機，除可以存取元件的傳遞參數外部屬性 props 外，在其內部不能使用 this 來引用元件的其他屬性，在 setup 方法的最後，可以將定義的元件所需要的資料、函數等內容暴露給元件的其他選項（比如生命週期函數、業務方法、計算屬性等）。接下來，我們更深入地了解一下 setup 方法。

首先建立一個名為 setup.html 的測試檔案用來撰寫本節的範例程式。setup 方法可以接收兩個參數：props 和 context。props 是元件使用時被設定的外部參數，其是有回應性的；context 則是一個 JavaScript 物件，其中可用的屬性有 attrs、slots 和 emit。範例程式如下：

➡ 【程式部分 10-14 原始程式見附件程式 / 第 10 章 /6.setup.html】

```
<div id="Application">
    <com name=" 元件名稱 "></com>
</div>
```

```
<script>
    const App = Vue.createApp({})
    App.component("com",{
        setup (props, context) {
            console.log(props.name)
            // 屬性
            console.log(context.attrs)
            // 插槽
            console.log(context.slots)
            // 觸發事件
            console.log(context.emit)
        },
        props: {
            name: String,
        }
    })
    App.mount("#Application")
</script>
```

在 setup 方法的最後，可以傳回一個 JavaScript 物件，此物件包裝的資料可以在元件的其他選項中使用，也可以直接用於 HTML 範本中，範例如下：

➡ 【原始程式見附件程式 / 第 10 章 /6.setup.html】

```
App.component("com",{
    setup (props, context) {
        let data = "setup 的資料 ";
        return {
            data
        }
    },
    props: {
        name: String,
    },
    template:'
        <div>{{data}}</div>
    '
})
```

如果不在元件中定義 template 範本，也可以直接使用 setup 方法來傳回一個著色函數，當元件要被展示時，會使用此著色函數進行著色，上面的程式改寫以下會有一樣的執行效果：

➔ 【原始程式見附件程式 / 第 10 章 /6.setup.html】

```
App.component("com",{
    setup (props, context) {
        let data = "setup 的資料 ";
        return () => Vue.h('div', [data]) // 元件著色函數
    },
    props: {
        name: String,
    }
})
```

最後，再次提醒，在 setup 方法中不要使用 this 關鍵字，setup 方法中的 this 與當前元件實例並不是同一物件。

10.3.2　在 setup 方法中定義生命週期行為

setup 方法中也可以定義元件的生命週期方法，方便將相關的邏輯組合在一起。在 setup 方法中，常用的生命週期定義方式（在元件的原生命週期方法前加 on 即可）如表 10-1 所示。

▼ 表 10-1　setup 方法中常用的生命週期方法

元件原生命週期方法	setup 中的生命週期方法
beforeMount	onBeforeMount
mounted	onMounted
beforeUpdate	onBeforeUpdate
updated	onUpdated
beforeUnmount	onBeforeUnmount

（續表）

元件原生命週期方法	setup 中的生命週期方法
Unmounted	onUnmounted
errorCaptured	onErrorCaptured
renderTracked	onRenderTracked
renderTriggered	onRenderTriggered

你可能發現了，在表 10-1 中，我們去掉了 beforeCreate 和 created 兩個生命週期方法，這是因為從邏輯上來說，setup 方法的執行時機與這兩個生命週期方法的執行時機基本是一致的，在 setup 方法中直接撰寫邏輯程式即可。

下面的程式演示在 setup 方法中定義元件生命週期方法：

➜ 【程式部分 10-15 原始程式見附件程式 / 第 10 章 /6.setup.html】

```
App.component("com",{
    setup (props, context) {
        let data = "setup 的資料 ";
        // 設定的函數參數的呼叫時機與 mounted 一樣
        Vue.onMounted(()=>{
            console.log("setup 定義的 mounted")
        })
        return () => Vue.h('div', [data])
    },
    props: {
        name: String,
    },
    mounted() {
        console.log(" 元件內定義的 mounted")
    }
})
```

注意，如果元件中和 setup 方法中定義了同樣的生命週期方法，它們之間並不會衝突。在實際呼叫時，會先呼叫 setup 方法中定義的生命週期方法，再呼叫元件中定義的生命週期方法。

10.4 實戰：支援搜尋和篩選的使用者清單範例

本節將透過一個簡單的範例來演示組合式 API 在實際開發中的應用。我們將模擬這種場景，有一個使用者清單頁面，頁面的清單支援性別篩選與搜尋。作為範例，可以假想使用者資料是透過網路請求到前端頁面的，在實際撰寫程式時可以使用延遲時間函數來模擬這一場景。

10.4.1 標準風格的範例專案開發

首先新建一個名為 normal.html 的測試檔案，在 HTML 檔案的 head 標籤中引用 Vue 框架並撰寫標準的範本程式如下：

➜ 【原始程式見附件程式 / 第 10 章 /7.normal.html】

```
<head>
    <meta charset="UTF-8">
    <meta http-equiv="X-UA-Compatible" content="IE=edge">
    <meta name="viewport" content="width=device-width, initial-scale=1.0">
    <title> 使用者清單 </title>
    <!-- 需要注意，CDN 位址可能會變化 -->
    <script src="https://unpkg.com/vue@3/dist/vue.global.js"></script>
    <style>
        .container {
            margin: 50px;
        }
        .content {
            margin: 20px;
        }
    </style>
</head>
```

為了方便進行邏輯的演示，本節撰寫的範例並不新增過多複雜的 CSS 樣式，主要從邏輯上整理這樣一個簡單頁面應用的開發想法。

　　第一步，設計頁面的根元件的資料框架，分析頁面的功能需求主要有 3 個：能夠著色使用者清單、能夠根據性別篩選資料以及能夠根據輸入的關鍵字進行檢索，因此至少需要 3 個回應式的資料：使用者清單資料、性別篩選欄位和關鍵字欄位，定義元件的 data 選項如下：

➡　【原始程式見附件程式 / 第 10 章 /7.normal.html】

```
data(){
    return {
        // 性別篩選欄位
        sexFliter:-1,
        // 展示的使用者清單資料
        showDatas:[],
        // 搜尋的關鍵字
        searchKey:""
    }
}
```

　　上面定義的屬性中，sexFliter 欄位的設定值可以是 −1、0 或 1。−1 表示全部，0 表示性別男，1 表示性別女。

　　第二步，思考頁面需要支援的行為，首先從網路上請求使用者資料並將其著色到頁面上（使用延遲時間函數來模擬這一過程），要支援性別篩選功能，需要定義一個篩選函數來完成，同樣要實現關鍵字檢索功能，也需要定義一個檢索函數。定義元件的 methods 選項如下：

➡　【程式部分 10-16 原始程式見附件程式 / 第 10 章 /7.normal.html】

```
methods: {
    // 獲取使用者資料
    queryAllData() {
        this.showDatas = mock
    },
    // 進行性別篩選
    fliterData() {
        this.searchKey = ""
```

```
            if (this.sexFliter == -1) {
                this.showDatas = mock
            } else  {
                this.showDatas = mock.filter((data)=>{
                    return data.sex == this.sexFliter
                })
            }
        },
        // 進行關鍵字檢索
        searchData() {
            this.sexFliter = -1
            if (this.searchKey.length == 0) {
                this.showDatas = mock
            } else  {
                this.showDatas = mock.filter((data)=>{
                    // 若名稱中包含輸入的關鍵字，則表示匹配成功
                    return data.name.search(this.searchKey) != -1
                })
            }
        }
    }
}
```

上面的程式中，mock 變數是本地定義的模擬資料，方便我們測試效果。如下所示：

➜ 【原始程式見附件程式 / 第 10 章 /7.normal.html】

```
let mock = [
    {
        name:" 小王 ",
        sex:0
    },{
        name:" 小紅 ",
        sex:1
    },{
        name:" 小李 ",
        sex:1
    },{
```

```
        name:" 小張 ",
        sex:0
    }
]
```

定義了功能函數，需要在合適的時機對其進行呼叫，queryAllData 方法可以在元件掛載時調用來獲取資料，範例如下：

➜ 【原始程式見附件程式 / 第 10 章 /7.normal.html】

```
mounted () {
    // 模擬請求過程
    setTimeout(this.queryAllData, 3000);
}
```

當頁面掛載後，延遲時間 3 秒會獲取到測試的模擬資料。對於性別篩選和關鍵字檢索功能，可以監聽對應的屬性，當這些屬性發生變化時，進行篩選或檢索行為。定義元件的 watch 選項如下：

➜ 【原始程式見附件程式 / 第 10 章 /7.normal.html】

```
watch: {
    sexFliter(oldValue, newValue) { // 當性別篩選項變化後，清單資料同步變化
        this.fliterData()
    },
    searchKey(oldValue, newValue) { // 當篩選關鍵字變化後，清單資料同步變化
        this.searchData()
    }
}
```

JavaScript 程式的最後，需要把定義好的元件掛載到一個 HTML 元素上：

```
App.mount("#Application")
```

至此，我們撰寫完成了當前頁面應用的所有邏輯程式，還有第三步需要做，將頁面著色所需的 HTML 框架架設完成，範例程式如下：

→ 【程式部分 10-17 原始程式見附件程式 / 第 10 章 /7.normal.html】

```
<div id="Application">
    <div class="container">
        <div class="content">
            <input type="radio" :value="-1" v-model="sexFliter"/> 全部
            <input type="radio" :value="0" v-model="sexFliter"/> 男
            <input type="radio" :value="1" v-model="sexFliter"/> 女
        </div>
        <div class="content"> 搜尋：<input type="text" v-model="searchKey" /></div>
        <div class="content">
            <table border="1" width="300px">
                <tr>
                  <th> 姓名 </th>
                  <th> 性別 </th>
                </tr>
                <tr v-for="(data, index) in showDatas">
                  <td>{{data.name}}</td>
                  <td>{{data.sex == 0 ? ' 男 ' : ' 女 '}}</td>
                </tr>
                </table>
        </div>
    </div>
</div>
```

嘗試運行程式，可以看到一個支援篩選和檢索的使用者清單應用就已經完成了，效果如圖 10-1 ～圖 10-3 所示。

▲ 圖 10-1 使用者清單頁面

▲ 圖 10-2 進行使用者檢索

▲ 圖 10-3　進行使用者篩選

10.4.2 使用組合式 API 重構使用者清單頁面

在 10.4.1 節中，我們實現了完整的使用者清單頁面。深入分析我們撰寫的程式，可以發現，需要關注的邏輯點十分分散，例如使用者的性別篩選是一個獨立的功能，要實現這樣一個功能，需要先在 data 選項中定義屬性，之後在 methods 選項中定義功能方法，最後在 watch 選項中監聽屬性，實現篩選功能。這些邏輯點的分離使得程式的可讀性變差，並且隨著專案的迭代，頁面的功能可能會越來越複雜，對後續此元件的維護者來說，擴充會變得更加困難。

Vue 3 中提供的組合式 API 的開發風格可以極佳地解決這種問題，我們可以將邏輯都整理在 setup 方法中，相同的邏輯點聚合性更強，更易閱讀和擴充。

使用組合式 API 重寫後的完整程式如下：

➜ 【原始程式見附件程式 / 第 10 章 /8.combination.html】

```html
<!DOCTYPE html>
<html lang="en">
<head>
    <meta charset="UTF-8">
    <meta http-equiv="X-UA-Compatible" content="IE=edge">
    <meta name="viewport" content="width=device-width, initial-scale=1.0">
    <title> 組合式 API 使用者清單 </title>
    <!-- 需要注意，CDN 位址可能會變化 -->
```

```
<script src="https://unpkg.com/vue@3/dist/vue.global.js"></script>
<style>
    .container {
        margin: 50px;
    }
    .content {
        margin: 20px;
    }
</style>
</head>
<body>
    <div id="Application">
    </div>
    <script>
        // 模擬的資料
        let mock = [
            {
                name:" 小王 ",
                sex:0
            },{
                name:" 小紅 ",
                sex:1
            },{
                name:" 小李 ",
                sex:1
            },{
                name:" 小張 ",
                sex:0
            }
        ]
        const App = Vue.createApp({
            setup() {
                // 先處理使用者清單相關邏輯
                const showDatas = Vue.ref([])
                const queryAllData = () => {
                    // 模擬請求過程
                    setTimeout(()=>{
                        showDatas.value = mock
                    }, 3000);
```

```
        }
        // 元件掛載時獲取資料
        Vue.onMounted(queryAllData)
        // 處理篩選與檢索邏輯
        let sexFliter = Vue.ref(-1)
        let searchKey = Vue.ref("")
            // 篩選資料的方法
        let fliterData = () => {
            searchKey.value = ""
            if (sexFliter.value == -1) {
                showDatas.value = mock
            } else  {
                // 使用 filter 函數對資料進行過濾
                showDatas.value = mock.filter((data)=>{
                    return data.sex == sexFliter.value
                })
            }
        }
        searchData = () => {
            sexFliter.value = -1
            if (searchKey.value.length == 0) {
                showDatas.value = mock
            } else  {
                showDatas.value = mock.filter((data)=>{
                    return data.name.search(searchKey.value) != -1
                })
            }
        }
        // 新增偵聽
        Vue.watch(sexFliter, fliterData)
        Vue.watch(searchKey, searchData)
        // 將範本中需要使用的資料傳回
        return {
            showDatas,
            searchKey,
            sexFliter
        }
    },
template: '
```

```
        <div class="container">
            <div class="content">
                <input type="radio" :value="-1" v-model="sexFliter"/>全部
                <input type="radio" :value="0" v-model="sexFliter"/>男
                <input type="radio" :value="1" v-model="sexFliter"/>女
            </div>
            <div class="content">搜尋：<input type="text" v-model="searchKey" />
</div>
            <div class="content">
                <table border="1" width="300px">
                    <tr>
                    <th>姓名</th>
                    <th>性別</th>
                    </tr>
                    <tr v-for="(data, index) in showDatas">
                    <td>{{data.name}}</td>
                    <td>{{data.sex == 0 ? '男' : '女'}}</td>
                    </tr>
                    </table>
            </div>
        </div>
            '
        })
        App.mount("#Application")
    </script>
</body>
</html>
```

　　在使用組合式 API 撰寫程式時，特別要注意，對於需要回應性的資料，要使用 ref 方法或 reactive 方法進行包裝。

10.5　本章小結

　　本章介紹了 Vue 回應式程式設計的基本原理，也介紹了組合式 API 的基本使用。

（1）如何使得定義在 setup 方法中的資料具有回應性？

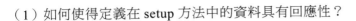 對於物件類別的資料，可以使用 reactive 方法進行包裝，對於直接的簡單資料，可以使用 ref 方法進行包裝，需要注意，使用 ref 方法包裝的資料在 setup 方法中存取時，需要使用其內部的 value 屬性進行存取，當我們將 ref 資料傳回在範本中使用時，會預設進行轉換，可以直接使用。除使用 reactive 方法和 ref 方法來包裝資料外，也可以使用 computed 方法來定義計算資料，實現回應性。

（2）對應傳統的 Vue 元件開發方式，使用組合式 API 的方法開發有何不同？

提示 傳統的 Vue 元件的開發方式需要將資料、方法、偵聽等邏輯分別設定在不同的選項中，這使得對於完成一個獨立的功能，其邏輯關注點要分別寫在不同的地方，不利於程式的可讀性。Vue 3 中引入了組合式 API 的開發方式，開發者在撰寫元件時，可以在 setup 方法中將元件的邏輯聚合地撰寫在一起。

第11章
使用動畫

在前端網頁開發中,動畫是非常重要的一種技術。合理運用動畫可以極大地提高使用者的使用體驗。Vue 中提供了一些與過渡和動畫相關的抽象概念,它們可以幫助我們方便、快速地定義和使用動畫。本章將從原生的 CSS 動畫開始介紹,逐步深入 Vue 中動畫 API 的相關應用。

透過本章,你將學習到:

- 純粹的 CSS 3 動畫的使用。

- 使用 JavaScript 方式實現動畫效果。

- Vue 中過渡元件的應用。

- 為清單的變化新增動畫過渡。

11.1　使用 CSS 3 建立動畫

　　CSS 3 本身支援非常豐富的動畫效果。元件的過渡、漸變、移動、翻轉等都可以新增動畫效果。CSS 3 動畫的核心是定義 keyframes 或 transition，keyframes 也被稱為關鍵幀，定義了動畫的行為，比如對於顏色漸變的動畫，需要定義起始顏色和終止顏色，瀏覽器會自動幫助我們計算其間的所有中間態來執行動畫。transition 的使用則更加簡單，當元件的 CSS 屬性發生變化時，使用 transition 定義過渡動畫的屬性即可。

11.1.1　transition 過渡動畫

　　transition 顧名思義有轉場、過渡的意思。transition 方便將 CSS 屬性的變化以動畫的方式展現出來。首先新建一個名為 transition.html 的測試檔案，在其中撰寫以下 JavaScript、HTML 和 CSS 程式。

➡ 【程式部分 11-1 原始程式見附件程式 / 第 11 章 /1.transition.html】

```
<style>
    .demo {
        width: 100px;
        height: 100px;
        background-color: red;
    }
    .demo-ani {
        width: 200px;
        height: 200px;
        background-color: blue;
        transition: width 2s, height 2s,background-color 2s;
    }
</style>
<div id="Application">
    <div :class="cls" @click="run">
    </div>
</div>
<script>
    const App = Vue.createApp({
```

```
        data(){
            return {
                cls:"demo"
            }
        },
        methods: {
            run() {   // 定義一個方法，修改元件綁定的 CSS 類別
                if (this.cls == "demo") {
                    this.cls = "demo-ani"
                } else {
                    this.cls = "demo"
                }
            }
        }
    })
    App.mount("#Application")
</script>
```

　　如以上程式所示，CSS 中定義的 demo-ani 類別中指定了 transition 屬性，這個屬性中可以設定要過渡的屬性以及動畫時間。執行上面的程式，點擊頁面中的色塊，可以看到，色塊變大的過程會附帶動畫效果，顏色變化的過程也附帶動畫效果。上面的範例程式實際上使用了簡寫方式，也可以逐筆屬性對動畫效果進行設定。範例程式如下：

➔ 【程式部分 11-2 原始程式見附件程式 / 第 11 章 /1.transition.html】

```
.demo {
    width: 100px;
    height: 100px;
    background-color: red;
    transition-property: width, height, background-color;
    transition-duration: 1s;
    transition-timing-function: linear;
    transition-delay: 2s;
}
```

其中，transition-property 用來設定動畫的屬性；transition-duration 用來設定動畫的執行時長；transition-timing-function 用來設定動畫的執行方式，linear 表示以線性的方式執行；transition-delay 用來進行延遲時間設定，即延遲時間多長時間開始執行動畫。

11.1.2　keyframes 動畫

transition 動畫適合用來建立簡單的過渡效果動畫。CSS 3 中也支援使用 animation 屬性來設定更加複雜的動畫效果。animation 屬性根據 keyframes 設定來執行基於關鍵幀的動畫效果。新建一個名為 keyframes.html 的測試檔案，撰寫以下測試程式：

➜　【程式部分 11-3 原始程式見附件程式 / 第 11 章 /2.keyframes.html】

```
<style>
    @keyframes animation1 {
        0% {
            background-color: red;
            width: 100px;
            height: 100px;
        }
        25% {
            background-color: orchid;
            width: 200px;
            height: 200px;
        }
        75% {
            background-color: green;
            width: 150px;
            height: 150px;
        }
        100% {
            background-color: blue;
            width: 200px;
            height: 200px;
        }
    }
```

```
    .demo {
        width: 100px;
        height: 100px;
        background-color: red;

    }
    .demo-ani {
        animation: animation1 4s linear;
        width: 200px;
        height: 200px;
        background-color: blue;
    }
</style>
<div id="Application">
    <div :class="cls" @click="run">
    </div>
</div>
<script>
    const App = Vue.createApp({
        data(){
            return {
                cls:"demo"
            }
        },
        methods: {
            run() { // 透過切換類型來執行關鍵頁框動畫
                if (this.cls == "demo") {
                    this.cls = "demo-ani"
                } else {
                    this.cls = "demo"
                }
            }
        }
    })
    App.mount("#Application")
</script>
```

在上面的 CSS 程式中，keyframes 用來定義動畫的名稱和每個關鍵幀的狀態，0% 表示動畫起始時的狀態，25% 表示動畫執行到 1/4 時的狀態，同理，100% 表示動畫的終止狀態。對於每個狀態，將其定義為一個關鍵幀，在關鍵幀中，可以定義元素的各種著色屬性，比如長寬、位置、顏色等。在定義 keyframes 時，如果只關心起始狀態與終止狀態，也可以這樣定義：

```css
@keyframes animation1 {
    from {
        background-color: red;
        width: 100px;
        height: 100px;
    }
    to {
        background-color: orchid;
        width: 200px;
        height: 200px;
    }
}
```

提示 keyframes 動畫的核心是定義關鍵幀的狀態，可以將動畫過程理解為一個一個關鍵狀態的變化，例如一個紅黃藍顏色漸變的動畫效果，紅色狀態時是一個關鍵幀，黃色狀態時是一個關鍵幀，藍色狀態時是一個關鍵幀。在設計動畫時，只要分析清楚所需要的關鍵幀的狀態，使用 keyframes 建立動畫非常容易。

定義 keyframes 關鍵幀後，在撰寫 CSS 樣式程式時可以使用 animation 屬性為其指定動畫效果，如以上程式設定要執行的動畫為名為 animation1 的關鍵頁框動畫，執行時長為 4 秒，執行方式為線性。animation 的這些設定項也可以分別進行設定，範例如下：

➡ 【原始程式見附件程式 / 第 11 章 /2.keyframes.html】

```css
.demo-ani {
    /* 設定關鍵頁框動畫名稱 */
    animation-name: animation1;
    /* 設定動畫時長 */
    animation-duration: 3s;
```

```
        /* 設定動畫播放方式：漸入漸出 */
        animation-timing-function: ease-in-out;
        /* 設定動畫播放的方向 */
        animation-direction: alternate;
        /* 設定動畫播放的次數 */
        animation-iteration-count: infinite;
        /* 設定動畫的播放狀態 */
        animation-play-state: running;
        /* 設定播放動畫的延遲時間 */
        animation-delay: 1s;
        /* 設定動畫播放結束應用到元素的樣式 */
        animation-fill-mode:forwards;
        width: 200px;
        height: 200px;
        background-color: blue;
}
```

透過上面的範例，我們已經基本了解了如何使用原生的 CSS，有了這些基礎，再使用 Vue 中提供的動畫相關 API 會非常容易。

11.2 使用 JavaScript 的方式實現動畫效果

動畫的本質是將元素的變化以漸進的方式完成，即將大的狀態變化拆分成非常多個小的狀態變化，透過不斷執行這些變化來達到動畫的效果。根據這一原理，也可以使用 JavaScript 程式來啟用計時器，按照一定頻率進行元件的狀態變化來實現動畫效果。

新建一個名為 jsAnimation.html 的測試檔案，在其中撰寫以下核心測試程式：

➜ 【程式部分 11-4 原始程式見附件程式 / 第 11 章 /3.jsAnimation.html】

```
<div id="Application">
    <!-- 動畫色塊 -->
    <div :style="{backgroundColor: 'blue', width: width + 'px', height:height +
'px'}" @click="run">
    </div>
</div>
```

```
<script>
    const App = Vue.createApp({
        data(){
            return {
                width:100,                    // 元素寬度
                height:100,                   // 元素高度
                timer:null                    // 計時器物件
            }
        },
        methods: {
          // 開啟計時器，進行動畫
            run() {
                this.timer = setInterval(this.animation, 10)
            },
              // 指定動畫效果的具體方法
            animation() {
                    // 如果元素的寬度等於 200，則停止動畫
                if (this.width == 200) {
                    // 銷毀計時器
                    clearInterval(this.timer)
                    return
                } else {                      // 元素進行寬度、高度的變大
                    this.width += 1
                    this.height += 1
                }
            }
        }
    })
    App.mount("#Application")
</script>
```

　　setInterval 方法用來開啟一個計時器，上面的程式中設定每 10 毫秒執行一次回呼函數，在回呼函數中，逐圖元地將色塊的尺寸放大，最終就產生了動畫效果。使用 JavaScript 可以更加靈活地控制動畫的效果，在實際開發中，結合 Canvas 的使用，JavaScript 可以實現非常強大的自訂動畫效果。還有一點需要注意，當動畫結束後，要使用 clearInterval 方法將對應的計時器停止。

提示 Canvas 是一種 H5 繪圖技術，簡單理解，我們可以在視窗中建立一個畫板，使用繪圖介面來繪製內容。

11.3 Vue 過渡動畫

Vue 的元件在頁面中被插入、移除或更新的時候都可以附帶轉場效果，即可以展示過渡動畫。舉例來說，當我們使用 v-if 和 v-show 這些指令控制元件的顯示和隱藏時，就可以將其過程以動畫的方式進行展現。

11.3.1 定義過渡動畫

Vue 過渡動畫的核心原理依然是採用 CSS 類別來實現的，只是 Vue 可以幫助我們在元件的不同生命週期自動切換不同的 CSS 類別。

Vue 中預設提供了一個名為 transition 的內建元件，可以用其來包裝要展示過渡動畫的元素。transition 元件的 name 屬性用來設定要執行的動畫名稱，Vue 中約定了一系列的 CSS 類別名稱規則來定義各個過渡過程中的元件狀態。我們可以透過一個簡單的範例來體會 Vue 的這一功能。

首先，新建一個名為 vueTransition.html 測試檔案，撰寫以下範例程式：

➡ 【程式部分 11-5 原始程式見附件程式 / 第 11 章 /4.vueTransition.html】

```
<style>
    .ani-enter-from {
        width: 0px;
        height: 0px;
        background-color: red;
    }
    .ani-enter-active {
        transition: width 2s, height 2s, background-color 2s;
    }
    .ani-enter-to {
        width: 100px;
        height: 100px;
```

```
            background-color: blue;
        }
        .ani-leave-from {
            width: 100px;
            height: 100px;
            background-color: blue;
        }
        .ani-leave-active {
            transition: width 2s, height 2s, background-color 3s;
        }
        .ani-leave-to {
            width: 0px;
            height: 0px;
            background-color: red;
        }
</style>
<div id="Application">
    <button @click="click"> 顯示 / 隱藏 </button>
    <transition name="ani">
        <div v-if="show">
        </div>
    </transition>
</div>
<script>
    const App = Vue.createApp({
        data(){
            return {
                show:false
            }
        },
        methods:{
            click(){
                    // 切換元件的顯示 / 隱藏狀態會自動執行動畫
                this.show = !this.show
            }
        }
    })
    App.mount("#Application")
</script>
```

執行程式，嘗試點擊頁面上的功能按鈕，可以看到元件在顯示／隱藏過程中表現出的過渡動畫效果。上面程式的核心是定義的 6 個特殊的 CSS 類別，這 6 個 CSS 類別沒有顯式地進行使用，但是其卻在元件執行動畫的過程中有著不可替代的作用。我們為 transition 元件的 name 屬性設定動畫名稱之後，當元件被插入頁面並被移除時，其會自動尋找以此動畫名稱開頭的 CSS 類別，格式如下：

```
x-enter-from
x-enter-active
x-enter-to
x-leave-from
x-leave-active
x-leave-to
```

其中，x 表示定義的過渡動畫名稱。上面 6 種特殊的 CSS 類別，前 3 種用來定義元件被插入頁面的動畫效果，後 3 種用來定義元件被移出頁面的動畫效果。

- x-enter-from 類別在元件即將被插入頁面時被新增到元件上，可以視為元件的初始狀態，元素被插入頁面後此類會馬上被移除。

- v-enter-to 類別在元件被插入頁面後立即被新增，此時 x-enter-from 類別會被移除，可以視為元件過渡的最終狀態。

- v-enter-active 類別在元件的整個插入過渡動畫中都會被新增，直到元件的過渡動畫結束後才會被移除。可以在這個類別中定義元件過渡動畫的時長、方式、延遲等。

- x-leave-from 與 x-enter-from 相對應，在元件即將被移除時此類會被新增，用來定義移除元件時過渡動畫的起始狀態。

- x-leave-to 則對應用來設定移除元件動畫的終止狀態。

- x-leave-active 類別在元件的整個移除過渡動畫中都會被新增，直到元件的過渡動畫結束後才會被移除。可以在這個類別中定義元件過渡動畫的時長、方式、延遲等。

你可能也發現了，上面提到的 6 種特殊的 CSS 類別雖然被新增的時機不同，但是最終都會被移除，因此，當動畫執行完成後，元件的樣式並不會保留，更常見的做法是在元件本身綁定一個最終狀態的樣式類別，範例如下：

```
<transition name="ani">
    <div v-if="show" class="demo">
    </div>
</transition>
```

　　CSS 程式如下：

```
.demo {
    width: 100px;
    height: 100px;
    background-color: blue;
}
```

　　這樣，元件的顯示或隱藏過程就變得非常流暢了。上面的範例程式中使用 CSS 中的 transition 來實現動畫，其實使用 animation 的關鍵幀方式定義動畫效果也是一樣的，CSS 範例程式如下：

➜　【原始程式見附件程式 / 第 11 章 /4.vueTransition.html】

```
<style>
    @keyframes keyframe-in {
        from {
            width: 0px;
            height: 0px;
            background-color: red;
        }
        to {
            width: 100px;
            height: 100px;
            background-color: blue;
        }
    }
    @keyframes keyframe-out {
        from {
            width: 100px;
            height: 100px;
            background-color: blue;
```

```
        }
        to {
            width: 0px;
            height: 0px;
            background-color: red;
        }
    }
    .demo {
        width: 100px;
        height: 100px;
        background-color: blue;
    }
    .ani-enter-from {
        width: 0px;
        height: 0px;
        background-color: red;
    }
    .ani-enter-active {
        animation: keyframe-in 3s;
    }
    .ani-enter-to {
        width: 100px;
        height: 100px;
        background-color: blue;
    }
    .ani-leave-from {
        width: 100px;
        height: 100px;
        background-color: blue;
    }
    .ani-leave-active {
        animation: keyframe-out 3s;
    }
    .ani-leave-to {
        width: 0px;
        height: 0px;
        background-color: red;
    }
</style>
```

11.3.2 設定動畫過程中的監聽回呼

　　我們知道，對元件的載入或卸載過程，有一系列的生命週期函數會被呼叫。對 Vue 中的轉場動畫來說，也可以註冊一系列的函數來對其過程進行監聽。範例如下：

➜　【程式部分 11-6 原始程式見附件程式 / 第 11 章 /5.observer.html】

```
<transition name="ani"
@before-enter="beforeEnter"
@enter="enter"
@after-enter="afterEnter"
@enter-cancelled="enterCancelled"
@before-leave="beforeLeave"
@leave="leave"
@after-leave="afterLeave"
@leave-cancelled="leaveCancelled">
    <div v-if="show" class="demo">
    </div>
</transition>
```

　　上面註冊的回呼方法需要在元件的 methods 選項中實現：

➜　【原始程式見附件程式 / 第 11 章 /5.observer.html】

```
methods:{
    // 元件插入過渡前
    beforeEnter(el) {
        console.log("beforeEnter")
    },
    // 元件插入過渡開始
    enter(el, done) {
        console.log("enter")
    },
    // 元件插入過渡後
    afterEnter(el) {
        console.log("afterEnter")
    },
    // 元件插入過渡取消
```

```
    enterCancelled(el) {
        console.log("enterCancelled")
    },
    // 元件移除過渡前
    beforeLeave(el) {
        console.log("beforeLeave")
    },
    // 元件移除過渡開始
    leave(el, done) {
        console.log("leave")
    },
    // 元件移除過渡後
    afterLeave(el) {
        console.log("afterLeave")
    },
    // 元件移除過渡取消
    leaveCancelled(el) {
        console.log("leaveCancelled")
    }
}
```

　　有了這些回呼函數，可以在元件過渡動畫過程中實現複雜的業務邏輯，也可以透過 JavaScript 來自訂過渡動畫，當我們需要自訂過渡動畫時，需要將 transition 元件的 css 屬性關掉，程式如下：

```
<div id="Application">
    <button @click="click">顯示 / 隱藏 </button>
    <transition name="ani" :css="false">
        <div v-show="show" class="demo">
        </div>
    </transition>
</div>
```

　　還有一點需要注意，上面列舉的回呼函數中，有兩個函數比較特殊：enter 和 leave。這兩個函數除會將當前元素作為參數傳入外，還有一個特殊的參數：done，此參數的類型是函數類型，如果將 transition 元件的 css 屬性關閉，決定使用 JavaScript 來實現自訂的過渡動畫，這兩個方法中的 done 函數最後必須被手動呼叫，以通知系統自訂動畫處理完成，否則過渡動畫會立即完成。

11.3.3　多個元件的過渡動畫

　　Vue 中的 transition 元件也支援同時包裝多個互斥的子元件元素，從而實現多元件的過渡效果。在實際開發中，有很多這類常見的場景，例如元素 A 消失的同時元素 B 展示。核心範例程式如下：

➜ 【程式部分 11-7 原始程式見附件程式 / 第 11 章 /6.vueMTransition.html】

```
<style>
    .demo {
        width: 100px;
        height: 100px;
        background-color: blue;
    }
    .demo2 {
        width: 100px;
        height: 100px;
        background-color: blue;
    }
    .ani-enter-from {
        width: 0px;
        height: 0px;
        background-color: red;
    }
    .ani-enter-active {
        transition: width 3s, height 3s, background-color 3s;
    }
    .ani-enter-to {
        width: 100px;
        height: 100px;
        background-color: blue;
    }
    .ani-leave-from {
        width: 100px;
        height: 100px;
        background-color: blue;
    }
    .ani-leave-active {
        transition: width 3s, height 3s, background-color 3s;
```

```
    }
    .ani-leave-to {
        width: 0px;
        height: 0px;
        background-color: red;
    }
</style>
<div id="Application">
    <button @click="click">顯示 / 隱藏 </button>
    <transition name="ani">
        <div v-if="show" class="demo">
        </div>
        <div v-else class="demo2">
        </div>
    </transition>
</div>
<script>
    const App = Vue.createApp({
        data(){
            return {
                show:false
            }
        },
        methods:{
            click(){
                    // 切換兩個元素的顯示 / 隱藏狀態
                this.show = !this.show
            }
        }
    })
    App.mount("#Application")
</script>
```

　　執行程式，點擊頁面上的按鈕，可以看到兩個色塊會以過渡動畫的方式交替出現。預設情況下，兩個元素的插入和移除動畫會同步進行，有些時候這並不能滿足我們的需求，大多數時候需要先執行移除的動畫，再執行插入的動畫。要實現這一功能非常簡單，只需要對 transition 元件的 mode 屬性進行設定即可，當我們將其設定為 out-in 時，就會先執行移除動畫，再執行插入動畫。若將其設定為 in-out，則會先執行插入動畫，再執行移除動畫，程式如下：

```
<transition name="ani" mode="in-out">
    <div v-if="show" class="demo">
    </div>
    <div v-else class="demo2">
    </div>
</transition>
```

11.3.4 清單過渡動畫

在實際開發中，清單是一種非常流行的頁面設計方式。在 Vue 中，通常使用 v-for 指令來動態建構清單視圖。在動態建構清單視圖的過程中，其中的元素經常會有增刪、重排等操作，如果要手動對這些操作實現動畫並不太容易，幸運的是，在 Vue 中使用 transition-group 元件可以非常方便地實現清單元素變動的動畫效果。

新建一個名為 listAnimation.html 的測試檔案，撰寫以下核心範例程式：

➜ 【程式部分 11-8 原始程式見附件程式 / 第 11 章 /7.listAnimation.html】

```
<style>
    .list-enter-active,
    .list-leave-active {
        transition: all 1s ease;
    }
    .list-enter-from,
    .list-leave-to {
        opacity: 0;
    }
</style>
<div id="Application">
    <button @click="click"> 新增元素 </button>
    <transition-group name="list">
        <div v-for="item in items" :key="item">
        元素：{{ item }}
```

```
            </div>
        </transition-group>
    </div>
    <script>
        const App = Vue.createApp({
            data(){
                return {
                    items:[1,2,3,4,5]
                }
            },
            methods:{
                click(){
                    this.items.push(this.items[this.items.length-1] + 1)
                }
            }
        })
        App.mount("#Application")
    </script>
```

　　上面的程式非常簡單，可以嘗試運行一下，點擊頁面上的「新增元素」按鈕後，可以看到清單的元素在增加，並且是以漸變動畫的方式插入的。

　　在使用 transition-group 元件實現清單動畫時，與 transition 類似，首先需要定義動畫所需的 CSS 類別，上面的範例程式中，只定義了透明度變化的動畫。有一點需要注意，如果要使用清單動畫，清單中的每個元素都需要有一個唯一的 key 值。如果要為上面的清單再新增一個刪除元素的功能，它依然會極佳地展示動畫效果，刪除元素的方法如下：

➜　【原始程式見附件程式 / 第 11 章 /7.listAnimation.html 】

```
dele() {
    if(this.items.length > 0) {
        this.items.pop()
    }
}
```

除對清單中的元素進行插入和刪除可以新增動畫外，對清單元素的排序過程也可以採用動畫來進行過渡，只需要額外定義一個 v-move 類型的特殊動畫類別即可，例如為上面的程式增加以下 CSS 類別：

➡ 【原始程式見附件程式 / 第 11 章 /7.listAnimation.html】

```
.list-move {
    transition: transform 1s ease;
}
```

之後可以嘗試對清單中的元素進行反向，Vue 會以動畫的方式將其中的元素移動到正確的位置。

11.4 實戰：最佳化使用者清單頁面

對前端網頁開發來說，功能實現只開發產品的第一步，如何給使用者以最佳的使用體驗才是工程師們需要核心關注的地方。在本書第 10 章的實戰部分，我們一起完成了一個使用者清單頁面的開發，頁面篩選和搜尋功能都比較生硬，透過本章的學習，可以試試為其新增一些動畫效果。

首先要實現清單動畫效果，需要對定義的元件範本結構做一些改動，範例程式如下：

➡ 【原始程式見附件程式 / 第 11 章 /8.demo.html】

```
template: '
    <div class="container">
        <div class="content">
            <input type="radio" :value="-1" v-model="sexFliter"/> 全部
            <input type="radio" :value="0" v-model="sexFliter"/> 男
            <input type="radio" :value="1" v-model="sexFliter"/> 女
        </div>
        <div class="content"> 搜尋：<input type="text" v-model="searchKey" /></div>
        <div class="content">
            <div class="tab" width="300px">
                <div>
```

```
                <div class="item"> 姓名 </div>
                <div class="item"> 性別 </div>
                </div>
                <transition-group name="list">
                    <div v-for="(data, index) in showDatas" :key="data.name">
                    <div class="item">{{data.name}}</div>
                    <div class="item">{{data.sex == 0 ? ' 男 ' : ' 女 '}}</div>
                    </div>
                </transition-group>
            </div>
        </div>
    </div>
    '
```

對應地，定義 CSS 樣式與動畫樣式如下：

```
<style>
    .container {
        margin: 50px;
    }
    .content {
        margin: 20px;
    }
    .tab {
        width: 300px;
        position: absolute;
    }
    .item {
        border: gray 1px solid;
        width: 148px;
        text-align: center;
        transition: all 0.8s ease;
        display: inline-block;
    }
    .list-enter-active {
        transition: all 1s ease;
    }
    .list-enter-from,
    .list-leave-to {
```

```
        opacity: 0;
    }
    .list-move {
        transition: transform 1s ease;
    }
    .list-leave-active {
        position: absolute;
        transition: all 1s ease;
    }
</style>
```

　　嘗試運行程式，可以看到當對使用者清單進行篩選和搜尋時，清單的變化已經有了動畫過渡效果。

11.5　本章小結

　　動畫對於網頁應用是非常重要的，良好的動畫設計可以提升使用者的互動體驗，並且減少使用者對產品功能的理解成本。透過本章的學習，你對 Web 動畫的使用是否有了新的理解，嘗試回答以下問題。

　　（1）頁面應用如何新增動畫效果？

　　提示 需要熟練使用 CSS 樣式動畫，當元素的 CSS 發生變化時，可以為其指定過渡動畫效果。當然，也可以使用 JavaScript 來精準地控制頁面元素的著色效果，透過計時器不停地對元件進行更新著色，也可以實現非常複雜的動畫效果。

　　（2）在 Vue 中如何為元件的過渡新增動畫？

　　提示 Vue 中按照一定的命名規則約定了一些特殊的 CSS 類別名稱，在需要對元件的顯示或隱藏新增過渡動畫時，可以使用 transition 元件對其進行巢狀結構，並實現指定命名的 CSS 類別來定義動畫，同樣 Vue 中也支援在清單視圖改變時新增動畫效果，並且提供了一系列可監聽的動畫過程函數，為開發者使用 JavaScript 完成動畫提供支援。

第12章
Vue CLI 工具的使用

Vue 本身是一個漸進式的前端 Web 開發框架。其允許我們只在專案中的部分頁面中使用 Vue 進行開發，也允許我們只使用 Vue 中的部分功能來進行專案開發。但是如果你的目標是完成一個風格統一的、可擴充性強的現代化的 Web 單頁面應用，那麼使用 Vue 提供的一整套完整的流程進行開發是非常適合的。並且，透過這些工具鏈的配合，我們可以建立集開發、編譯、偵錯、發佈為一體的開發流程，在開發過程中可以使用 TypeScript、Sass 等更高級的程式語言。Vue CLI 就是這樣一個基於 Vue 進行快速專案開發的完整系統。

本章將介紹 Vue CLI 工具的安裝和使用，以及使用 Vue CLI 建立的 Web 專案的基本開發流程。同時，也會介紹另一種更加羽量級的 Vue 專案建構鷹架工具 Vite。

透過本章，你將學習到：

- Vue CLI 工具的安裝與基本使用。

- Vue CLI 中圖形化工具的用法。

- 建立基於 TypeScript 環境的 Vue 專案。

- 完整 Vue 專案的結構與開發流程。

- 在本地對 Vue 專案進行執行和偵錯。

- Vue 專案的建構方法。

- Vue Class Component 函數庫的基礎應用。

- 了解 Vite 工具的使用。

12.1 Vue CLI 工具入門

Vue CLI 是一個幫助開發者快速建立和開發 Vue 專案的便捷工具。其核心功能是提供了可互動式的專案鷹架，並且提供了執行時期所依賴的服務，對開發者來說，使用其開發和偵錯 Vue 應用都非常方便。

12.1.1 Vue CLI 工具的安裝

Vue CLI 工具是一個需要全域安裝的 npm 套件，安裝 Vue CLI 工具的前提是裝置安裝了 Node.js 環境，如果你使用的是 macOS 的作業系統，則系統預設會安裝 Node.js 環境。如果系統預設沒有安裝，手動進行安裝也非常簡單。存取以下 Node.js 官網：

```
https://nodejs.org
```

打開網頁後，在頁面中間可以看到一個 Node.js 軟體下載入口，如圖 12-1 所示。

▲ 圖 12-1 Node.js 官網

　　Node.js 官網會自動根據當前裝置的系統類型推薦需要下載的軟體,選擇當前最新的穩定版本進行下載即可,下載完成後,按照安裝普通軟體的方式對其進行安裝即可。

　　安裝 Node.js 環境後,即可在終端使用 npm 相關指令來安裝軟體套件。在終端輸入以下命令可以檢查 Node.js 環境是否正確安裝完成:

```
node -v
```

　　執行上面的命令後,只要終端輸出版本編號資訊,就表明 Node.js 已經安裝成功。

　　下面使用 npm 安裝 Vue CLI 工具。在終端輸入以下命令並執行:

```
npm install -g @vue/cli
```

　　由於有很多相依套件需要下載,因此安裝過程可能會持續一段時間,耐心等待即可。注意,如果在安裝過程中終端輸出了以下異常錯誤資訊:

```
Unhandled rejection Error: EACCES: permission denied
```

　　是因為當前作業系統登入的使用者許可權不足,使用以下命令重新安裝即可:

```
sudo npm install -g @vue/cli
```

在命令前面新增 sudo 表示使用超級管理員許可權執行命令，執行命令前終端會要求輸入裝置的啟動密碼。等待終端安裝完成後，可以使用以下命令檢查 Vue CLI 工具是否安裝成功：

```
vue --version
```

如果終端正確輸出了工具的版本編號，則表明已經安裝成功。之後，如果官方的 Vue CLI 工具有升級，在終端使用以下命令即可進行升級：

```
npm update -g @vue/cli
```

12.1.2　快速建立 Vue 專案

本小節將演示使用 Vue CLI 建立一個完整的 Vue 開發專案的過程。在終端執行以下命令來建立 Vue 開發專案：

```
vue create hello-world
```

其中 hello-world 是我們要建立的專案名稱，Vue CLI 工具本身是有互動性的，執行上面的命令後，終端可能會輸出以下資訊詢問我們是否需要替換資源位址：

```
Your connection to the default yarn registry seems to be slow.
Use https://registry.npm.taobao.org for faster installation?
```

輸入 Y 表示同意，之後繼續建立專案的過程，之後終端還會詢問一系列的設定問題，預設的設定方案建立出的專案是基於 JavaScript 語言的，我們可以選擇 Manually select features 選項來自主進行專案設定。可選的設定項如圖 12-2 所示。

```
Vue CLI v5.0.8
? Please pick a preset: Manually select features
? Check the features needed for your project: (Press <space> to select, <a> to
toggle all, <i> to invert selection, and <enter> to proceed)
 ◉ Babel
>◯ TypeScript
 ◯ Progressive Web App (PWA) Support
 ◯ Router
 ◯ Vuex
 ◯ CSS Pre-processors
 ◉ Linter / Formatter
 ◯ Unit Testing
 ◯ E2E Testing
```

▲ 圖 12-2 自主設定 Vue 專案

可以看到，Vue CLI 工具預設提供了很多外掛程式支援，預設選中 Babel 和 Linter/Formatter 工具。Babel 是一個 JavaScript 編譯器，Linter/Formatter 是程式檢查和格式化工具，這些選中項我們無須修改，只需要將 TypeScript 也選中即可（在箭頭指向對應的選項時使用空白鍵來切換選中狀態）。之後還會要求我們選擇 Vue 的版本，選擇 3.x 版本，還有一項設定是是否使用類別風格的語法撰寫 Vue 元件，預設使用。對於這些選項，只需要一直按確認鍵使用預設設定即可。

所有的初始設定工作完成後，稍等片刻，Vue CLI 即可建立一個 TypeScript 語言版本的 Vue 專案範本專案。打開此專案目錄，可以看到當前專案的目錄結構如圖 12-3 所示。

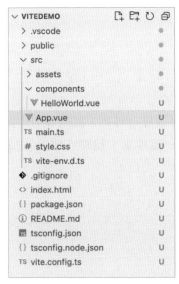

▲ 圖 12-3 Vue 範本專案的目錄結構

一個完整的 Vue 範本專案相對原生的 HTML 專案要複雜很多，後面會介紹專案中預設生成的資料夾及檔案的意義和用法。

至此，我們已經使用 Vue CLI 工具建立出了第一個完整的 Vue 開發專案，前面我們使用的是終端互動式命令建立專案，Vue CLI 工具也提供了可互動的圖形化頁面來建立專案。在終端輸入以下命令即可在瀏覽器中打開一個 Vue 專案管理工具頁面：

```
vue ui
```

初始頁面如圖 12-4 所示。

▲ 圖 12-4　Vue CLI 圖形化工具頁面

可以看到，在頁面中可以建立專案、匯入專案或對已經有的專案進行管理。現在，我們可以嘗試建立一個專案，點擊「建立」按鈕，然後對專案的詳情進行完善，如圖 12-5 所示。

▲ 圖 12-5 對所建立的專案詳情進行設定

　　在詳情設定頁面中，我們需要填寫專案的名稱，選擇專案所在的目錄位置，選擇專案套件管理器以及進行 Git 等相關設定。完成後，進行下一步選擇專案的預設，如圖 12-6 所示。

　　可以看到，這裡的選項與我們使用命令互動模式建立的選項是對應的，可以選擇「手動」選項來自訂預設。之後點擊「建立」按鈕，即可進入專案建立過程，我們需要稍等片刻，建立完成後，進入對應的目錄查看，使用圖形化頁面建立的專案與使用終端命令建立的專案結構是一樣的。

　　無論使用命令的方式建立和管理專案還是使用圖形化頁面的方式建立和管理專案，其功能是一樣的，我們可以根據自己的習慣來進行選擇，整體來說，使用命令的方式更加便捷，而使用圖形化頁面的方式更加直觀。

▲ 圖 12-6　選擇專案預設

12.2　Vue CLI 專案範本專案

　　前面嘗試使用 Vue CLI 工具建立了一個完整的 Vue 開發專案。其實開發專案的建立只是 Vue CLI 工具鏈中的一部分，在安裝 Vue CLI 工具時，我們同步安裝了 vue-cli-service 工具，其提供了 Vue 專案的程式檢查、編譯、服務部署等功能。本節將介紹 Vue CLI 建立的範本專案的目錄結構，並對這個範本專案進行執行。

12.2.1　範本專案的目錄結構

　　透過觀察 Vue CLI 建立的專案目錄，可以發現其中主要包含 3 個資料夾和 10 個獨立檔案。我們先來看這 10 個獨立檔案：

- .browserslistrc 檔案

- .eslintrc.js 檔案

- .gitignore 檔案

- babel.config.js 檔案

- package.json 檔案

- package-lock.json 檔案

- README.md 檔案

- tsconfig.json 檔案

- shims-vue.d.ts 檔案

- vue.config.js 檔案

其中，以「.」開頭的檔案都是隱藏檔案。

這 10 個獨立檔案說明如下：

- .browserslistrc 檔案是 browserslist 外掛程式的設定檔，主要用來檢查瀏覽器版本，做瀏覽器相容邏輯，我們無須進行修改。

- .eslintrc.js 檔案是 ESLint 外掛程式的設定檔，其用來設定程式檢查規則，我們也無須修改。

- .gitignore 檔案用來設定 Git 版本管理工具需要忽略的檔案或資料夾，在建立專案時，其預設會將一些相依、編譯產物、log 日誌等檔案忽略，我們不需要修改。

- babel.config.js 是 Babel 工具的設定檔，Babel 本身是一個 JavaScript 編譯器，其會將 ES 6 版本的程式轉換成向後相容的 JavaScript 程式。

- shims-vue.d.ts 是 Vue 用來做 TypeScript 調配的檔案。我們之所以可以正常引入 Vue 中的模組，都是此檔案的功勞。

- package.json 和 package-lock.json 檔案相對比較重要，其中儲存的是一個 JSON 物件結構的資料，用來設定當前的專案名稱、版本編號、指令碼命令以及模組相依等。package.json 可以用來設定相依函數庫版本的

匹配規則，package-lock.json 則可以將相依函數庫的版本編號鎖定。當
我們需要向專案中新增額外的相依時，其就會被記錄到這些檔案預設的
範本專案中，package.json 檔案生產環境的相依如下：

```
"dependencies" : {
  "core-js" : "^3.8.3",
  "vue" : "^3.2.13",
  "vue-class-component" : "^8.0.0-0"
}
```

　　開發環境的相依如下：

```
"devDependencies": {
  "@typescript-eslint/eslint-plugin": "^5.4.0",
  "@typescript-eslint/parser": "^5.4.0",
  "@vue/cli-plugin-babel": "~5.0.0",
  "@vue/cli-plugin-eslint": "~5.0.0",
  "@vue/cli-plugin-typescript": "~5.0.0",
  "@vue/cli-service": "~5.0.0",
  "@vue/eslint-config-typescript": "^9.1.0",
  "eslint": "^7.32.0",
  "eslint-plugin-vue": "^8.0.3",
  "typescript": "~4.5.5"
}
```

　　可以看到，其中指明了所相依的 Vue 版本為 3.2.13，vue-class-component
函數庫的版本為 8.0.0，讀者建立的專案中此處的設定和範例專案不一定完全一
致，只要保證大版本的一致即可。

- README.md 檔案是一個 Markdown 格式的檔案，其中記錄了專案的編
  譯和偵錯方式。我們也可以將專案的介紹撰寫在這個檔案中。

- tsconfig.json 檔案是 TypeScript 的編譯設定檔，我們可以在其中設定一
  些編譯規則和相依函數庫。

- vue.config.js 檔案是使用 Vue CLI 建立專案時自動生成的檔案，用來對
  專案的部署進行設定，我們目前無須關心。

了解了這些獨立檔案的意義及用法，我們再來看一下預設生成的 3 個資料夾：node_modules、public 和 src。

- node_modules 資料夾下存放的是 npm 安裝的相依模組，這個資料夾預設會被 Git 版本管理工具忽略，對於其中的檔案，我們也不需要手動新增或修改。

- public 資料夾正如其命名一樣，用來放置一些公有的資源檔，例如網頁用到的圖示、靜態的 HTML 檔案等。

- src 是最重要的資料夾，核心功能程式檔案都將放在這個資料夾下，在預設的範本專案中，這個資料夾下還有兩個子資料夾：assets 和 components。顧名思義，assets 存放資源檔，components 存放元件檔案。我們按照頁面的載入流程來看一下 src 資料夾下預設生成的幾個檔案。

main.ts 檔案是應用程式的入口檔案，其程式如下：

➡ 【原始程式見附件程式 / 第 12 章 /1-hello-world/src/main.ts】

```
// 匯入 Vue 框架中的 createApp 方法
import { createApp } from 'vue'
// 匯入自訂的根元件
import App from './App.vue'
// 掛載根元件
createApp(App).mount('#app')
```

你可能有些疑惑，main.ts 檔案中怎麼只有元件建立和掛載的相關邏輯，並沒有對應的 HTML 程式，那麼元件是掛載到哪裡的呢。其實前面已經介紹過，在 public 資料夾下會包含一個名為 index.html 的檔案，它就是網頁的入口檔案，其程式如下：

➡ 【原始程式見附件程式 / 第 12 章 /1-hello-world/public/index.html】

```
<!DOCTYPE html>
<html lang="">
  <head>
    <meta charset="utf-8">
    <meta http-equiv="X-UA-Compatible" content="IE=edge">
```

```
    <meta name="viewport" content="width=device-width,initial-scale=1.0">
    <link rel="icon" href="<%= BASE_URL %>favicon.ico">
    <title><%= htmlWebpackPlugin.options.title %></title>
  </head>
  <body>
    <noscript>
      <strong>We're sorry but <%= htmlWebpackPlugin.options.title %> doesn't work
properly without JavaScript enabled. Please enable it to continue.</strong>
    </noscript>
    <div id="app"></div>
    <!-- 編譯後的內容會被自動注入 -->
  </body>
</html>
```

現在你明白了，main.ts 中定義的根元件將被掛載到 id 為 app 的 div 標籤上。
回到 main.ts 檔案，其中匯入了一個名為 App 的元件作為根元件，可以看到，開
發專案中有一個名為 App.vue 的檔案，這其實使用了 Vue 中單檔案元件的定義
方法，即將元件定義在單獨的檔案中，便於開發和維護。

App.vue 檔案中的內容如下：

➔ 【程式部分 12-1 原始程式見附件程式 / 第 12 章 /1-hello-world/scr/App.
vue】

```
<!-- 元件的 HTML 範本部分 -->
<template>
  <img alt="Vue logo" src="./assets/logo.png">
  <HelloWorld msg="Welcome to Your Vue.js + TypeScript App"/>
</template>
<!-- 元件 TS 邏輯部分 -->
<script lang="ts">
import { Options, Vue } from 'vue-class-component';
import HelloWorld from './components/HelloWorld.vue';
// 定義 App 根元件
@Options({
  components: {
    HelloWorld,
  },
})
```

```
// 匯出 App 群元件
export default class App extends Vue {}
</script>
<!-- 下面是 CSS 樣式程式 -->
<style>
#app {
  font-family: Avenir, Helvetica, Arial, sans-serif;
  -webkit-font-smoothing: antialiased;
  -moz-osx-font-smoothing: grayscale;
  text-align: center;
  color: #2c3e50;
  margin-top: 60px;
}
</style>
```

　　單檔案元件通常需要定義 3 部分內容：template 範本部分、script 指令稿程式部分和 style 樣式程式部分。如以上程式所示，在 template 範本中版面設定了一個圖示和一個自訂的 HelloWorld 元件，在 Script 部分將當前元件進行了匯出。我們再來看一下其中的 TypeScript 程式部分，其中 @Options 是 vue-class-component 模組中提供的裝飾器方法，vue-class-component 允許開發者在定義 Vue 元件時採用和定義類相似的語法風格，其中 @Options 用來定義 Vue 元件中的一些可選參數，例如上面範例程式中的 @Options 定義了 HelloWorld 子元件，關於 vue-class-component 函數庫的用法，後面會簡單介紹，這裡如果不使用 vue-class-component 函數庫，按照前面章節介紹的方法來傳回一個 Vue 元件物件也是完全正確的，例如：

```
<!-- 元件 TS 邏輯部分 -->
<script lang="ts">
import HelloWorld from './components/HelloWorld.vue';
// 匯出定義的 App 群元件
export default  {
  components: {
    HelloWorld
  }
}

</script>
```

下面我們再來關注一下 HelloWorld.vue 檔案，其中的內容如下：

➜ 【原始程式見附件程式 / 第 12 章 /1-hello-world/scr/components/ HelloWorld.vue 】

```
<!-- 範本部分，主要定義了頁面的框架 -->
<template>
  <div class="hello">
    <h1>{{ msg }}</h1>
    <p>
      For a guide and recipes on how to configure / customize this project,<br>
      check out the
      <a href="https://cli.vuejs.org" target="_blank" rel="noopener">vue-cli
documentation</a>.
    </p>
    <h3>Installed CLI Plugins</h3>
    <ul>
      <li><a href="https://github.com/vuejs/vue-cli/tree/dev/packages/
%40vue/cli-plugin-babel" target="_blank" rel="noopener">babel</a></li>
      <li><a href="https://github.com/vuejs/vue-cli/tree/dev/packages/
%40vue/cli-plugin-typescript" target="_blank" rel="noopener">typescript</a></li>
      <li><a href="https://github.com/vuejs/vue-cli/tree/dev/packages/
%40vue/cli-plugin-eslint" target="_blank" rel="noopener">eslint</a></li>
    </ul>
    <h3>Essential Links</h3>
    <ul>
      <li><a href="https://vuejs.org" target="_blank" rel="noopener">Core Docs
</a></li>
      <li><a href="https://forum.vuejs.org" target="_blank" rel="noopener"> Forum
</a></li>
      <li><a href="https://chat.vuejs.org" target="_blank" rel="noopener">
Community Chat</a></li>
      <li><a href="https://twitter.com/vuejs" target="_blank" rel="noopener">
Twitter</a></li>
      <li><a href="https://news.vuejs.org" target="_blank" rel="noopener"> News
</a></li>
    </ul>
    <h3>Ecosystem</h3>
```

```
    <ul>
      <li><a href="https://router.vuejs.org" target="_blank" rel="noopener">
vue-router</a></li>
      <li><a href="https://vuex.vuejs.org" target="_blank" rel="noopener">
vuex</a></li>
      <li><a href="https://github.com/vuejs/vue-devtools#vue-devtools" target=
"_blank" rel="noopener">vue-devtools</a></li>
      <li><a href="https://vue-loader.vuejs.org" target="_blank" rel="noopener">
vue-loader</a></li>
      <li><a href="https://github.com/vuejs/awesome-vue" target="_blank"
rel="noopener">awesome-vue</a></li>
    </ul>
  </div>
</template>
<script lang="ts">
import { Options, Vue } from 'vue-class-component';
@Options({
  // 外部屬性 props 定義在 Options 中
  props: {
    msg: String
  }
})
export default class HelloWorld extends Vue {
  // 此處定義了一個內部屬性 msg
  msg!: string
}
</script>
<!-- 僅在模組內部生效的 Style 程式 -->
<style scoped>
h3 {
  margin: 40px 0 0;
}
ul {
  list-style-type: none;
  padding: 0;
}
li {
  display: inline-block;
```

```
  margin: 0 10px;
}
a {
  color: #42b983;
}
</style>
```

上面的程式中，可以看到 HelloWorld 類別中宣告了一個名為 msg、類型為 string 的屬性：

```
export default class HelloWorld extends Vue {
  // 此處宣告了一個內部屬性 msg，並且告訴編譯器 msg 一定不可為空
  msg!: string
}
```

這種寫法和之前定義 Vue 元件時定義在 data 方法中效果是一樣的，程式如下：

```
export default HelloWorld ({
  data() {
    return {
      msg:''
    }
  }
})
```

可以看到，使用定義類的風格撰寫的程式更加簡潔清晰。注意，在使用 vue-class-component 模組時，原本元件的 data 中的內部屬性可以直接宣告為類別中的成員屬性。methods 中的方法可以直接宣告為類別成員方法，computed 計算屬性可以直接被宣告為類別中的 Getter 和 Setter 方法，其他選項可以直接放入 Options 參數內設定。

HelloWorld.vue 檔案中的程式很多，整體來看只是定義了很多可跳躍元素，並沒有太多邏輯，現在我們對預設生成的範本專案已經有了初步的了解，12.2.2 節將嘗試在本地執行和偵錯它。

12.2.2 執行 Vue 開發專案

要執行 Vue 範本專案非常簡單，首先打開終端，進入當前 Vue 開發專案目錄，執行以下命令：

```
npm run serve
```

之後，進行 Vue 開發專案的編譯並在本機啟動一個開發伺服器，若終端輸出以下資訊，則表明專案已經執行完成：

```
 DONE  Compiled successfully in 3729ms
16:34:20
  App running at:
  - Local:   http://localhost:8080/
  - Network: http://192.168.1.21:8080/
  Note that the development build is not optimized.
  To create a production build, run npm run build.
No issues found.
```

之後，在瀏覽器中輸入以下位址，便會打開當前的 Vue 專案頁面，如圖 12-7 所示。

```
http://localhost:8080/
```

Welcome to Your Vue.js + TypeScript App

For a guide and recipes on how to configure / customize this project,
check out the vue-cli documentation.

Installed CLI Plugins

babel   typescript   eslint

Essential Links

Core Docs   Forum   Community Chat   Twitter   News

Ecosystem

vue-router   vuex   vue-devtools   vue-loader   awesome-vue

▲ 圖 12-7 HelloWorld 範例專案

預設情況下，Vue 專案要執行在 8080 通訊埠上，我們也可以手動指定通訊埠，範例如下：

```
npm run serve -- --port 9000
```

啟動開發伺服器後，其預設附帶了熱多載模組，即我們只需要修改程式之後進行儲存，網頁就會自動進行更新。讀者可以嘗試修改 App.vue 檔案中 HelloWorld 元件的 msg 參數的值，之後儲存，可以看到瀏覽器頁面中的標題也會自動進行更新。

使用 Vue CLI 中的圖形化頁面可以更加方便和直觀地對 Vue 專案進行編譯和執行，在 CLI 圖形化網頁工具中進入對應的項目，點擊頁面中的「執行」按鈕即可，如圖 12-8 所示。

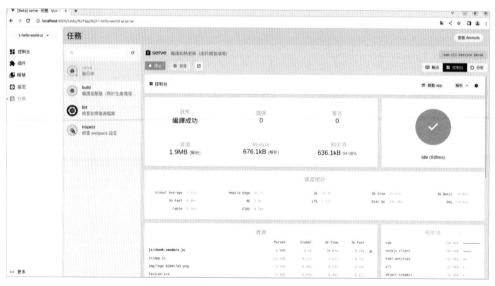

▲ 圖 12-8　使用圖形化工具管理 Vue 專案

在圖形化工具中不僅可以對專案進行編譯、執行和偵錯，還提供了許多分析報表，比如資源體積、執行速度、相依項等，非常實用。

12.2.3 vue-class-component 函數庫簡介

vue-class-component 是 Vue 社區維護的類別元件工具函數庫。通常在定義 Vue 元件時，我們需要建構的是一個物件，透過物件的設定項來對外部屬性、內部屬性、方法、監聽器以及屬性記憶體等進行設定。這種設定方式不能極佳地表現物件導向的程式設計方法，同時要實現元件間的繼承關係也比較複雜。vue-class-component 允許我們以類別的語法風格來定義元件，配合 TypeScript 本身的特性，定義 Vue 元件將非常方便。

vue-class-component 的基本使用非常簡單，只需要記住以下幾筆規則即可：

（1）Vue 元件 data 中定義的資料可以直接定義成類別的實例屬性（需要注意屬性必須賦初值，且不能是 undefined，否則會失去回應性）。

（2）Vue 元件 methods 選項中定義的方法可以直接定義成類別的實例方法。

（3）Vue 元件 computed 選項中定義的計算屬性可以直接定義為類別實例的 Setter 或 Getter 方法。

（4）Vue 元件的外部屬性、子元件掛載等其他選項可以直接對應地定義在修飾元件的 @Options 裝飾器內。

關於 vue-class-component 的更多高級用法，我們會在後續使用到的時候介紹，感興趣的讀者也可以提前自行查閱相關資料。

12.3 在專案中使用相依

在 Vue 專案開發中，額外外掛程式的使用必不可少。後面的章節會介紹各種各樣的常用 Vue 外掛程式，如網路外掛程式、路由外掛程式、狀態管理外掛程式等。本節將介紹如何使用 Vue CLI 專案鷹架來安裝和管理外掛程式。

Vue CLI 建立的專案使用的是基於外掛程式的架構。透過查看 package.json 檔案，可以發現在開發環境下，其預設安裝了需要的工具相依，主要用來進行程式編譯、服務執行和程式檢查等。安裝相依套件的方式依然是使用 npm 相關命令。舉例來說，如果需要安裝 vue-axios 相依，可以在開發專案目錄下執行以下命令：

```
npm install --save axios vue-axios
```

注意，如果安裝過程中出現許可權問題，則需要在命令前新增 sudo 再執行。

安裝完成後，可以看到 package.json 檔案會自動進行更新，更新後的相依資訊如下：

```
"dependencies": {
  "axios": "^1.2.5",
  "core-js": "^3.8.3",
  "vue": "^3.2.13",
  "vue-axios": "^3.5.2",
  "vue-class-component": "^8.0.0-0"
}
```

其實，不止 package.json 檔案會更新，在 node_modules 資料夾下也會新增 axios 和 vue-axios 相關的模組檔案。

我們也可以使用圖形化工具進行相依管理，在專案管理器的專案相依下，可以查看當前專案安裝的相依及其版本，也可以直接在其中安裝和卸載外掛程式，如圖 12-9 所示。

▲ 圖 12-9　使用圖形化工具進行相依管理

　　嘗試在圖形化工具中進行元件的安裝，點擊頁面中的「安裝相依」按鈕，可以在所有可用的相依中進行搜尋，選擇自己需要的進行安裝，如圖 12-10 所示。

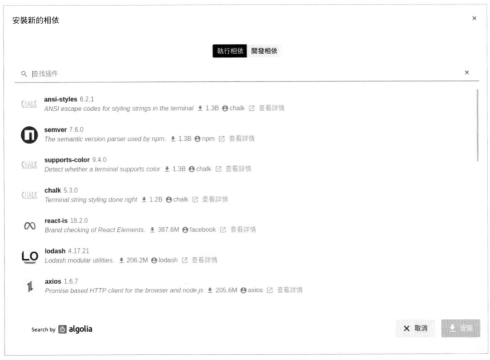

▲ 圖 12-10 使用圖形化工具安裝相依

　　另外，vue-axios 是一個在 Vue 中用於網路請求的相依函數庫，後面的章節我們會專門介紹它。

12.4 專案建構

　　開發完一個 Vue 專案後，我們需要將其建構成可發佈的程式產品。Vue CLI 提供了對應的工具鏈來實現這些功能。

　　在 Vue 專案目錄下執行以下命令，可以直接將專案程式編譯建構成生產套件：

```
npm run build
```

建構過程可能需要一段時間,建構完成後,在專案的根目錄下將生成一個名為 dist 的資料夾,這個資料夾就是我們要發佈的軟體套件,可以看到,這個資料夾下包含一個名為 index.html 的檔案,它是專案的入口檔案,除此之外,還包含一些靜態資源與 CSS、JavaScript 等相關檔案(TypeScript 程式最終也會變成 JavaScript 程式),這些檔案中的程式都是被壓縮完成的。

當然,也可以使用圖形化管理工具來進行專案建構,如圖 12-11 所示。

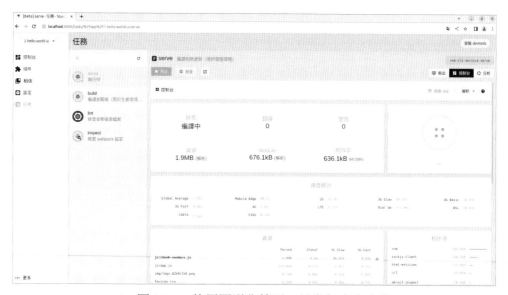

▲ 圖 12-11 使用圖形化管理工具進行專案建構

注意,不新增任何參數進行建構會按照一些預設的規則進行,例如建構完成後的目的檔案將生成在 dist 資料夾中,預設的建構環境是生產環境(開發環境的相依不會被新增),在建構時,我們也可以對一些建構參數進行設定,以使用圖形化工具為例,可設定的參數如圖 12-12 所示。

▲ 圖 12-12 對建構參數進行設定

12.5 新一代前端建構工具 Vite

現在，你已經了解了 Vue CLI 工具的基本使用。Vue CLI 是非常優秀的 Vue 專案建構工具，但它並不是唯一的，如果你追求極致的建構速度，Vite 將是不錯的選擇。

12.5.1 Vite 與 Vue CLI

Vue CLI 適合大型商業專案的開發，它是建構大型 Vue 專案不可或缺的工具，Vue CLI 主要包括專案鷹架、附帶熱多載模組的開發伺服器、外掛程式系統、使用者介面等功能。與 Vue CLI 類似，Vite 也是一個提供專案鷹架和開發伺服器的建構工具。不同的是，Vite 不是基於 Webpack 進行編譯建構的，它有一套自己的開發建構服務，並且 Vite 本身並不像 Vue CLI 那樣功能完善且強大，它只專注提供基本建構的功能和開發伺服器。因此，Vite 更加小巧迅捷，其開發伺服器比 Vue CLI 的開發伺服器快 10 倍左右，這對開發者來說太重要了，開發伺服器的回應速度會直接影響開發者的程式設計體驗和開發效率。對大型專案來說，可能會有成千上萬個 JavaScript 模組，這時建構效率的速度差異就會非常明顯。

雖然 Vite 在「速度」上比 Vue CLI 強大很多，但其沒有使用者介面，也沒有提供外掛程式管理系統，對初學者來說不是很友善。在實際專案開發中，到底是要使用 Vue CLI 還是使用 Vite 並沒有一定的標準，讀者可以隨選選擇。

12.5.2 體驗 Vite 建構工具

在建立基於 Vite 鷹架的 Vue 專案前，首先要確保我們所使用的 Node.js 的版本大於 12.0.0。在終端執行以下指令可以查看當前使用的 Node.js 版本：

```
node -v
```

如果終端輸出的 Node.js 版本編號並不大於 12.0.0，則有兩種處理方式，一種是直接從 Node.js 的官網下載新版本的 Node.js 軟體並安裝即可，官網位址如下：

```
http://nodejs.cn/
```

另一種方式是使用 NVM 來管理 Node.js 版本，nvm 可以在安裝的多個版本的 Node.js 間任意選擇所需要使用的，非常方便。關於 NVM 和 Node.js 的安裝不是本節的重點，這裡不再贅述。

確認當前使用的 Node.js 版本符合要求後，在終端執行以下指令來建立 Vue 開發專案：

```
npm create vite@latest
```

之後我們需要一步一步漸進式地選擇一些設定項，首先需要輸入專案名稱和套件名稱，例如我們可以取名為 viteDemo，之後選擇要使用的框架，Vite 不止支援建構 Vue 專案，也支援建構基於 React 等框架的專案，這裡我們選擇 Vue 即可，使用的語言依然著色 TypeScript。

專案建立完成後，可以看到生成的專案目錄結構如圖 12-13 所示。

從目錄結構來看，Vite 建立的專案與 Vue CLI 建立的專案十分類似，其中差別主要在於 package.json 檔案，Vite 專案的程式如下：

▲ 圖 12-13　Vite 創建
　　的 Vue 開發專案

```json
{
  "name": "vitedemo",
  "private": true,
  "version": "0.0.0",
  "type": "module",
  "scripts": {
    "dev": "vite",
    "build": "vue-tsc && vite build",
    "preview": "vite preview"
  },
  "dependencies": {
    "vue": "^3.2.45"
  },
  "devDependencies": {
    "@vitejs/plugin-vue": "^4.0.0",
    "typescript": "^4.9.3",
    "vite": "^4.0.0",
    "vue-tsc": "^1.0.11"
  }
}
```

現在試著執行這個專案，首先全域安裝 Vite 工具：

```
npm install -g vite
```

之後在專案目錄下執行 npm run dev（第一次執行前別忘記執行 npm install 指令安裝相依）即可開啟開發伺服器，執行 npm run build 即可進行打包操作。此範本專案的執行效果如圖 12-14 所示。

圖 12-14　Vite 建立的 Vue 專案範本專案

　　無論你選擇使用 Vue CLI 建構工具還是更喜歡 Vite 建構工具都沒有關係，本書後面章節所介紹的內容都只專注 Vue 框架本身的使用，使用任何建構工具都可以完成。

12.6　本章小結

　　在日常開發中，大多數 Vue 專案都會採用 Vue CLI 工具來進行建立、開發、打包和發佈。其流程化的工具鏈可以大大減少開發者的專案架設和管理負擔。

　　（1）思考 Vue CLI 是怎樣的一種開發工具，如何使用。

提示　Vue CLI 是一個基於 Vue.js 進行快速開發的完整系統。其提供了一套可互動式的專案鷹架，無論是專案開發過程中的環境設定、外掛程式和相依管理還是專案的建構打包與部署，使用 Vue CLI 工具都極大地簡化了開發者需要做的工作。Vue CLI 也提供了一套完全圖形化的管理工具，開發者使用起來更加方便直觀。另外，其還配套了一個 vue-cli-service 服務，可以方便開發者在開發環境執行專案。

　　（2）Vite 相比 Vue CLI 有哪些異同？

提示　嘗試從提供的功能、使用者對話模式、效率等方面進行比較。

第13章

Element Plus 基於 Vue 3 的 UI 元件函數庫

透過前面章節的學習，我們對 Vue 框架本身的知識基本已經掌握。在實際開發中，更多時候需要結合各種基於 Vue 框架開發的第三方模組來完成專案。以最直接的 UI 展現為例，透過使用基於 Vue 的元件函數庫，我們可以快速架設功能強大、樣式美觀的頁面。本章將介紹一款名為 Element Plus 的前端 UI 框架，其本身是基於 Vue 的 UI 框架，在 Vue 專案中可以完全相容使用，掌握 Element Plus 框架的使用是 Vue 前端頁面開發的重中之重。

Element Plus 框架是 Vue 開發中非常流行的一款 UI 元件函數庫，其可以給使用者帶來全網一致的使用體驗、目的清晰的控制回饋等。對開發者來說，由於 Element Plus 內建了非常豐富的樣式與版面設定框架，因此使用它可以大大降低開發者頁面開發的成本。

透過本章，你將學習到：

- 結合 Element Plus 框架到 Vue 專案進行快速頁面開發。

- 基礎的 Element Plus 獨立元件的應用。

- Element Plus 中版面設定與容器元件的應用。

- Element Plus 中表單與相關輸入元件的應用。

- Element Plus 中清單與導覽相關元件。

13.1　Element Plus 入門

Element Plus 可以直接使用 CDN 的方式引入，單獨使用其提供的元件和樣式與漸進式風格的 Vue 框架十分類似。同樣，我們也可以使用 npm 在 Vue CLI 等鷹架工具建立的範本專案中相依 Element Plus 框架進行使用。本章將介紹 Element Plus 這兩種使用方式，並透過一些簡單的元件介紹 Element Plus 的基本使用方法。

13.1.1　Element Plus 的安裝與使用

Element Plus 支援使用 CDN 方式進行引入，如果我們在開發簡單靜態頁面時使用了 CDN 方式引入 Vue 框架，那麼也可以使用同樣的方式來引入 Element Plus 框架。

新建一個名為 element.html 的測試檔案，在其中撰寫以下基礎程式。

➜ 【原始程式見附件程式 / 第 13 章 /1.element.html】

```
<!DOCTYPE html>
<html lang="en">
```

```html
<head>
    <meta charset="UTF-8">
    <meta http-equiv="X-UA-Compatible" content="IE=edge">
    <meta name="viewport" content="width=device-width, initial-scale=1.0">
    <title>ElementUI</title>
    <!-- 引入 Vue -->
    <script src="https://unpkg.com/vue@3/dist/vue.global.js"></script>
</head>
<body>
    <div id="Application" style="text-align: center;">
        <h1> 這裡是範本的內容 :{{count}} 次點擊 </h1>
        <button v-on:click="clickButton"> 按鈕 </button>
    </div>
    <script>
        const App = {
            data() {
                return {
                    count:0, // 計數屬性
                }
            },
            methods: {
                // 點擊按鈕，進行計數自動增加
                clickButton() {
                    this.count = this.count + 1
                }
            }
        }
        Vue.createApp(App).mount("#Application")
    </script>
</body>
</html>
```

　　相信對於上面的範例程式，你一定非常熟悉，在學習 Vue 的基礎知識時，我們經常會使用上面的計數器範例，執行上面的程式，頁面上顯示的標題和按鈕都是原生的 HTML 元素，樣式並不怎麼漂亮，下面我們嘗試為其新增 Element Plus 的樣式。

　　首先，在 head 標籤中引入 Element Plus 框架，範例如下。

➔　【原始程式見附件程式 / 第 13 章 /1.element.html】

```
<!-- 圖示庫 -->
<script src="https://unpkg.com/@element-plus/icons-vue"></script>
<!-- 引入樣式 -->
<link rel="stylesheet" href="https://unpkg.com/element-plus/dist/index.css" />
<!-- 引入元件函數庫 -->
<script src="https://unpkg.com/element-plus"></script>
```

之後，在 JavaScript 程式中對建立的應用實例做一些修改，使其掛載 Element Plus 相關的功能，範例如下：

➔　【程式部分 13-1 原始程式見附件程式 / 第 13 章 /1.element.html】

```
let instance = Vue.createApp(App)
// 載入 ElementPlus 模組
instance.use(ElementPlus)
// 註冊圖示元件
for (const [key, component] of Object.entries(ElementPlusIconsVue)) {
    instance.component(key, component)
}
instance.mount("#Application")
```

呼叫 Vue 的 createApp 方法後傳回建立的應用實例，呼叫此實例的 use 方法來載入 ElementPlus 模組，注意，Element Plus 框架也提供了對應的圖示庫，這些圖示元件需要進行註冊才能使用，之後就可以在 HTML 範本中直接使用 Element Plus 中內建的元件了，修改 HTML 程式如下：

➔　【原始程式見附件程式 / 第 13 章 /1.element.html】

```
<div id="Application" style="text-align: center;">
    <div style="margin: 40px;"><el-tag> 這裡是範本的內容 :{{count}} 次點擊 </el-tag> </
div>
    <div><el-button v-on:click="clickButton"> 按鈕 </el-button></div>
</div>
```

el-tag 與 el-button 是 Element Plus 中提供的標籤元件與按鈕元件，執行程式，頁面效果如圖 13-1 所示，可以看到元件美觀了很多。

▲ 圖 13-1 Element Plus 元件範例

上面演示了在單檔案中使用 Element Plus 框架，在完整的 Vue 專案中使用其也非常方便。使用 Vue 鷹架工具新建一個 HelloWolrd 專案，直接在建立好的 Vue 專案目錄下執行以下命令即可：

```
npm install element-plus --save
npm install @element-plus/icons-vue --save
```

注意，如果有許可權問題，在上面的命令前新增 sudo 即可。執行完成後，可以看到專案下的 package.json 檔案中指定相依的部分已經被新增了 Element Plus 框架和圖示庫：

```
"dependencies": {
  "@element-plus/icons-vue": "^2.1.0",
  "core-js": "^3.8.3",
  "element-plus": "^2.3.3",
  "vue": "^3.2.13",
  "vue-class-component": "^8.0.0-0"
}
```

在使用之前，別忘記載入 Element Plus 模組，修改 main.ts 檔案如下。

➔ 【原始程式見附件程式 / 第 13 章 /1_hello-world/src/main.ts】

```
// 匯入相關模組
import { createApp } from 'vue'
import App from './App.vue'
```

```
import ElementPlus from 'element-plus'
import 'element-plus/dist/index.css'
import * as ElementPlusIconsVue from '@element-plus/icons-vue'
const instance = createApp(App)
// 載入 ElementPlus 模組
instance.use(ElementPlus)
// 註冊圖示元件
for (const [key, component] of Object.entries(ElementPlusIconsVue)) {
    instance.component(key, component)
}
instance.mount('#app')
```

之後，嘗試修改專案中的 HelloWorld.vue，在其中使用 Element Plus 內建的元件，修改 HelloWorld.vue 檔案中的 template 範本如下：

➜ 【程式部分 13-2 原始程式見附件程式 / 第 13 章 /1_hello-world/src/
components/HelloWorld.vue】

```
<template>
  <div class="hello">
    <h1>{{ msg }}</h1>
    <el-empty description=" 空空如也 ~~~"></el-empty>
  </div>
</template>
```

其中，el-empty 元件是一個空態頁元件，用來展示無資料時的頁面佔位圖，執行專案，效果如圖 13-2 所示。

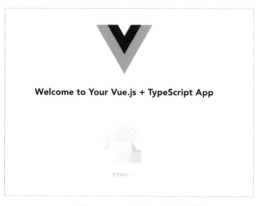

▲ 圖 13-2　空態元件範例

13.1.2 按鈕元件

　　Element Plus 中提供了 el-button 元件來建立按鈕，el-button 元件中提供了很多屬性來對按鈕的樣式進行訂製。可用屬性列舉如表 13-1 所示。

▼ 表 13-1 el-button 元件的可用屬性

屬　性	意　義	值
size	設定按鈕尺寸	default：中等尺寸 small：小尺寸 large：大尺寸
type	按鈕類型，設定不同的類型會預設設定配套的按鈕風格	primary：標準風格 success：成功風格 warning：警告風格 danger：危險風格 info：詳情風格
text	是否採用文字樣式的按鈕	布林值
plain	是否採用描邊風格的按鈕	布林值
round	是否採用圓角按鈕	布林值
circle	是否採用圓形按鈕	布林值
loading	是否採用載入中按鈕（附帶一個 loading 指示器）	布林值
disabled	是否為禁用狀態	布林值
autofocus	是否自動聚焦	布林值
icon	設定圖示名稱	圖示元件

　　下面透過程式來實操上面列舉的屬性的用法。

　　size 屬性列舉了 3 種按鈕的尺寸，我們可以根據不同的場景為按鈕選擇合適的尺寸，各種尺寸按鈕程式範例如下：

➡ 【原始程式見附件程式 / 第 13 章 /1_hello-world/src/components/
ElementButton.vue】

```
<el-button> 預設按鈕 </el-button>
<el-button size="large"> 大型按鈕 </el-button>
<el-button size="small"> 小型按鈕 </el-button>
```

著色效果如圖 13-3 所示。

▲ 圖 13-3　不同尺寸的按鈕元件

提示 本章所涉及的範例程式都按照其類別封裝成了範例元件，讀者可以執行
附件中的原始程式專案直接查看 Element UI 元件的著色效果。

type 屬性主要控制按鈕的風格，el-button 元件預設提供了一組風格供開發
者選擇，不同的風格適用於不同的業務場景，例如 danger 風格通常用來提示使
用者這個按鈕的點擊是一個相對危險的操作。範例程式如下：

➡ 【原始程式見附件程式 / 第 13 章 /1_hello-world/src/components/
ElementButton.vue】

```
<el-button type="primary"> 標準按鈕 </el-button>
<el-button type="success"> 成功按鈕 </el-button>
<el-button type="info"> 資訊按鈕 </el-button>
<el-button type="warning"> 警告按鈕 </el-button>
<el-button type="danger"> 危險按鈕 </el-button>
```

效果如圖 13-4 所示。

▲ 圖 13-4　各種風格的按鈕範例

plain 屬性控制按鈕是填充風格的還是描邊風格的,round 屬性控制按鈕是否為圓角的,circle 屬性設定是否為圓形按鈕,loading 屬性設定當前按鈕是否為載入態的,disable 屬性設定按鈕是否為禁用的,範例程式如下:

→ 【原始程式見附件程式 / 第 13 章 /1_hello-world/src/components/ ElementButton.vue】

```
<el-button type="primary" :plain="true"> 描邊 </el-button>
<el-button type="primary" :round="true"> 圓角 </el-button>
<el-button type="primary" :circle="true"> 圓形 </el-button>
<el-button type="primary" :disable="true"> 禁用 </el-button>
<el-button type="primary" :loading="true"> 載入 </el-button>
```

效果如圖 13-5 所示。

▲ 圖 13-5 按鈕的各種設定屬性

Element Plus 配套的圖示庫中預設提供了很多內建圖示可以直接使用,我們在使用 el-button 按鈕元件時,也可以透過設定其 icon 屬性來使用圖示按鈕,範例如下:

→ 【原始程式見附件程式 / 第 13 章 /1_hello-world/src/components/ ElementButton.vue】

```
<el-button type="primary" icon="Share"></el-button>
<el-button type="primary" icon="Delete"></el-button>
<el-button type="primary" icon="Search"> 圖示在前 </el-button>
<el-button type="primary"> 圖示在後 <el-icon class="el-icon--right"><Upload
/></el-icon></el-button>
```

效果如圖 13-6 所示。

▲ 圖 13-6 附帶圖示的按鈕

13.1.3　標籤元件

從展示樣式來看，Element Plus 中的標籤元件與按鈕元件非常相似。在 Element Plus 中使用 el-tag 元件來建立標籤，其中可用屬性列舉如表 13-2 所示。

▼ 表 13-2　el-tag 元件的可用屬性

屬　　性	意　　義	值
type	設定標籤類型	success：成功風格 info：詳情風格 warning：警告風格 danger：危險風格
size	標籤的尺寸	default：中等尺寸 small：小尺寸 large：大尺寸
hit	是否描邊	布林值
color	標籤的背景顏色	字串
effect	設定標籤樣式主題	dark：暗黑主題 light：明亮主題 plain：通用主題
closable	標籤是否可關閉	布林值
disable-transitions	使用禁用漸變動畫	布林值
click	點擊標籤的觸發事件	函數
close	點擊標籤上的關閉按鈕的觸發事件	函數

el-tag 元件的 type 屬性和 size 屬性的用法與 el-button 元件相同，這裡不再贅述，hit 屬性用來設定標籤是否附帶描邊，color 屬性用來訂製標籤的背景顏色，範例程式如下：

➜ 【原始程式見附件程式 / 第 13 章 /1_hello-world/src/components/
ElementTag.vue】

```
<el-tag> 普通標籤 </el-tag>
<el-tag :hit="true"> 描邊標籤 </el-tag>
<el-tag color="purple"> 紫色背景標籤 </el-tag>
```

效果如圖 13-7 所示。

▲ 圖 13-7　標籤元件範例

closable 屬性用來控制標籤是不是可關閉的，透過設定這個屬性，標籤元件
會附帶刪除按鈕，在許多實際的業務場景中，我們都需要靈活地進行標籤的新
增和刪除。

在範本專案的 components 資料夾下新建一個名為 EtagDemo.vue 的元件檔
案，撰寫以下程式：

➜ 【程式部分 13-3 原始程式見附件程式 / 第 13 章 /1_hello-world/src/
components/ETagDemo.vue】

```
<template>
    <div>
        <template v-for="(tag,index) in tags" :key="tag">
            <el-tag :closable="true" @close="closeTag(index)">{{tag}}</el-tag>
            <span style="padding:10px"></span>
        </template>
        <el-input style="width: 90px"
                  v-if="show"
                  v-model="inputValue"
                  @keyup.enter="handleInputConfirm"
                  @blur="handleInputConfirm"
                  size="small">
        </el-input>
        <el-button size="small" v-else @click="showInput"> 新建標籤 +</el-button>
```

```
    </div>
</template>
<script lang="ts">
import { Options, Vue } from 'vue-class-component';
//Options 裝飾器的作用是將類別修飾成 Vue 元件
@Options({})
export default class ETagDemo extends Vue {
    // 元件中的資料 ( 對應原 data 中傳回的 )
    tags: string[] = [" 男裝 "," 女裝 "," 帽子 "," 鞋子 "]
    // 控制輸入框是否展示
    show = false
    // 綁定到輸入框中的內容
    inputValue = ""
    // 下面是元件中的方法 ( 對應原 method 中定義的 )
    // 關閉某個 tag
    closeTag(index: number) {
        this.tags.splice(index, 1);
    }
    // 展示輸入框
    showInput() {
        this.show = true
    }
    // 處理確認輸入操作
    handleInputConfirm(){
        let inputValue = this.inputValue
        if (inputValue) {
            this.tags.push(inputValue)
        }
        this.show = false
        this.inputValue = ''
    }
}
</script>
```

　　上面的程式中，我們使用了類別風格的寫法來定義 Vue 元件，注意定義 ETagDemo 元件後，需要在 App.vue 檔案中引入，修改 App.vue 檔案程式如下：

➜ 【原始程式見附件程式 / 第 13 章 /1_hello-world/src/App.vue】

```
<template>
  <img alt="Vue logo" src="./assets/logo.png">
  <HelloWorld msg="Welcome to Your Vue.js + TypeScript App"/>
  <ETagDemo />
</template>
<script lang="ts">
import { Options, Vue } from 'vue-class-component';
import HelloWorld from './components/HelloWorld.vue';
import ETagDemo from './components/ETagDemo.vue';
@Options({
  components: {
    HelloWorld,
    ETagDemo // 掛載 ETagDemo 子元件
  }
})
export default class App extends Vue {}
</script>
```

執行上面的程式,效果如圖 13-8 所示。

▲ 圖 13-8 動態編輯標籤範例

當點擊標籤上的關閉按鈕時,對應的標籤會被刪除,當點擊新建標籤時,當前位置會展示一個輸入框,el-input 是 Element Plus 中提供的輸入框元件。

關於標籤元件,Element Plus 還提供了一種類似核取方塊的標籤元件 el-check-tag 元件,這個元件的使用非常簡單,只需要設定其 checked 屬性來控制其是否選中即可,範例如下:

➜ 【原始程式見附件程式 / 第 13 章 /1_hello-world/src/components/ElementTag.vue】

```
<el-check-tag :checked="true"> 足球 </el-check-tag>
<el-check-tag :checked="false"> 籃球 </el-check-tag>
```

效果如圖 13-9 所示。

▲　圖 13-9　el-check-tag 元件範例

13.1.4　空態圖與載入佔位圖元件

當頁面沒有資料或頁面正在載入資料時，通常需要一個空態圖或佔位圖來提示使用者。針對這兩種場景，Element Plus 分別提供了 el-empty 與 el-skeleton 元件。

el-empty 用來定義空態圖元件，當頁面沒有資料時，我們可以使用這個元件來進行佔位提示。el-empty 元件的可用屬性列舉如表 13-3 所示。

▼　表 13-3　el-empty 元件的可用屬性

屬　性	意　義	值
image	設定空態圖所展示的圖片，若不設定則為預設圖	字串
image-size	設定圖片展示的大小	數值
description	設定描述文字	字串

用法範例如下：

➡　【原始程式見附件程式 / 第 13 章 /1_hello-world/src/components/ElementEmpty.vue】

```
<el-empty description=" 設定空態圖的描述文案 " :image-size="400"></el-empty>
```

頁面著色效果如圖 13-10 所示。

設定空態圖的描述文案

▲ 圖 13-10 空態圖元件的著色樣式

　　el-empty 元件還提供了許多插槽，使用這些插槽可以更加靈活地訂製出所需要的空態圖樣式。範例程式如下：

➜ 【原始程式見附件程式 / 第 13 章 /1_hello-world/src/components/
ElementEmpty.vue】

```
<el-empty>
  <!-- image 具名插槽用來替換預設的圖片部分 -->
  <template v-slot:image>
    <div> 這裡是自訂圖片位置 </div>
  </template>
  <!-- description 具名插槽用來替換預設的描述部分 -->
  <template v-slot:description>
    <h3> 自訂描述內容 </h3>
  </template>
  <!-- 預設的插槽用來在空態圖的尾部追加內容 -->
  <el-button> 看看其他內容 </el-button>
</el-empty>
```

　　如以上程式所示，el-empty 元件內實際上定義了 3 個插槽，預設的插槽可以向空態圖元件的尾部追加元素，image 具名插槽用來完全自定義元件的圖片部分，description 具名插槽用來完全自定義元件的描述部分。

在 Element Plus 中，資料載入的過程可以使用骨架螢幕來佔位。使用骨架螢幕往往比單純地使用一個載入動畫的使用者體驗要好很多。el-skeleton 元件常用的屬性列舉如表 13-4 所示。

▼ 表 13-4　el-skeleton 元件常用的屬性

屬　性	意　義	值
animated	是否使用動畫	布林值
count	著色多少個骨架範本	數值
loading	是否展示真實的元素	布林值
rows	骨架螢幕額外著色的行數	整數
throttle	防手震屬性，設定延遲著色的時間	整數，單位為毫秒

範例程式如下：

➜ 【原始程式見附件程式 / 第 13 章 /1_hello-world/src/components/ElementEmpty.vue】

```
<el-skeleton :rows="10" :animated="true"></el-skeleton>
```

頁面效果如圖 13-11 所示。

▲　圖 13-11　骨架螢幕著色效果

注意，rows 屬性設定的行數是骨架螢幕中額外著色的行數，在實際的頁面展示效果中，著色的行數比這個參數設定的數值多 1。設定 animated 參數為 true 時，可以使骨架螢幕展示閃動的效果，載入過程更加逼真。

我們也可以完全自訂骨架螢幕的樣式，使用 template 具名插槽即可。十分方便的是，Element Plus 還提供了 el-skeleton-item 元件，這個元件透過設定不同的樣式，可以非常靈活地訂製出與實際要著色的元素相似的骨架螢幕，範例程式如下：

➜ 【原始程式見附件程式 / 第 13 章 /1_hello-world/src/components/ElementEmpty.vue】

```
<el-skeleton :animated="true">
  <template #template>
    <!-- 定義標題骨架 -->
    <el-skeleton-item variant="h1" style="width: 100px; height: 30px; padding:0"/>
    <!-- 定義圖片骨架 -->
    <el-skeleton-item variant="image" style="width: 240px; height: 240px;
padding:0" />
    <!-- 定義段落骨架 -->
    <el-skeleton-item variant="p" style="width: 30%; padding:0; margin-top:20px"/>
    <el-skeleton-item variant="p" style="width: 90%; padding:0"/>
    <el-skeleton-item variant="p" style="width: 90%; padding:0"/>
  </template>
</el-skeleton>
```

著色效果如圖 13-12 所示。

el-skeleton 元件中預設的插槽用來著色真正的頁面元素，透過元件的 loading 屬性控制展示載入中的佔位元素還是真正的功能元素，例如使用一個延遲時間函數來模擬請求資料的過程，範例程式如下：

▲ 圖 13-12 自訂骨架螢幕版面設定樣式

➜ 【程式部分 13-4 原始程式見附件程式 / 第 13 章 /1_hello-world/src/
components/SkeletonDemo.vue】

HTML 範本程式：

```
<el-skeleton :rows="1" :animated="true" :loading="loading">
  <h1> 這裡是真實的頁面元素 </h1>
  <p>{{message}}</p>
</el-skeleton>
```

TypeScript 邏輯程式：

```
import { Options, Vue } from 'vue-class-component';
// 定義元件
@Options({})
export default class HelloWorld extends Vue {
  loading = true                    // 控制是否展示 loading 狀態
  message?: string                  // 模擬請求到的資料
  mounted() {
    setTimeout(this.getData, 3000); // 延遲 3 秒後執行 getData 方法
  }
  getData() {
    this.message = " 這裡是請求到的資料 "
    // 解除 loading 狀態
    this.loading = false
  }
}
```

　　最後需要注意，throttle 屬性是 el-skeleton 元件提供的防手震屬性，如果設定了這個屬性，其骨架螢幕的著色會被延遲，這在實際開發中非常有用。很多時候，我們的資料請求是非常快的，這樣在頁面載入時會出現骨架螢幕一閃而過的抖動現象，有了防手震處理，當資料的載入速度很快時，可以極大地提高使用者體驗。

13.1.5 圖片與圖示元件

針對載入圖片的元素，Element Plus 提供了 el-image 元件，相比原生的 image 標籤，這個元件封裝了一些載入過程的回呼以及處理相關佔位圖的插槽。el-image 元件的常用屬性列舉如表 13-5 所示。

▼ 表 13-5 el-image 元件的常用屬性

屬　性	意　義	值
fit	設定圖片的適應方式	fill：拉伸充滿 contain：縮放到完整展示 cover：簡單覆蓋 none：不做任何拉伸處理 scale-down：縮放處理
hide-on-click-modal	開啟預覽功能時，是否可以透過點擊遮罩來關閉預覽	布林值
lazy	是否開啟惰性載入	布林值
preview-src-list	設定圖片預覽功能	陣列
src	圖片資源位址	字串
load	圖片載入成功後的回呼	函數
error	圖片載入失敗後的回呼	函數

範例程式如下：

→ 【原始程式見附件程式 / 第 13 章 /1_hello-world/src/components/ElementImage.vue】

```
<el-image style="width:500px" src="http://huishao.cc/img/head-img.png"></el-image>
```

el-image 元件本身的使用比較簡單，更多時候使用 el-image 元件是為了方便新增圖片載入中或載入失敗時的佔位元素，使用 placeholder 插槽來設定載入中的佔位內容，使用 error 插槽來設定載入失敗的佔位內容，範例如下：

➜ 【原始程式見附件程式 / 第 13 章 /1_hello-world/src/components/
　 ElementImage.vue】

```
<el-image style="width:500px" src="http://huishao.cc/img/head-img.png">
  <template #placeholder>
    <h1> 載入中 ...</h1>
  </template>
  <template #error>
    <h1> 載入失敗 </h1>
  </template>
</el-image>
```

　　el-avatar 元件是 Element Plus 中提供的更加應用層導向的圖片元件，其專門
用於展示圖示類別的元素，範例程式如下：

➜ 【原始程式見附件程式 / 第 13 章 /1_hello-world/src/components/
　 ElementImage.vue】

```
<!-- 使用文字類型的圖示 -->
<el-avatar style="margin:20px"> 使用者 </el-avatar>
<!-- 使用圖示類型的圖示 -->
<el-avatar style="margin:20px" icon="User"></el-avatar>
<!-- 使用圖片類型的圖示 -->
<el-avatar style="margin:20px" :size="100" src="http://huishao.cc/img/
avatar.jpg"></el-avatar>
<el-avatar style="margin:20px" src="http://huishao.cc/img/avatar.jpg"> </el-avatar>
<el-avatar style="margin:20px" shape="square"  src="http://huishao.cc/img/
avatar.jpg"></el-avatar>
```

　　el-avatar 元件支援使用文字、圖示和圖片來進行圖示的著色，同時也可以設
定 shape 屬性來定義圖示的形狀，支援圓形和方形，上面範例程式的執行效果如
圖 13-13 所示。

▲ 圖 13-13　圖示元件效果範例

同樣，對於 el-avatar 元件，我們也可以使用預設插槽來完全自訂圖示內容，在 Element Plus 框架中，大部分元件都非常靈活，除其預設提供的一套預設樣式外，也支援開發者完全對其進行訂製。

13.2 表單類別元件

表單類別元件一般指可以進行使用者互動，可以根據使用者的操作而改變頁面邏輯的相關元件。Element Plus 中對常用的互動元件都有封裝，例如單選按鈕、多選框、選擇清單、開關等。

13.2.1 單選按鈕與多選框

在 Element Plus 中，使用 el-radio 元件來定義單選按鈕，其支援多種樣式，使用起來非常簡單。el-radio 的標準用法範例如下：

➜ 【原始程式見附件程式 / 第 13 章 /1_hello-world/src/components/ElementForm.vue】

```
<el-radio v-model="radio1" label="0"> 男 </el-radio>
<el-radio v-model="radio1" label="1"> 女 </el-radio>
```

同屬一組的單選按鈕其 v-model 需要綁定到相同的元件屬性上，當選中某個選項時，屬性對應的值為單選按鈕 label 所設定的值，注意不要忘記在元件中定義 radio1 屬性，其類型為 string。效果如圖 13-14 所示。

▲ 圖 13-14 單選按鈕元件範例

當選項比較多時，也可以直接使用 el-radio-group 元件來進行包裝，之後只需要對 el-radio-group 元件進行資料綁定即可，範例如下：

➡ 【原始程式見附件程式 / 第 13 章 /1_hello-world/src/components/ ElementForm.vue】

```
<el-radio-group v-model="radio2">
  <el-radio label="1"> 選項 1</el-radio>
  <el-radio label="2"> 選項 2</el-radio>
  <el-radio label="3"> 選項 3</el-radio>
  <el-radio label="4"> 選項 4</el-radio>
</el-radio-group>
```

除 el-radio 可以建立單選按鈕外，Element Plus 中還提供了 el-radio-button 元件來建立按鈕樣式的單選元件，範例如下：

➡ 【原始程式見附件程式 / 第 13 章 /1_hello-world/src/components/ ElementForm.vue】

```
<el-radio-group v-model="city">
  <el-radio-button label="1"> 北京 </el-radio-button>
  <el-radio-button label="2"> 上海 </el-radio-button>
  <el-radio-button label="3"> 廣州 </el-radio-button>
  <el-radio-button label="4"> 深圳 </el-radio-button>
</el-radio-group>
```

效果如圖 13-15 所示。

▲ 圖 13-15　按鈕樣式的單選元件

el-radio 元件的常用屬性列舉如表 13-6 所示。

▼ 表 13-6 el-radio 元件的常用屬性

屬　　性	意　　義	值
disabled	是否禁用	布林值
border	是否顯示描邊	布林值
change	選擇內容發生變化時的觸發事件	函數

el-radio-group 元件的常用屬性列舉如表 13-7 所示。

▼ 表 13-7 el-radio-group 元件的常用屬性

屬　　性	意　　義	值
disabled	是否禁用	布林值
test-color	設定按鈕樣式的選擇元件的文字顏色	字串
fill	設定按鈕樣式的選擇元件的填充顏色	字串
change	選擇內容發生變化時的觸發事件	函數

多選框元件使用 el-checkbox 建立，其用法與單選按鈕類似，基礎的用法範例如下：

→ 【原始程式見附件程式 / 第 13 章 /1_hello-world/src/components/ElementForm.vue】

```
<el-checkbox label="1" v-model="checkBox1">A</el-checkbox>
<el-checkbox label="2" v-model="checkBox2">B</el-checkbox>
<el-checkbox label="3" v-model="checkBox3">C</el-checkbox>
<el-checkbox label="4" v-model="checkBox4">D</el-checkbox>
```

注意，對 el-checkbox 元件來說，如果其綁定的屬性在單獨的 el-checkbox 上，則需要使用布林類型的屬性對其進行雙向綁定，使用布林值的 true 和 false 來表示多選項選中與否。執行程式，著色效果如圖 13-16 所示。

▲ 圖 13-16 核取方塊元件範例

對每個單獨的多選項進行資料綁定非常麻煩，需要綁定很多個獨立屬性，與單選按鈕類似，一組核取方塊也可以使用 el-checkbox-group 元件進行包裝，這樣就可以使用一個陣列類型的屬性來進行資料綁定了，並且可以透過設定 min 和 max 屬性來設定最少 / 最多可以選擇多少個選項，範例如下：

➜ 【原始程式見附件程式 / 第 13 章 /1_hello-world/src/components/ ElementForm.vue】

```
<el-checkbox-group v-model="checkBox" :min="1" :max="3">
     <el-checkbox label="1">A</el-checkbox>
     <el-checkbox label="2">B</el-checkbox>
     <el-checkbox label="3">C</el-checkbox>
     <el-checkbox label="4">D</el-checkbox>
</el-checkbox-group>
```

對應地，在元件中需要定義 checkBox 屬性如下：

```
checkBox: string[] = []
```

綁定在 el-checkbox-group 的屬性需要為字串陣列類型。

Element Plus 中對應地提供了 el-checkbox-button 元件建立按鈕樣式的核取方塊，其用法與單選按鈕類似，我們可以透過撰寫實際程式來測試與學習其用法，這裡就不再贅述了。

13.2.2　標準輸入框元件

在 Element Plus 框架中，輸入框是一種非常複雜的 UI 元件，el-input 元件提供了非常多的屬性供開發者訂製。輸入框一般用來展示使用者的輸入內容，可以使用 v-model 對其進行資料綁定，el-input 元件的常用屬性列舉如表 13-8 所示。

▼ 表 13-8 el-input 元件的常用屬性

屬 性	意 義	值
type	輸入框的類型	text：文字標籤 textarea：文字區域
maxlength	設定最大文字長度	數值
minlength	設定最小文字長度	數值
show-word-limit	是否顯示輸入字數統計	布林值
placeholder	輸入框預設的提示文字	字串
clearable	是否展示清空按鈕	布林值
show-password	是否展示密碼保護按鈕	布林值
disabled	是否禁用此輸入框	布林值
size	設定尺寸，只有在非 textarea 類型下有效	default：中等尺寸 small：小尺寸 large：大尺寸
prefix-icon	輸入框首碼圖示	字串
suffix-icon	輸入框尾部圖示	字串

autosize	是否自我調整內容高度	當設定為布林值時，是否自動適應
		當設定為以下格式物件時：
		{
		minRows: 控制展示的最小行數
		maxRows: 控制展示的最大行數
		}

autocomplete	是否自動補全	布林值
resize	設定能否被使用者拖曳縮放	none：進行縮放 both：支援水平和垂直方向縮放 horizontal：支援水平縮放 vertical：支援垂直方向縮放
autofocus	是否自動獲取焦點	布林值

（續表）

屬　性	意　義	值
label	輸入框連結的標籤文案	字串
blur	輸入框失去焦點時觸發	函數
focus	輸入框獲取焦點時觸發	函數
change	輸入框失去焦點或使用者按確認鍵時觸發	函數
input	在輸入的值發生變化時觸發	函數
clear	在使用者點擊輸入框的清空按鈕後觸發	函數

輸入框的基礎使用範例如下：

➜ 【原始程式見附件程式 / 第 13 章 /1_hello-world/src/components/ElementForm.vue】

```
<el-input v-model="inputValue"
placeholder=" 請輸入內容 "
:disabled="false"
:show-password="true"
:clearable="true"
prefix-icon="Search"
type="text"/>
```

程式執行效果如圖 13-17 所示。

▲ 圖 13-17　輸入框樣式範例

el-input 元件內部封裝了許多有用的插槽，使用插槽可以為輸入框訂製前置內容、後置內容或圖示。插槽名稱列舉如表 13-9 所示。

▼ 表 13-9 插槽名稱

名 稱	說 明
prefix	輸入框頭部內容，一般為圖示
suffix	輸入框尾部內容，一般為圖示
prepend	輸入框前置內容
append	輸入框後置內容

前置內容和後置內容在有些場景下非常實用，範例程式如下：

→ 【原始程式見附件程式 / 第 13 章 /1_hello-world/src/components/ElementForm.vue】

```
<el-input v-model="inputValue" type="text">
  <template #prepend>Http://</template>
  <template #append>.com</template>
</el-input>
```

效果如圖 13-18 所示。

▲ 圖 13-18 為輸入框增加前置內容和後置內容

13.2.3 附帶推薦清單的輸入框元件

讀者一定遇到過這樣的場景，當啟動某個輸入框時，其會自動彈出推薦清單供使用者進行選擇。在 Ellement Plus 框架中提供了 el-autocomplete 元件來支援這種場景。el-autocomplete 元件的常用屬性列舉如表 13-10 所示。

▼ 表 13-10 el-autocomplete 元件的常用屬性

屬 性	意 義	值
placeholder	輸入框的佔位文字	字串

（續表）

屬　性	意　義	值
disabled	設定是否禁用	布林值
debounce	獲取輸入建議的防手震動延遲	數值，單位為毫秒
placement	彈出建議選單的位置	top、top-start、top-end、bottom、bottom-start、bottom-end
fetch-suggestions	當需要從網路請求建議資料時，設定此函數	函數類型為Function(queryString, callback)，當獲取建議資料後，使用 callback 參數進行傳回
trigger-on-focus	是否在輸入框獲取焦點時自動顯示建議清單	布林值
prefix-icon	標頭圖示	字串
suffix-icon	尾部圖示	字串
hide-loading	是否隱藏載入時的 loading 圖示	布林值
highlight-first-item	是否對建議清單中的第一項進行語法突顯處理	布林值
value-key	建議清單中用來展示的物件鍵名	字串，預設為 value
select	點擊選中建議項時觸發	函數
change	輸入框中的值發生變化時觸發	函數

範例程式如下：

→ 【原始程式見附件程式 / 第 13 章 /1_hello-world/src/components/ElementForm.vue】

```
<el-autocomplete v-model="inputValue"
    :fetch-suggestions="queryData"
    placeholder=" 請輸入內容 "
```

```
      @select="selected"
      :highlight-first-item="true"
></el-autocomplete>
```

在 TypeScript 邏輯部分，首先定義一個 interface 介面來描述推薦項：

```
interface RecommendObj  {
  value: string
}
```

對應的完善 Vue 元件定義如下：

➡ 【程式部分 13-5 原始程式見附件程式 / 第 13 章 /1_hello-world/src/
components/ElementForm.vue 】

```
export default class ElementForm extends Vue {
  inputValue = ""
  // 模擬推薦資料的請求
  queryData(queryString:string, callback: (list: RecommendObj[]) => void) {
      let array = []
      if (queryString.length > 0) {
        array.push({value:queryString})
      }
      // 新增一些測試資料
      array.push(...[{value:" 衣服 "},{value:" 褲子 "},{value:" 帽子 "},{value:" 鞋子 "}])
      callback(array)
  }
  // 選中某個推薦項後，使用 alert 提示
  selected(obj:RecommendObj) {
    alert(obj.value)
  }
}
```

運行程式效果如圖 13-19 所示。

▲ 圖 13-19 提供建議
清單的輸入框

注意，如以上程式所示，在 queryData 函數中呼叫 callback 回呼時需要傳遞一組資料，此陣列中的資料都是實現了 RecommendObj 介面的物件，在著色清單時，預設會取物件的 value 屬性的值作為清單中著色的值，也可以自訂這個要設定值的鍵名，設定元件的 value-key 屬性即可。

el-input 元件支援的屬性和插槽，el-autocomplete 元件也都是支援的，可以透過 prefix、suffix、prepend 和 append 這些插槽來對 el-autocomplete 元件中的輸入框進行訂製。

13.2.4 數字輸入框

數字輸入框專門用來輸入數值，我們在電子商務網站進行購物時，經常會遇到此類輸入框，例如商品數量的選擇、商品尺寸的選擇等。Element Plus 中使用 el-input-number 元件來建立數字輸入框，其常用屬性列舉如表 13-11 所示。

▼ 表 13-11　el-input-number 元件的常用屬性

屬　性	意　義	值
min	設定允許輸入的最小值	數值
max	設定允許輸入的最大值	數值
step	設定步進值	數值
step-strictly	設定是否只能輸入步進值倍數的值	布林值
precision	數值精度	數值
size	計數器尺寸	large、small
disabled	是否禁用輸入框	布林值
controls	是否使用控制按鈕	布林值
controls-positon	設定控制按鈕的位置	right
placeholder	設定輸入框的預設提示文案	字串
change	輸入框的值發生變化時觸發	函數

（續表）

屬　性	意　義	值
blur	輸入框失去焦點時觸發	函數
focus	輸入框獲得焦點時觸發	函數

一個簡單的數字輸入框範例如下：

➜ 【程式部分 13-6 原始程式見附件程式 / 第 13 章 /1_hello-world/src/
components/ElementForm.vue】

```
<el-input-number :min="1" :max="10" :step="1"
v-model="numValue"></el-input-number>
```

注意，一般會將 el-input-number 綁定的資料設定為 number 類型。

效果如圖 13-20 所示。

▲ 圖 13-20 數字輸入框範例

13.2.5 選擇清單

選擇清單元件是一種常用的使用者互動元素，其可以提供一群組選項供使用者進行選擇，可以單選，也可以多選。Element Plus 中使用 el-select 來建立選擇清單元件，el-select 元件的功能非常豐富，常用屬性列舉如表 13-12 所示。

▼ 表 13-12 el-select 元件的常用屬性

屬　性	意　義	值
multiple	是否支援多選	布林值
disabled	是否禁用	布林值
size	輸入框尺寸	default：預設為中等尺寸 small：小尺寸 large：大尺寸

（續表）

屬　性	意　義	值
clearable	是否可清空選項	布林值
collapse-tags	多選時，是否將選中的值以文字的形式展示	布林值
multiple-limit	設定多選時最多可選擇的項目數	數值，若設定為 0，則不做限制
placeholder	輸入框的佔位文案	字串
filterable	是否支援搜尋	布林值
allow-create	是否允許使用者建立新的項目	布林值
filter-method	搜尋方法	函數
remote	是否為遠端搜尋	布林值
remote-method	遠端搜尋方法	函數
loading	是否正在從遠端獲取資料	布林值
loading-text	資料載入時需要展示的文字	字串
no-match-text	當沒有搜尋到結果時顯示的文案	字串
no-data-text	選項為空時顯示的文字	字串
automatic-dropdown	對於不支援搜尋的選擇框，是否在獲取焦點時自動彈出選項	布林值
clear-icon	自訂清空圖示	字串
change	選中值發生變化時觸發的事件	函數
visible-change	下拉清單出現 / 隱藏時觸發的事件	函數
remove-tag	多選模式下，移除標籤時觸發的事件	函數
clear	使用者點擊清空按鈕後觸發的事件	函數
blur	選擇框失去焦點時觸發的事件	函數
focus	選擇框獲取焦點時觸發的事件	函數

範例程式如下：

→ 【原始程式見附件程式 / 第 13 章 /1_hello-world/src/components/
ElementForm.vue】

```
<el-select :multiple="true" :clearable="true" v-model="selectedValue">
  <el-option v-for="item in options"
  :value="item.value"
  :label="item.label"
  :key="item.value">
  </el-option>
</el-select>
```

對應的 TypeScript 程式如下，在元件類別中新增以下兩個屬性：

```
//el-select 當前選中的選項的值
selectedValue = ""
//el-select 中可以選擇的選項
options = [{
  value: ' 選項 1',
  label: ' 足球 '
}, {
  value: ' 選項 2',
  label: ' 籃球 ',
  disabled: true
}, {
  value: ' 選項 3',
  label: ' 排球 '
}, {
  value: ' 選項 4',
  label: ' 乒乓球 '
}, {
  value: ' 選項 5',
  label: ' 排球 '
}]
```

程式執行效果如圖 13-21 所示。

▲　圖 13-21　選擇清單元件範例

如以上程式所示，選擇清單元件中選項的定義是透過 el-option 元件來完成的，此元件的可設定屬性有 value、label 和 disabled。其中 value 通常設定為選項的值，label 設定為選項的文案，disabled 控制選項是否禁用。

選擇清單也支援進行分組，我們可以將同類的選項進行歸併，範例如下：

➔ 【原始程式見附件程式 / 第 13 章 /1_hello-world/src/components/ ElementForm.vue】

```
<el-select :multiple="true" :clearable="true" v-model="selectedValue2">
  <el-option-group v-for="group in options2"
  :key="group.label"
  :label="group.label">
    <el-option v-for="item in group.options"
    :value="item.value"
    :label="item.label"
    :key="item.value">
    </el-option>
  </el-option-group>
</el-select>
```

對應的屬性資料如下：

```
selectedValue2 = ""
options2 = [{
  label:" 球類 ",
  options:[{
    value: ' 選項 1',
    label: ' 足球 '
  }, {
```

```
    value: ' 選項 2',
    label: ' 籃球 ',
    disabled: true
  }, {
    value: ' 選項 3',
    label: ' 排球 '
  }, {
    value: ' 選項 4',
    label: ' 乒乓球 '
  }]
},{
  label:" 休閒 ",
  options:[{
    value: ' 選項 5',
    label: ' 散步 '
  }, {
    value: ' 選項 6',
    label: ' 游泳 ',
  }]
}]
```

程式執行效果如圖 13-22 所示。

▲ 圖 13-22 對選擇清單進行分組

關於選擇清單元件的搜尋相關功能，這裡不再演示，在實際使用時，只需要實現對應的搜尋函數來傳回搜尋的結果清單即可。

13.2.6　多級清單元件

　　el-select 元件建立的選擇清單都是單列的，在很多實際應用場景中，我們需要使用多級的選擇清單，在 Element Plus 框架中提供了 el-cascader 元件來提供支援。

　　當資料集成有清晰的層級結構時，可以透過使用 el-cascader 元件來讓使用者逐級查看和選擇選項。el-cascader 元件使用簡單，其常用屬性列舉如表 13-13 所示。

▼ 表 13-13　el-cascader 元件的常用屬性

屬　　性	意　　義	值
options	可選項的資料來源	陣列
props	設定物件，後面會介紹如何設定	物件
size	設定尺寸	default、small、large
placeholder	設定輸入框的佔位文字	字串
disabled	設定是否禁用	布林值
clearable	設定是否支援清空選項	布林值
show-all-levels	設定輸入框中是否展示完整的選中路徑	布林值
collapse-tags	設定多選模式下是否隱藏標籤	布林值
separator	設定選項分隔符號	字串
filterable	設定是否支援搜尋	布林值
filter-method	自訂搜尋函數	函數
debounce	設定防手震間隔	數值，單位毫秒
before-filter	呼叫搜尋函數前的回呼	函數
change	當選中項發生變化時回呼的函數	函數
expand-change	當展開的清單發生變化時回呼的函數	函數
blur	當輸入框失去焦點時回呼的函數	函數

（續表）

屬　性	意　義	值
focus	當輸入框獲得焦點時回呼的函數	函數
visible-change	下拉式功能表出現 / 隱藏時回呼的函數	函數
reemove-tag	在多選模式下，移除標籤時回呼的函數	函數

在表 13-13 列出的屬性清單中，props 屬性需要設定為一個設定物件，此設定物件可以對選擇清單是否可多選、子功能表的展開方式等進行設定，props 物件的可設定鍵及其意義如表 13-14 所示。

▼ 表 13-14 props 物件的可設定鍵及其意義

鍵	意　義	值
expandTrigger	設定子功能表的展開方式	click：點擊展開 hover：滑鼠觸碰展開
multiple	是否支援多選	布林值
emitPath	當選中的選項發生變化時，是否傳回此選項的完整路徑陣列	布林值
lazy	是否對資料惰性載入	布林值
lazyLoad	惰性載入時的動態資料獲取函數	函數
value	指定選項的值為資料來源物件中的某個屬性	字串，預設值為 'value'
label	指定標籤著色的文字為資料來源物件中的某個屬性	字串，預設值為 'label'
children	指定選項的子清單為資料來源物件中的某個屬性	字串，預設為 'children'

下面的程式演示多級清單元件的基本使用，首先準備一組測試的資料來源資料。

➜　【原始程式見附件程式 / 第 13 章 /1_hello-world/src/components/
　　ElementForm.vue 】

```
cascadervalue = ""
datas = [
  {
    value: " 父 1",
    label: " 運動 ",
    children: [
      {
        value: " 子 1",
        label: " 足球 ",
      },
      {
        value: " 子 2",
        label: " 籃球 ",
      },
    ],
  },
  {
    value: " 父 2",
    label: " 休閒 ",
    children: [
      {
        value: " 子 1",
        label: " 遊戲 ",
      },
      {
        value: " 子 2",
        label: " 魔方 ",
      },
    ],
  },
]
```

撰寫 HTML 結構程式如下：

```
<el-cascader
  v-model="cascaderValue"
  :options="datas"
  :props="{ expandTrigger: 'hover' }"
></el-cascader>
```

執行上面的程式，效果如圖 13-23 所示。

▲ 圖 13-23 多級選擇清單範例

13.3 開關與滑動桿元件

開關是很常見的一種頁面元素，其有開和關兩種狀態來支援使用者互動。在 Element Plus 中使用 el-switch 來建立開關元件。開關元件的狀態只有兩種，如果需要使用連續狀態的元件，那麼可以使用 el-slider 元件，這個元件能夠著色出進度指示器與滑動桿，方便使用者對進度進行調節。

13.3.1 開關元件

el-switch 元件支援開發者對開關顏色、背景顏色等進行訂製，常用屬性列舉如表 13-15 所示。

▼ 表 13-15　el-switch 元件的常用屬性

屬　性	意　義	值
disabled	設定是否禁用	布林值
loading	設定是否載入中	布林值
width	設定按鈕的寬度	數值
active-text	設定開關打開時的文字描述	字串
inactive-text	設定開關關閉時的文字描述	字串
active-value	設定開關打開時的值	布林值 / 字串 / 數值
inactive-value	設定開關關閉時的值	布林值 / 字串 / 數值
active-color	設定開關打開時的背景顏色	字串
inactive-color	設定開關關閉時的背景顏色	字串
validate-event	改變開關狀態時，是否觸發表單驗證	布林值
before-change	開關狀態變化之前會呼叫的函數	函數
change	開關狀態發生變化後呼叫的函數	函數

下面的程式演示幾種基礎的標籤樣式：

➜ 【原始程式見附件程式 / 第 13 章 /1_hello-world/src/components/ElementSwitch.vue】

```
<div>
<el-switch
    v-model="switch1"
    active-text=" 會員 "
    inactive-text=" 非會員 "
    active-color="#00FF00"
    inactive-color="#FF0000"
  ></el-switch>
</div>
<div>
```

```
  <el-switch
    v-model="switch2"
    active-text=" 載入中 "
    :loading="true"
  ></el-switch>
</div>
<div>
  <el-switch
    v-model="switch3"
    inactive-text=" 禁用 "
    :disabled="true"
  ></el-switch>
</div>
```

程式執行效果如圖 13-24 所示。

▲ 圖 13-24 開關元件範例

13.3.2 滑動桿元件

當頁面元素有多種狀態時，我們可以嘗試使用滑動桿元件來實現。滑動桿元件既支援承載連續變化的值，也支援承載離散變化的值。同時，滑動桿元件支援結合輸入框一起使用，可謂非常強大。el-slider 元件的常用屬性列舉如表 13-16 所示。

▼ 表 13-16 el-slider 元件的常用屬性

屬　性	意　義	值
min	設定滑動桿的最小值	數值
max	設定滑動桿的最大值	數值
disabled	設定是否禁用滑動桿	布林值
step	設定滑動桿步進值	數值
show-input	設定是否顯示輸入框	布林值
show-input-controls	設定顯示的輸入框是否有控制按鈕	布林值
input-size	設定輸入框尺寸	large、default、small
show-stops	是否顯示間斷點	布林值
show-tooltip	是否顯示刻度提示	布林值
format-tooltip	對刻度資訊進行格式化	函數
range	設定是否為範圍選擇模式	布林值
vertical	設定是否為豎向模式	布林值
height	設定豎向模式時滑動桿元件的高度	字串
marks	設定標記	物件
change	滑動桿元件值發生變化時呼叫的函數，只在滑鼠拖曳結束觸發	函數
input	滑動桿元件值發生變化時呼叫的函數，在滑鼠拖曳過程中也會觸發	函數

　　滑動桿元件預設的設定值範圍為 0 ～ 100，幾乎無須設定任何額外屬性，就可以對滑動桿元件進行使用，範例如下。

➔ 【原始程式見附件程式 / 第 13 章 /1_hello-world/src/components/ElementSlider.vue】

```
<el-slider v-model="sliderValue"></el-slider>
```

元件的著色效果如圖 13-25 所示。

▲ 圖 13-25 滑動桿元件範例

　　當我們對滑動桿進行拖曳時，當前的值會顯示在滑動桿上方，對於顯示的文案，可以透過 format-tooltip 屬性來進行訂製，例如要顯示百分比，範例如下。

➔ 【原始程式見附件程式 / 第 13 章 /1_hello-world/src/components/
ElementSlider.vue】

```
<el-slider v-model="sliderValue" :format-tooltip="format"></el-slider>
```

　　format 函數實現如下：

```
// 對顯示的文案進行格式化
format(value:number): string {
  return '${value}%'
}
```

　　如果滑動桿元件可選中的值為離散的，可以透過 step 屬性來進行控制，在上面程式的基礎上，若只允許選擇以 10% 為間隔的值，範例如下：

```
<el-slider
  v-model="sliderValue"
  :format-tooltip="format"
  :step="10"
  :show-stops="true"
></el-slider>
```

　　效果如圖 13-26 所示。

▲ 圖 13-26 離散值的滑動桿元件範例

如果設定了 show-input 屬性的值為 true，則頁面還會著色出一個輸入框，輸入框中輸入的值與滑動桿元件的值之間是聯動的，如圖 13-27 所示。

▲ 圖 13-27　附帶輸入框的滑動桿元件範例

el-slider 元件也支援進行範圍選擇，當我們需要讓使用者選中一段範圍時，可以設定其 range 屬性為 true，效果如圖 13-28 所示。

▲ 圖 13-28　支援範圍選擇的滑動桿元件範例

最後，我們再來看 el-slider 元件的 marks 屬性，這個屬性可以為滑動桿的進度指示器設定一組標記，對於某些重要節點，我們可以使用標記進行突出展示。範例如下。

➔ 【原始程式見附件程式 / 第 13 章 /1_hello-world/src/components/ElementSlider.vue】

```
marks = {
  0: " 起點 ",
  50: " 半程啦！ ",
  90: {
    style: {
      color: "#ff0000",
    },
    label: " 就到終點啦 ",
  }
}
```

執行程式，效果如圖 13-29 所示。

起點   半程啦！   就到終點啦

▲ 圖 13-29 為滑動桿元件新增標記範例

13.4 選擇器元件

選擇器元件的使用場景與選擇清單類似，只是其場景更加訂製化，Element Plus 中提供了時間日期、顏色相關的選擇器，在需要的場景中直接使用即可。

13.4.1 時間選擇器

el-time-picker 元件用來建立時間選擇器，其可以方便使用者選擇一個時間點或時間範圍。el-time-picker 元件中的常用屬性列舉如表 13-17 所示。

▼ 表 13-17 el-time-picker 元件的常用屬性

屬　性	意　義	值
readonly	設定是否唯讀	布林值
disabled	設定是否禁用	布林值
clearable	設定是否顯示清楚按鈕	布林值
size	設定輸入框尺寸	default、small、large
placeholder	設定佔位內容	字串
start-placeholder	在範圍選擇模式下，設定起始時間的佔位內容	字串
end-placeholder	在範圍選擇模式下，設定結束時間的佔位內容	字串
is-range	設定是否為範圍選擇模式	布林值
arrow-control	設定是否使用箭頭進行時間選擇	布林值

（續表）

屬　性	意　義	值
range-separator	設定範圍選擇時的分隔符號	字串
format	顯示在輸入框中的時間格式	字 串 ， 預 設 為 HH:mm:ss
default-value	設定選擇器打開時預設顯示的時間	時間物件
prefix-icon	設定標頭圖示	字串
clear-icon	自訂清空圖示	字串
disabled-hours	禁止選擇某些小時	函數
disabled-minutes	禁止選擇某些分鐘	函數
d i s a b l e d - seconds	禁止選擇某些秒	函數
change	使用者選擇的值發生變化時觸發	函數
blur	輸入框失去焦點時觸發	函數
focus	輸入框獲取焦點時觸發	函數

下面的程式演示 el-time-picker 元件的基本使用方法：

➔ 【原始程式見附件程式 / 第 13 章 /1_hello-world/src/components/ ElementPicker.vue 】

```
<el-time-picker
  :is-range="true"
  v-model="time"
  range-separator="~"
  :arrow-control="true"
  start-placeholder=" 開始時間 "
  end-placeholder=" 結束時間 "
>
</el-time-picker>
```

效果如圖 13-30 所示。

▲ 圖 13-30 時間選擇器效果範例

注意，el-time-picker 建立的時間選擇器的樣式是表格類型的，Element Plus 框架中還提供了一個 el-time-select 元件，這個元件著色出的選擇器樣式是清單樣式的。el-time-picker 綁定的屬性 time 類型為 string。

13.4.2 日期選擇器

el-time-picker 元件提供了對時間選擇的支援，如果要選擇日期，可以使用 el-data-picker 元件。此元件會著色出一個日曆視圖，方便使用者在日曆視圖上進行日期的選擇。el-data-picker 元件的常用屬性列舉如表 13-18 所示。

▼ 表 13-18 el-data-picker 元件的常用屬性

屬　　性	意　　義	值
readonly	設定是否唯讀	布林值
disabled	設定是否禁用	布林值
editable	設定文字標籤是否可編輯	布林值
clearable	設定是否顯示清楚按鈕	布林值
size	設定輸入框元件的尺寸	large、default、small

（續表）

屬　性	意　義	值
placeholder	設定輸入框的佔位內容	字元換
start-placeholder	在範圍選擇模式下，設定起始日期的佔位內容	字串
end-placeholder	在範圍選擇模式下，設定結束日期的佔位內容	字串
type	日曆的類型	year、month、date、dates、week、datetime、datetimerange、daterange、monthrange
format	日期的格式	字串，預設為 YYYY-MM-DD
range-separator	設定分隔符號	字串
default-value	設定預設日期	Date 物件或可被解析為 Date 的字串
prefix-icon	設定標頭圖示	字串
clear-icon	自訂清空圖示	字串
validate-event	輸入時是否觸發表單的驗證	布林值
disabled-date	設定需要禁用的日期	函數
change	使用者選擇的日期發生變化時觸發的函數	函數
blur	輸入框失去焦點時觸發的函數	函數
focus	輸入框獲取焦點時觸發的函數	函數

el-data-picker 元件的簡單用法範例如下。

➜　【原始程式見附件程式 / 第 13 章 /1_hello-world/src/components/ElementPicker.vue】

```
<el-date-picker
  v-model="date"
```

```
    type="daterange"
    range-separator=" 至 "
    start-placeholder=" 開始日期 "
    end-placeholder=" 結束日期 "
    >
</el-date-picker>
```

執行程式，頁面效果如圖 13-31 所示。

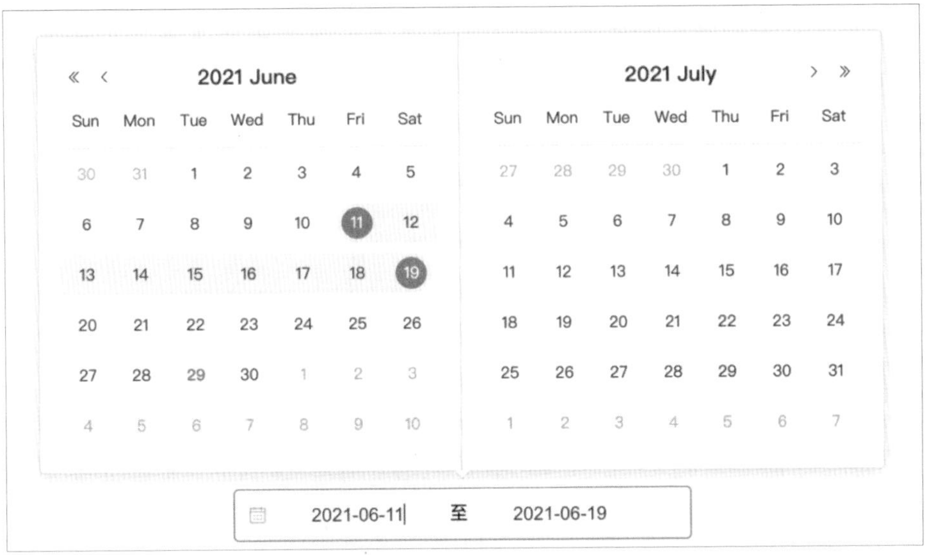

▲ 圖 13-31 日期選擇器元件範例

注意，當 el-data-picker 元件的 type 屬性設定為 datatime 時，其可以同時支援選擇日期和時間，使用非常方便。

13.4.3 顏色選擇器

顏色選擇器能夠提供一個色票面板元件，方便使用者在色票面板上進行顏色的選擇。在某些場景下，如果頁面支援使用者進行顏色訂製，可以使用顏色選擇器元件。顏色選擇器使用 el-color-picker 元件建立，常用的屬性列舉如表 13-19 所示。

▼ 表 13-19　el-color-picker 元件常用的屬性

屬　性	意　義	值
disabled	設定是否禁用	布林值
size	設定尺寸	default、small、large
show-alpha	設定是否支援透明度選擇	布林值
color-format	設定顏色格式	hsl、hsv、hex、rgb
predefine	設定預先定義顏色	陣列

顏色選擇器的簡單使用範例如下：

➔　【原始程式見附件程式 / 第 13 章 /1_hello-world/src/components/ ElementPicker.vue】

```
<el-color-picker :show-alpha="true" v-model="color"></el-color-picker>
```

效果如圖 13-32 所示。

▲ 圖 13-32　顏色選擇器範例

13.5 提示類別元件

Element Plus 框架中提供了許多提示類別的元件，這類元件在實際開發中應用非常頻繁。當我們需要對某些使用者的操作做出提示時，就可以使用這類元件。Element Plus 框架中提供的提示類別元件互動非常友善，主要包括警告元件、載入提示元件、訊息提醒元件、通知和彈窗元件等。

13.5.1 警告元件

警告元件用來在頁面上展示重要的提示訊息，頁面產生了錯誤、使用者互動處理產生了失敗等場景都可以使用警告元件來提示使用者。警告元件使用 el-alert 建立，其有 4 種類型，分別可以使用在操作成功提示、普通資訊提示、行為警告提示和操作錯誤訊息場景下。

el-alert 警告元件的常用屬性列舉如表 13-20 所示。

▼ 表 13-20 el-alert 警告元件的常用屬性

屬 性	意 義	值
title	設定標題	字串
type	設定類型	success、warning、info、error
description	設定描述文案	字串
closeable	設定是否可以關閉提示	布林值
center	設定文字是否置中顯示	布林值
close-text	自訂關閉按鈕的文字	字串
show-icon	設定是否顯示圖示	布林值
effect	設定風格主題	light、dark
close	關閉提示時觸發的事件	函數

下面的程式演示不同類型的警告提示樣式。

➜ 【原始程式見附件程式 / 第 13 章 /1_hello-world/src/components/ ElementAlert.vue 】

```
<el-alert title=" 成功提示的文案 " type="success"> </el-alert>
<br />
<el-alert title=" 訊息提示的文案 " type="info"> </el-alert>
<br />
<el-alert title=" 警告提示的文案 " type="warning"> </el-alert>
<br />
<el-alert title=" 錯誤提示的文案 " type="error"> </el-alert>
```

效果如圖 13-33 所示。點擊提示欄上的關閉按鈕，提示欄會自動被消除。

▲ 圖 13-33 警告提示元件範例

注意，el-alert 元件是一種常駐的提示元件，除非使用者手動點擊關閉，否則提示框不會自動關閉，如果需要使用懸浮式的提示元件，Element Plus 中也提供了相關的方法，13.5.2 節再介紹。

13.5.2 訊息提示

Element Plus 中提供了主動觸發訊息提示的方法，當觸發訊息提示時，頁面頂部會出現一個提示欄，展示 3 秒後自動消失。簡單範例如下。

➜ 【原始程式見附件程式 / 第 13 章 /1_hello-world/src/components/ ElementPicker.vue 】

```
<el-button @click="popTip"> 彈出資訊提示 </el-button>
```

實現 popTip 方法如下：

```
// 彈出訊息提示
popTip() {
  (this as any).$message({
    message: " 提示內容 ",
    type: "warning",
  });
}
```

注意，Element Plus 為 Vue 中的 app.config.globalProperties 全域註冊了 $message 方法，因此在 Vue 元件內部，我們可以直接使用 this 進行呼叫來觸發訊息提示。但是 TypeScript 在編譯時類型必須明確，當前元件類別中並未顯式地定義 $message 方法，因此編譯會顯示出錯，一種方式是使用的 Element Plus 中的方法進行 TypeScript 宣告，另一種方式是將 this 轉換成 any 類型後再呼叫，上面的程式採用的是第二種方式。

$message 方法的可設定參數列舉如表 13-21 所示。

▼ 表 13-21 $message 方法的可設定參數

參 數 名 稱	意義	值
message	設定提示的訊息文字	字串或 VNode
type	設定提示元件的類型	success、warning、info、error
duration	設定展示時間	數值，單位為毫秒，預設為 3000
showClose	是否展示關閉按鈕	布林值
center	設定文字是否置中	布林值
onClose	提示欄關閉時回呼的函數	函數
offset	設定出現提示欄的位置距離視窗頂部的偏移量	數值

$message 方法適用於對使用者進行簡單提示的場景，如果需要進行使用者互動，則 Element Plus 中提供了另一個 $msgbox 方法，這個方法觸發的提示框

功能類似於系統的 alert、confirm 和 prompt 方法，可以進行使用者互動。範例如下：

➜ 【原始程式見附件程式 / 第 13 章 /1_hello-world/src/components/ ElementPicker.vue 】

```
popAlert() {
  (this as any).$msgbox({
    title: " 提示 ",
    message: " 詳細的提示內容 ",
    type: "warning",
    showCancelButton: true,
    showConfirmButton: true,
    showInput: true,
  });
}
```

執行程式，效果如圖 13-34 所示。

▲ 圖 13-34　提示彈窗範例

$msgbox 方法的可設定參數列舉如表 13-22 所示。

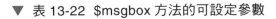

▼ 表 13-22 $msgbox 方法的可設定參數

參 數 名 稱	意 義	值
title	設定提示框標題	字串
message	設定提示框展示的資訊	字串
type	設定提示框類型	success、info、warning、error
callback	使用者互動的回呼,當使用者點擊提示框上的按鈕時會觸發	函數
show-close	設定是否展示關閉按鈕	布林值
before-close	提示框關閉前的回呼	函數
lock-scroll	是否在提示框出現時將頁面捲動鎖定	布林值
show-cancel-button	設定是否顯示取消按鈕	布林值
show-confirm-button	設定是否顯示確認按鈕	布林值
cancel-button-text	自訂取消按鈕的文字	字串
confirm-button-text	自訂確認按鈕的文字	字串
close-on-click-modal	設定是否可以透過點擊遮罩關閉當前的提示框	布林值
close-on-press-escape	設定是否可以透過按 ESC 鍵來關閉當前提示框	布林值
show-input	設定是否展示輸入框	布林值
input-placeholder	設定輸入框的佔位文案	字串
input-value	設定輸入框的初始文案	字串
input-validator	設定輸入框的驗證方法	函數
input-error-message	設定驗證不通過時展示的文案	字串
center	設定版面設定是否置中	布林值
round-button	設定是否使用圓角按鈕	布林值

13.5.3 通知元件

通知用來全域進行系統提示，可以像訊息提醒一樣在出現一定時間後自動關閉，也可以像提示欄那樣常駐，只有使用者手動才能關閉。在 Vue 元件中，可以直接呼叫全域方法 $notify 方法來觸發通知，常用的參數定義列舉如表 13-23 所示。

▼ 表 13-23 $notify 方法的常用參數

參 數 名 稱	意 義	值
title	設定通知的標題	字串
message	設定通知的內容	字串
type	設定通知的樣式	success、warning、info、error
duration	設定通知的顯示時間	數值，若設定為 0，則不會自動消失
position	設定通知的彈出位置	top-right、top-left、bottom-right、bottom-left
show-close	設定是否展示關閉按鈕	布林值
on-close	通知關閉時回呼的函數	函數
on-click	點擊通知時回呼的函數	函數
offset	設定通知距離頁面邊緣的偏移量	數值

範例程式如下：

→ 【原始程式見附件程式 / 第 13 章 /1_hello-world/src/components/ElementPicker.vue】

```
notify() {
  (this as any).$notify({
    title: " 通知標題 ",
    message: " 通知內容 ",
    type: "success",
    duration: 3000,
    position: "top-right",
```

```
  });
}
```

　　頁面效果如圖 13-35 所示。

▲ 圖 13-35　通知元件範例

13.6　資料承載相關元件

　　前面已經學習了很多輕量美觀的 UI 元件，本節將介紹更多專門用來承載資料的容器類別元件，例如表格元件、導覽元件、卡片和折疊面板元件等。使用這些元件來組織頁面資料非常方便。

13.6.1　表格元件

　　表格元件能夠承載大量的資料資訊，因此在實際開發中，需要展示大量資料的頁面都會使用表格元件。在 Element Plus 中，使用 el-table 與 el-table-column 元件來建構表格。首先，撰寫以下範例程式：

➡ 【原始程式見附件程式 / 第 13 章 /1_hello-world/src/components/
ElementContainer.vue】

```
<el-table :data="tableData">
  <el-table-column prop="name" label=" 姓名 "></el-table-column>
  <el-table-column prop="age" label=" 年齡 "></el-table-column>
  <el-table-column prop="subject" label=" 科目 "></el-table-column>
</el-table>
```

tableData 資料結構如下：

```
tableData = [
  {
    name: " 小王 ",
    age: 29,
    subject: "Java",
  },
  {
    name: " 小李 ",
    age: 30,
    subject: "C++",
  },
  {
    name: " 小張 ",
    age: 28,
    subject: "JavaScript",
  },
]
```

其中，el-table-column 用來定義表格中的每一列，其 prop 屬性設定此列要著色的資料對應表格資料中的鍵名，label 屬性設定列標頭資訊，程式執行效果如圖 13-36 所示。

姓名	年齡	科目
小王	29	Java
小李	30	C++
小張	28	JavaScript

▲ 圖 13-36　表格元件範例

el-table 和 el-table-column 元件也提供了很多屬性供開發者進行訂製，列舉如下。

el-table 元件常用屬性如表 13-24 所示。

▼ 表 13-24 el-table 元件的常用屬性

屬　性	意　義	值
data	設定清單的資料來源。	陣列
height	設定表格的高度,如果設定了這個屬性,標頭會被固定	數值
max-height	設定表格的最大高度	數值
stripe	設定表格是否有斑馬紋,即相鄰的行有顏色差異	布林值
border	設定表格是否有邊框	布林值
size	設定表格的尺寸	medium、small、mini
fit	設定列的寬度是否自我調整	布林值
show-header	設定是否顯示標頭	布林值
highlight-current-row	設定是否語法突顯顯示當前行	布林值
row-class-name	用來設定行的 class 屬性,需要設定為回呼函數	Function({row, rowIndex}) 可以指定不同的行使用不用的 className,傳回字串
row-style	用來設定行的 style 屬性,需要設定為回呼函數	Function({row, rowIndex}) 可以指定不同的行使用不同的 style,傳回樣式物件
cell-class-name	用來設定具體儲存格的 className	Function({row, column, rowIndex, columnIndex})
cell-style	用來設定具體儲存格的 style 屬性	Function({row, column, rowIndex, columnIndex})
header-row-class-name	設定標頭行的 className	Function({row, rowIndex})
header-row-style	設定標頭行的 style 屬性	Function({row, rowIndex})

（續表）

屬　　性	意　　義	值
header-cell-class-name	設定標頭儲存格的 class-Name	Function({row, column, rowIndex, columnIndex})
header-cell-style	設定標頭儲存格的 style 屬性	Function({row, column, rowIndex, columnIndex})
row-key	用來設定行的 key 值	Function(row)
empty-text	設定空資料時展示的佔位內容	字串
default-expand-all	設定是否預設展開所有行	布林值
expand-row-keys	設定要預設展開的行	陣列
default-sort	設定排序方式	ascending：昇冪 descending：降冪
show-summary	是否在表格尾部顯示合計行	布林值
sum-text	設定合計行第一列的文字	字串
summary-method	用來定義合計方法	Function({ columns, data })
span-method	用來定義合併行或列的方法	Function({ row, column, rowIndex, columnIndex })
lazy	是否對子節點進行惰性載入	布林值
load	資料惰性載入方法	函數
tree-props	著色巢狀結構資料的設定選項	物件
select	選中某行資料時回呼的函數	函數
select-all	全選後回呼的函數	函數
selection-change	選擇項發生變化時回呼的函數	函數
cell-mouse-enter	滑鼠覆蓋到儲存格時回呼的函數	函數

（續表）

屬　性	意　義	值
cell-mouse-leave	滑鼠離開儲存格時回呼的函數	函數
cell-click	當某個儲存格被點擊時回呼的函數	函數
cell-dblclick	當某個儲存格被按兩下時回呼的函數	函數
row-click	當某一行被點擊時回呼的函數	函數
row-contextmenu	當某一行被按右鍵時回呼的函數	函數
row-dblclick	當某一行被按兩下時回呼的函數	函數
header-click	標頭被點擊時回呼的函數	函數
header-contextmenu	標頭被按右鍵時回呼的函數	函數
sort-change	排序發生變化時回呼的函數	函數
filter-change	篩選條件發生變化時回呼的函數	函數
current-change	表格當前行發生變化時回呼的函數	函數
header-dragend	拖曳標頭改變列寬度時回呼的函數	函數
expand-change	當某一行展開會關閉時回呼的函數	函數

透過上面的屬性清單可以看到，el-table 元件非常強大，除能夠著色標準的表格外，還支援行列合併、合計、行展開、多選、排序和篩選等，這些功能很多需要結合 el-table-column 來使用，el-table-column 元件的常用屬性列舉如表13-25 所示。

▼ 表 13-25 el-table-column 元件的常用屬性

屬　性	意　義	值
type	設定當前列的類型，預設無類型，則為標準的資料列	selection：多選類型 index：標號類型 expand：展開類型
index	自訂索引	函數：Function(index)
column-key	設定列的 key 值，用來進行篩選	字串
label	設定顯示的標題	字串
prop	設定此列對應的資料欄位	字串
width	設定列的寬度	字串
min-width	設定列的最小寬度	字串
fixed	設定此列是否固定，預設不固定	left：固定左側 right：固定右側
render-header	使用函數來著色列的標題部分	Function({ column, $index })
sortable	設定對應列是否可排序	布林值
sort-method	自訂資料排序的方法	函數
sort-by	設定以哪個欄位進行排序	字串
resizable	設定是否可以透過拖曳來改變此列的寬度	布林值
filter-method	自訂過濾資料的方法	函數

13.6.2 導覽元件

　　導覽元件為頁面提供導覽功能的選單，導覽元件一般出現在頁面的頂部或側部，點擊導覽元件上不同的專欄頁面會對應跳躍到指定的頁面。在 Element Plus 中，使用 el-menu、el-sub-menu 與 el-menu-item 來定義導覽元件。

下面的範例程式演示頂部導覽的基本使用方法。

→ 【原始程式見附件程式 / 第 13 章 /1_hello-world/src/components/ ElementContainer.vue 】

```html
<el-menu mode="horizontal">
  <el-menu-item index="1"> 首頁 </el-menu-item>
  <el-sub-menu index="2">
    <template #title> 廣場 </template>
    <el-menu-item index="2-1"> 音樂 </el-menu-item>
    <el-menu-item index="2-2"> 視訊 </el-menu-item>
    <el-menu-item index="2-3"> 遊戲 </el-menu-item>
    <el-sub-menu index="2-4">
      <template #title> 體育 </template>
      <el-menu-item index="2-4-1"> 籃球 </el-menu-item>
      <el-menu-item index="2-4-2"> 足球 </el-menu-item>
      <el-menu-item index="2-4-3"> 排球 </el-menu-item>
    </el-sub-menu>
  </el-sub-menu>
  <el-menu-item index="3" :disabled="true"> 個人中心 </el-menu-item>
  <el-menu-item index="4"> 設定 </el-menu-item>
</el-menu>
```

如以上程式所示，el-sub-menu 的 title 插槽用來定義子功能表的標題，其內部可以繼續巢狀結構子功能表元件，el-menu 元件的 mode 屬性可以設定導覽的版面設定方式為水平或垂直。執行上面的程式，效果如圖 13-37 所示。

▲ 圖 13-37 導覽元件範例

el-menu 元件非常簡潔，提供的可設定屬性不多，列舉如表 13-26 所示。

▼ 表 13-26　el-menu 元件的可設定屬性

屬　性	意　義	值
mode	設定選單模式	vertical：垂直 horizontal：水平
collapse	是否水平折疊收起選單，只在 vertical 模式下有效	布林值
background-color	設定選單的背景顏色	字串
text-color	設定選單的文字顏色	字串
active-text-color	設定當前選單啟動時的文字顏色	字串
default-active	設定預設啟動的選單	字串
default-openeds	設定需要預設展開的子功能表，需要設定為子功能表 index 的清單	陣列
unique-opened	是否只保持一個子選單展開	布林值
menu-trigger	設定子功能表展開的觸發方式，只在 horizontal 模式下有效	hover：滑鼠覆蓋展開 click：滑鼠點擊展開
router	是否使用路由模式	布林值
collapse-transition	是否開啟折疊動畫	布林值
select	選中某個選單項時回呼的函數	函數
open	子功能表展開時回呼的函數	函數
close	子功能表收起時回呼的函數	函數

el-sub-menu 元件的常用屬性列舉如表 13-27 所示。

▼ 表 13-27　el-sub-menu 元件的常用屬性

屬　性	意　義	值
index	唯一標識	字串
show-timeout	設定展開子功能表的延遲時間	數值，單位為毫秒
hide-timeout	設定收起子功能表的延遲時間	數值，單位為毫秒
disabled	設定是否禁用	布林值

el-menu-item 元件的常用屬性列舉如表 13-28 所示。

▼ 表 13-28　el-menu-item 元件的常用屬性

屬　性	意　義	值
index	唯一標識	字串
route	路由物件	物件
disabled	設定是否禁用	布林值

　　導覽元件最重要的作用是用來進行頁面管理，大多數時候，我們都會結合路由元件進行使用，透過導覽與路由，頁面的跳躍管理非常簡單方便。當前 Web 應用一般都不只有一個功能模組，導覽元件在單頁面應用中非常常見。

13.6.3　標籤頁元件

　　標籤元件用來將頁面分割成幾個部分，點擊不同的標籤可以對頁面內容進行切換。使用 el-tabs 元件來建立標籤頁元件。簡單的使用範例如下：

➡ 【原始程式見附件程式 / 第 13 章 /1_hello-world/src/components/ElementContainer.vue】

```
<el-tabs type="border-card">
  <el-tab-pane label=" 頁面 1" name="1"> 頁面 1</el-tab-pane>
  <el-tab-pane label=" 頁面 2" name="2"> 頁面 2</el-tab-pane>
```

```
    <el-tab-pane label=" 頁面 3" name="3"> 頁面 3</el-tab-pane>
    <el-tab-pane label=" 頁面 4" name="4"> 頁面 4</el-tab-pane>
</el-tabs>
```

執行程式效果如圖 13-38 所示，點擊不同的標籤將切換不同的內容。

▲　圖 13-38　標籤頁元件範例

el-tabs 元件的常用屬性清單如表 13-29 所示。

▼　表 13-29　el-tabs 元件的常用屬性

屬　　性	意　　義	值
closable	設定標籤是否可關閉	布林值
addable	標籤是否可增加	布林值
editable	標籤是否可編輯（增加和刪除）	布林值
tab-position	標籤欄所在的位置	top、right、bottom、left
stretch	設定標籤是否自動撐開	布林值
before-leave	當標籤即將切換時回呼的函數	函數
tab-click	當某個標籤被選中時回呼的函數	函數
tab-remove	當某個標籤被移除時回呼的函數	函數
tab-add	點擊新增標籤按鈕時回呼的函數	函數
edit	點擊新增或移除按鈕後回呼的函數	函數

el-tab-pane 元件用來定義具體的每個標籤卡，常用屬性列舉如表 13-30 所示。

▼ 表 13-30 el-tab-pane 元件的常用屬性

屬　性	意　義	值
label	設定標籤卡的標題	字串
disabled	設定當前標籤卡是否禁用	布林值
name	與標籤卡綁定的 value 資料	字串
closable	設定此標籤卡	布林值
lazy	設定標籤是否延遲著色	布林值

對於 el-tab-pane 元件，可以透過其內部的 label 插槽來自訂標題內容。

13.6.4 抽屜元件

抽屜元件是一種全域的彈窗元件，在流行的網頁應用中非常常見。當使用者打開抽屜元件時，會從頁面的邊緣滑出一個內容面板，我們可以靈活訂製內容面板的內容來實現產品的需求。範例程式如下：

→ 【原始程式見附件程式 / 第 13 章 /1_hello-world/src/components/ ElementContainer.vue】

```
<div style="margin:300px">
  <el-button @click="drawer = true" type="primary">
    點我打開抽屜
  </el-button>
</div>
<el-drawer
  title=" 抽屜面板的標題 "
  v-model="drawer"
  direction="ltr">
  抽屜面板的內容
</el-drawer>
```

注意對應在 TypeScript 的元件類別中定義布林類型 drawer 屬性。

上面的程式中，我們使用按鈕控制抽屜的打開，el-drawer 元件的 direction 屬性可以設定抽屜的打開方向。執行程式，效果如圖 13-39 所示。

▲ 圖 13-39　抽屜元件範例

13.6.5　版面設定容器元件

版面設定容器用來方便、快速地架設頁面基本結構。觀察當前流行的網站頁面，其實可以發現，其版面設定結構十分相似。一般都是由標頭模組、尾部模組、側欄模組和主內容模組組成。

在 Element Plus 中，使用 el-container 建立版面設定容器，其內部的子元素一般是 el-header、el-aside、el-main 或 el-footer。其中 el-header 定義標頭模組，el-aside 定義側邊欄模組，el-main 定義主內容模組，el-footer 定義尾部模組。

el-container 元件可設定的屬性只有一個，如表 13-31 所示。

▼ 表 13-31 el-container 元件可設定的屬性

屬　　性	意　　義	值
directtion	設定子元素的排列方式	horizontal：水平 vertical：垂直

el-header 元件和 el-footer 元件預設會水平撐滿頁面，可以設定其著色高度，如表 13-32 所示。

▼ 表 13-32 設定高度

屬　　性	意　　義	值
height	設定高度	字串

el-aside 元件預設高度會撐滿頁面，可以設定其寬度，如表 13-33 所示。

▼ 表 13-33 設定寬度

屬　　性	意　　義	值
width	設定寬度	字串

範例程式如下：

➔ 【原始程式見附件程式 / 第 13 章 /1_hello-world/src/components/ ElementContainer.vue 】

```
<el-container>
  <el-header height="80px" style="background-color:gray">Header</el-header>
  <el-container>
    <el-aside width="200px" style="background-color:red">Aside</el-aside>
    <el-container>
      <el-main>
          <div style="height:300px;background-color:#f1f1f1"> 內容 </div>
      </el-main>
      <el-footer height="80px" style="background-color:gray">Footer</el-footer>
```

```
      </el-container>
    </el-container>
  </el-container>
```

執行效果如圖 13-40 所示。

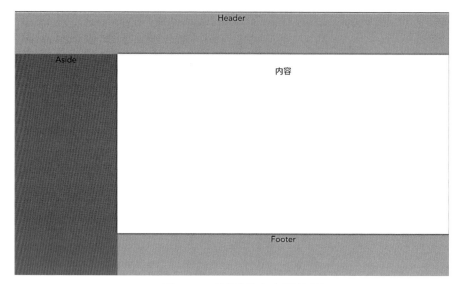

▲ 圖 13-40 版面設定容器範例

13.7 實戰：教務系統學生表

　　本章的內容有些繁雜，並且幾乎介紹的每個 UI 元件都有很多不同的設定屬性，如果你堅持學習到了此處，那麼首先恭喜你，已經能夠運用所學的內容完成大部分網站頁面開發。本節將透過一個簡單的學生清單頁面幫助你實踐應用之前所學習的表格元件、容器元件、導覽元件等。

　　我們想要實現的頁面是這樣的：頁面由 3 部分組成，頂部的標題列展示當前頁面的名稱；左側的側邊欄用來進行年級和班級的選擇；中間的內容部分又分為上下兩部分，上部分為標題列，顯示一些控制按鈕，如新增學生資訊、搜尋學生資訊，下部分為當前班級完整的學生清單，展示的資訊有名字、年齡、性別以及新增資訊的日期。頁面設定草圖如圖 13-41 所示。

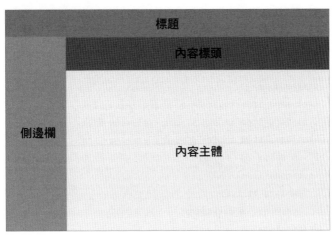

▲ 圖 13-41 頁面設定草圖

新建一個 Vue 專案，引入 Element Plus 相關的元件後，將範本檔案 Hello-World.vue 中的內容清空，來撰寫本節的範例程式。

首先撰寫 HTML 程式如下：

➔ 【程式部分 13-6 原始程式見附件程式 / 第 13 章 /2_office_demo/src/ components/HelloWorld.vue】

```
<template>
  <el-container>
    <el-header height="80px" style="padding:0">
      <div class="header"> 教務系統學生管理 </div>
    </el-header>
    <el-container>
      <el-aside width="200px">
        <el-menu class="aside" @select="selectFunc"
default-active="1" :unique-opened="true">
          <el-sub-menu index="1">
            <template #title>
              <span> 七年級 </span>
            </template>
            <el-menu-item index="1">1 班 </el-menu-item>
            <el-menu-item index="2">2 班 </el-menu-item>
            <el-menu-item index="3">3 班 </el-menu-item>
```

```
                </el-sub-menu>
                <el-sub-menu index="2">
                    <template #title>
                        <span> 八年級 </span>
                    </template>
                    <el-menu-item index="4">1 班 </el-menu-item>
                    <el-menu-item index="5">2 班 </el-menu-item>
                    <el-menu-item index="6">3 班 </el-menu-item>
                </el-sub-menu>
                <el-sub-menu index="3">
                    <template #title>
                        <span> 九年級 </span>
                    </template>
                    <el-menu-item index="7">1 班 </el-menu-item>
                    <el-menu-item index="8">2 班 </el-menu-item>
                    <el-menu-item index="9">3 班 </el-menu-item>
                </el-sub-menu>
            </el-menu>
        </el-aside>
        <el-container>
            <el-header height="80px" style="padding:0;margin:0">
                <el-container class="subHeader">
                    <div class="desc">{{desc}}</div>
                    <el-button style="width:100px;height:30px;margin:20px"> 新增記錄
</el-button>
                </el-container>
            </el-header>
            <el-main style="margin:0;padding:0">
                <div class="content">
                    <el-table :data="stus">
                        <el-table-column
                        prop="name"
                        label=" 姓名 ">
                        </el-table-column>
                        <el-table-column
                        prop="age"
                        label=" 年齡 ">
                        </el-table-column>
                        <el-table-column
```

```
                prop="sex"
                label=" 性別 ">
                </el-table-column>
                <el-table-column
                prop="date"
                label=" 輸入日期 ">
                </el-table-column>
            </el-table>
        </div>
    </el-main>
    <el-footer height="30px" class="footer">Vue 框架架設，ElementPlus 提供元件支
援 </el-footer>
    </el-container>
    </el-container>
  </el-container>
</template>
```

上面的程式對要完成的頁面的基本骨架進行了架設，為了使頁面看起來更加協調美觀，補充 CSS 程式如下：

→ 【程式部分 13-7 原始程式見附件程式 / 第 13 章 /2_office_demo/src/
components/HelloWorld.vue】

```
<style scoped>
.header {
    font-size: 30px;
    line-height: 80px;
    background-color: #f1f1f1;
}
.aside {
    background-color: wheat;
    height: 600px;
}
.subHeader {
    background-color:cornflowerblue;
}
.desc {
    font-size: 25px;
    line-height: 80px;
```

```
        color: white;
        width: 800px;
    }
    .content {
        height: 410px;
    }
    .footer {
        background-color:dimgrey;
        color: white;
        font-size: 17px;
        line-height: 30px;
    }
</style>
```

最後，完成核心的 TypeScript 邏輯程式，提供一些測試資料並實現選單的互動邏輯，程式如下：

➔ 【程式部分 13-8 原始程式見附件程式 / 第 13 章 /2_office_demo/src/components/HelloWorld.vue】

```
<script lang="ts">
import { Options, Vue } from 'vue-class-component';
// 此介面用來描述學生資訊
interface Student {
  name: string
  age: number
  sex: string
  date: string
}
@Options({})
export default class HelloWorld extends Vue {
  // 定義屬性資料
  desc = " 七年級 1 班學生統計 "
  stus:Student[] = [
      {
          name:" 小王 ",
          age:14,
          sex:" 男 ",
          date:"2020 年 8 月 15 日 "
```

```
    },{
        name:" 小張 ",
        age:15,
        sex:" 男 ",
        date:"2020 年 5 月 15 日 "
    },{
        name:" 小秋 ",
        age:15,
        sex:" 女 ",
        date:"2020 年 8 月 15 日 "
    }
]
// 定義方法
selectFunc(index: number) {
    let strs = [" 七 "," 八 "," 九 "]
    let rank = strs[Math.floor((index-1) / 3)]
    this.desc = '${rank} 年級 ${((index-1) % 3) + 1} 班學生統計 '
}
}
</script>
```

最終，頁面的執行效果如圖 13-42 所示。

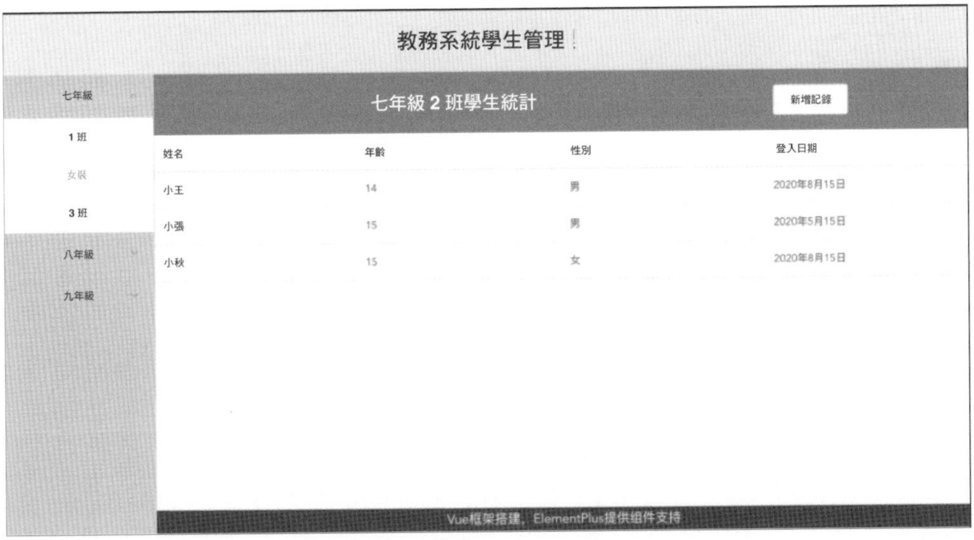

▲ 圖 13-42 實戰效果範例

Vue 結合 Eelment Plus 進行頁面的架設，就是如此簡單便捷。

13.8　本章小結

　　本章介紹了非常多的實用頁面元件，要想熟練地使用這些元件進行頁面的架設，大量練習是必不可少的，建議讀者網上找幾個感興趣的網頁，模仿其使用 Vue + Element Plus 進行實現，這會使你受益良多。

　　觀察一下電子商務購物網站「京東」的首頁，你會發現其有一個用來進行商品分類的導覽模組。嘗試模仿它來實現一個類似的網頁。

提示 練習使用導覽容器元件。

第14章

基於 Vue 的網路框架 vue-axios 的應用

　　網際網路應用自然離不開網路，我們在瀏覽器中瀏覽的任何網頁資料幾乎都是透過網路傳輸的，對開發獨立的網站應用來說，頁面本身和頁面要著色的資料通常是分別傳輸的。瀏覽器首先根據使用者輸入的位址來獲取靜態的網頁檔案、相依的相關指令稿程式等（也可以視為將程式執行需要的程式下載下來），之後再由指令稿程式進行其他資料的獲取邏輯。對 Vue 應用來說，我們通常使用 vue-axios 來進行網路資料的請求。

透過本章，你將學習到：

- 如何利用網際網路上的介面資料來建構自己的應用。
- vue-axios 模組的安裝和資料請求。
- vue-axios 的介面設定與高級用法。
- 具有網路功能的 Vue 應用的基本開發方法。

14.1 使用 vue-axios 請求天氣資料

本節將介紹如何使用網際網路上提供的免費 API 資源來實現生活小工具類別應用。網際網路的免費資源其實非常多，我們可以用其來實現新聞推薦、天氣預報、問答機器人等非常多有趣的應用。本節將以天氣預報資料為例，介紹如何使用 vue-axios 獲取這些資料。

14.1.1 使用網際網路上免費的資料服務

網際網路上有許多第三方的 API 介面，使用這些服務我們可以方便地開發個人使用的小工具應用，也可以方便地進行程式設計技能的學習和測試。「聚合資料」是一個非常優秀的資料提供商，其可以提供涵蓋各個領域的資料介面服務。官方網址如下：

```
https://www.juhe.cn
```

要使用聚合資料提供的介面服務，首先註冊一個「聚合資料」網站的會員，註冊過程本身是完全免費的，並且其提供的免費 API 介面服務也足夠我們之後的學習使用。註冊會員的網址如下：

```
https://www.juhe.cn/register
```

在註冊頁面，需要填寫一些基本的資訊，可以選擇使用電子電子郵件註冊或使用手機號註冊，使用電子電子郵件註冊的頁面如圖 14-1 所示。

▲ 圖 14-1 註冊「聚合資料」會員

注意，在註冊前請務必閱讀《聚合使用者服務協定》與《聚合隱私協定》，並且填寫真實有效的電子郵件位址，要真正完成註冊過程，需要登入電子郵件進行驗證。

註冊成功後，還需要透過實名認證才能使用「聚合資料」提供的介面服務，在個人中心的實名認證頁面，根據提示提供對應的身份認證資訊，等待審核透過即可。

下面我們可以查詢一款感興趣的 API 介面服務，如圖 14-2 所示。

▲ 圖 14-2 選擇感興趣的 API 介面服務

以天氣預報服務為例。申請使用後，可以在「個人中心」→「資料中心」
→「我的 API」專欄中看到此資料服務，需要對其中的請求 Key 進行記錄，後
面我們在呼叫此介面服務時需要使用，如圖 14-3 所示。

▲ 圖 14-3　獲取介面服務的 Key 值

之後，進入「天氣預報」服務的詳情頁，在詳情頁會提供此介面服務的介
面位址、請求方式、請求參數說明和傳回參數說明等資訊，我們需要根據這些
資訊來進行應用的開發，如圖 14-4 所示。

▲ 圖 14-4　介面文件範例

現在，我們可以嘗試使用終端進行介面的請求測試，在終端輸入以下指令：

```
curl http://apis.juhe.cn/simpleWeather/query\?city\=%E8%8B%8F%E5%B7%9E\ &key\=cffe158ca
f3fe63aa2959767aXXXXX
```

注意，其中參數 key 對應的值為前面記錄的應用的 Key 值，city 對應的為要查詢的城市的名稱，需要對其進行 UrlEncode 編碼。如果終端正確輸出了我們請求的天氣預報資訊，則恭喜你，已經成功做完準備工作，可以進行後面的學習了。

提示 對於 UrlEncde 編碼，你可以使用以下網頁工具：http://www.jsons.cn/ urlencode/。

14.1.2 使用 vue-axios 進行資料請求

axios 本身是一個基於 promise 實現的 HTTP 使用者端工具，vue-axios 是針對 Vue 對 axios 進行了一層簡單的包裝。在 Vue 應用中，使用其進行網路資料的請求非常簡單。

首先，使用鷹架工具新建一個 Vue 專案，在專案下執行以下指令進行 vue-axios 模組的安裝：

```
npm install --save axios vue-axios
```

安裝完成後，可以檢查 package.json 檔案中是否已經新增了 vue-axios 的相依。還記得我們使用 Element Plus 框架時的步驟嗎？使用 vue-axios 與其類似，首先在 main.ts 檔案中對其進行匯入和註冊，程式如下：

➔ 【程式部分 14-1 原始程式見附件程式 / 第 14 章 /1_net-demo/src/main.ts】

```
// 匯入相關模組
import { createApp } from 'vue'
import axios from 'axios'
import VueAxios from 'vue-axios'
```

```
import App from './App.vue'
// 建立 App 實例
const app = createApp(App)
// 註冊網路元件
app.use(VueAxios, axios)
// 掛載根元件
app.mount('#app')
```

　　注意，在匯入自訂的元件之前，先進行 **vue-axios** 模組的匯入。之後，以任意一個元件為例，在其生命週期方法中撰寫以下程式進行請求的測試：

➔　【程式部分 14-2 原始程式見附件程式 / 第 14 章 /1_net-demo/src/ components/App.vue】

```
<script lang="ts">
import { Options, Vue } from 'vue-class-component';
import HelloWorld from './components/HelloWorld.vue';
// 將類別注解為 Vue 元件
@Options({
  components: {
    HelloWorld,
  },
})
export default class App extends Vue {
  //mounted 生命週期方法
  mounted(): void {
    let api = "http://apis.juhe.cn/simpleWeather/
query?city=%E8%8B%8F%E5%B7%9E&key=cffe158caf3fe63aa2959767a503xxxx"
    // 使用 get 方法來進行網路資料的獲取
    this.axios.get(api).then((response)=>{
        console.log(response)
    })
  }
}
</script>
```

　　執行程式，打開瀏覽器的主控台，你會發現請求並沒有按照我們的預期方式成功完成，主控台會輸出以下資訊：

```
Access to XMLHttpRequest at 'http://apis.juhe.cn/simpleWeather/ query?city=%E8%8B%8F%
E5%B7%9E&key=cffe158caf3fe63aa2959767a503bxxx' from origin 'http://192.168.34.13:8080'
has been blocked by CORS policy: No 'Access-Control-Allow-Origin' header is present on
 the requested resource.
```

　　出現此問題的原因是產生了跨域請求，在 Vue Cli 建立的專案中更改全域設定可以解決此問題。首先在 Vue 專案的根目錄下建立 vue.config.js 檔案，在其中撰寫以下設定項：

➜　【原始程式見附件程式 / 第 14 章 /1_net-demo/vue.config.js】

```
module.exports = {
  devServer: {
    proxy: {
      // 對以 /myApi 開頭的請求進行代理
      '/myApi': {
        // 將請求目標指定到介面服務位址
        target: 'http://apis.juhe.cn/',
        // 設定允許跨域
        changeOrigin: true,
        // 設定非 HTTPS 請求
        secure:false,
        // 重寫路徑，將 /myApi 即之前的內容清除
        pathRewrite:{
                '^/myApi':''
            }
      }
    }
  }
}
```

修改請求資料的測試程式如下：

➜ 【原始程式見附件程式 / 第 14 章 /1_net-demo/vue.config.js】

```
mounted(): void {
  let city = "上海"
  city = encodeURI(city)
  let api = '/simpleWeather/query?city=${city}&key= cffe158caf3fe63aa2959767a503xxxx'
  this.axios.get("/myApi" + api).then((response)=>{
      console.log(response)
  })
}
```

如以上程式所示，我們將請求的 API 介面前的位址強制替換成了字串「/
myApi」，這樣請求就能進入我們設定的代理邏輯中，實現跨域請求，還有一點
需要注意，我們要請求的城市是上海，真正發起請求時，需要將城市進行 URI
編碼，重新執行 Vue 專案，在瀏覽器主控台可以看到，我們已經能夠正常存取
介面服務了，如圖 14-5 所示。

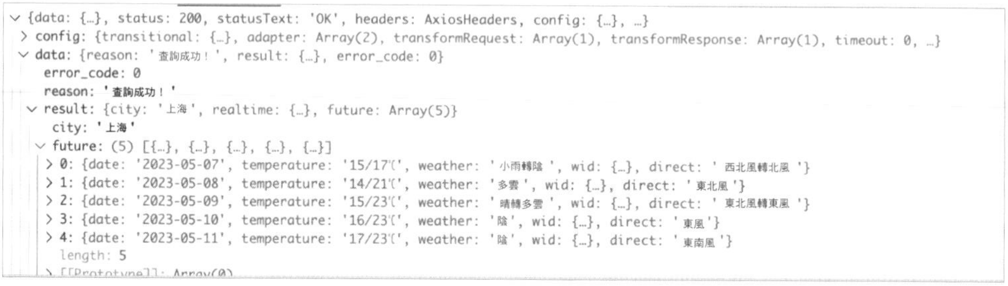

▲ 圖 14-5 請求到了天氣預報資料

透過範例程式可以看到，使用 vue-axios 進行資料的請求非常簡單，在元件
內部直接使用 this.axios.get 方法即可發起 GET 請求，當然也可以使用 this.axios.
post 方法發起 POST 請求，此方法會傳回 Pormise 物件，之後可以非同步獲取請
求成功後的資料或失敗的原因。下一節將介紹更多 vue-axios 中提供的功能介面。

14.2 vue-axios 實用功能介紹

本節將介紹 vue-axios 中提供的功能介面，這些 API 介面可以幫助開發者快速對請求進行設定的處理。

14.2.1 透過設定的方式進行資料請求

vue-axios 中提供了許多快捷的請求方法，在 14.1 節中，我們撰寫的請求範例程式中使用的就是其提供的快捷方法。如果要直接進行 GET 請求，使用以下方法即可：

```
axios.get(url[, config])
```

其中，url 參數是要請求的介面，config 參數是選填的，用來設定請求的額外選項。與此方法類似，vue-axios 中還提供了下面的常用快捷方法：

```
// 快捷發起 POST 請求，data 設定請求的參數
axios.post(url[, data[, config]])
// 快捷發起 DELETE 請求
axios.delete(url[, config])
// 快捷發起 HEAD 請求
axios.head(url[, config])
// 快捷發起 OPTIONS 請求
axios.options(url[, config])
// 快捷發起 PUT 請求
axios.put(url[, data[, config]])
// 快捷發起 PATCH 請求
axios.patch(url[, data[, config]])
```

除使用這些快捷方法外，也可以完全透過自己的設定來進行資料請求，範例如下：

```
let city = " 上海 "
city = encodeURI(city)
let api = '/simpleWeather/query?city=${city}&key= cffe158caf3fe63aa2959767a503xxxx'
this.axios({
```

```
    method:'get',
    url:"/myApi" + api,
}).then((response)=>{
    console.log(response.data)
})
```

透過這種設定方式進行的資料請求效果與使用快捷方法一致，注意，在設定時必須設定請求的 method 方法。

大多數時候，在同一個專案中，使用的請求很多設定都是相同的，對於這種情況，可以建立一個新的 axios 請求實例，之後所有的請求都使用這個實例來發起，實例本身的設定會與快捷方法的設定合併，這樣既能夠重複使用大多數相似的設定，又可以實現某些請求的訂製化，範例如下：

```
// 統一設定 URL 首碼、逾時時間和自訂的請求標頭
const instance =this. axios.create({
    baseURL: '/myApi',
    timeout: 1000,
    headers: {'X-Custom-Header': 'custom'}
});
let city = " 上海 "
city = encodeURI(city)
let api = '/simpleWeather/query?city=${city}&key= cffe158caf3fe63aa2959767a503xxxx'
instance.get(api).then((response)=>{
    console.log(response.data)
})
```

如果需要讓某些設定作用於所有請求，即需要重設 axios 的預設設定，可以使用 axios 的 defaults 屬性進行設定，例如：

```
this.axios.defaults.baseURL = '/myApi'
let city = " 上海 "
city = encodeURI(city)
let api = '/simpleWeather/query?city=${city}&key= cffe158caf3fe63aa2959767a503xxxx'
this.axios.get(api).then((response)=>{
    console.log(response.data);
})
```

在對請求設定進行合併時，會按照一定的優先順序進行選擇，優先順序排序如下：

axios 預設設定 < defaults 屬性設定 < 請求時的 config 參數設定

14.2.2 請求的設定與回應資料結構

在 axios 中，無論使用設定的方式進行資料請求還是使用快捷方法進行資料請求，我們都可以傳一個設定物件來對請求進行設定，此設定物件可設定的參數非常豐富，列舉如表 14-1 所示。

▼ 表 14-1 設定物件可設定的參數

參　數	意　義	值
url	設定請求的介面 URL	字串
method	設定請求方法	字串，預設為 'get'
baseURL	設定請求的介面首碼，會拼接在 URL 之前	字串
transformRequest	用來攔截請求，在發起請求前進行資料的修改	函數，此函數會傳入（data, headers）兩個參數，將修改後的 data 傳回即可
transformResponse	用來攔截請求回執，在收到請求回執後會呼叫	函數，此函數會傳入（data）作為參數，將修改後的 data 傳回即可
headers	自訂請求標頭數	物件
paramsSerializer	自訂參數的序列化方法	函數
data	設定請求提要發送的資料	字元、物件、陣列等
timeout	設定請求的逾時時間	數值、單位為毫秒、若設定為 0，則永不逾時
withCredentials	設定跨域請求時是否需要憑證	布林值
auth	設定使用者資訊	物件

（續表）

參　數	意　義	值
responseType	設定回應資料的資料型態	字串，預設為 'json'
responseEncoding	設定回應資料的編碼方式	字串，預設為 'utf8'
maxContentLength	設定允許回應的最大位元組數	數值
maxBodyLength	設定請求內容的最大位元組數	數值
validateStatus	自訂請求結束的狀態是成功還是失敗	函數，會傳入請求到的（status）狀態碼作為參數，需要傳回布林值決定請求是否成功

　　透過表 14-1 列出的設定屬性基本可以滿足各種場景下的資料請求需求。當一個請求被發出後，axios 會傳回一個 Promise 物件，透過此 Promise 物件可以非同步等待資料傳回，axios 傳回的資料是一個包裝好的物件，其中包裝的屬性列舉如表 14-2 所示。

▼ 表 14-2　包裝的屬性

屬　性	意　義	值
data	介面服務傳回的回應資料	物件
status	介面服務傳回的 HTTP 狀態碼	數值
statusText	介面服務傳回的 HTTP 狀態資訊	字串
headers	回應標頭資料	物件
config	axios 設定的請求設定資訊	物件
request	請求實例	物件

　　嘗試在瀏覽器中列印這些資料，觀察這些資料中的資訊。

14.2.3　攔截器的使用

　　攔截器的功能在於其允許開發者在請求發起前或請求完成後進行攔截，從而在這些時機新增一些訂製化的邏輯。舉一個很簡單的例子，在請求發送前，我們可以啟動頁面的 Loading 特效,在請求完成後移除 Loading 特效,同時,如果請求的結果是異常的,可能還需要進行一個彈窗提示,而這些邏輯對專案中的大部分請求來說都是通用的,這時就可以使用攔截器。

要對請求的開始進行攔截,範例程式如下:

```
// 建立新的 axios 實例
const instance = this.axios.create({
  baseURL: '/myApi',
  timeout: 1000,
  headers: {'X-Custom-Header': 'custom'}
});
// 設定攔截器,統一在請求前進行彈窗,如果請求錯誤,則統一捕捉處理
instance.interceptors.request.use((config)=>{
    alert(" 請求將要開始 ")
    return config
},(error)=>{
    alert(" 請求出現錯誤 ")
    return Promise.reject(error)
})
// 發起請求
let city = " 上海 "
city = encodeURI(city)
let api = '/simpleWeather/query?city=${city}&key=cffe158caf3fe63aa2959767a503xxxxx'
instance.get(api).then((response)=>{
    console.log(response)
})
```

執行上面的程式,在請求開始前會有彈窗提示。

也可以在請求完成後進行攔截,範例程式如下:

```
instance.interceptors.response.use((response)=>{
    alert(response.status)
    return response
},(error)=>{
    return Promise.reject(error)
})
```

在攔截器中，也可以對回應資料進行修改，將修改後的資料傳回給請求呼叫處使用。

注意，請求攔截器的新增是和 axios 請求實例綁定的，後續此實例發起的請求都會被攔截器攔截，但是我們可以使用以下方式在不需要攔截器的時候將其移除：

```
// 定義攔截器時，會傳回當前攔截器的實例物件
let i = instance.interceptors.request.use((config)=>{
    alert(" 請求將要開始 ")
    return config
},(error)=>{
    alert(" 請求出現錯誤 ")
    return Promise.reject(error)
})
// 將攔截器移除
instance.interceptors.request.eject(i)
```

14.3　實戰：天氣預報應用

本節將結合聚合資料提供天氣預報介面服務，嘗試開發一款天氣預報網頁應用。前面，如果你觀察過天氣預報介面傳回的資料結構，會發現其中包含兩部分資料，一部分是當前的天氣資訊資料，另一部分是未來幾天的天氣資料。在頁面設計時，也可以分成兩個模組，分別展示當日天氣資訊和未來幾日的天氣資訊。

14.3.1　架設頁面框架

建立一個名為 Weather.vue 的元件檔案，撰寫 HTML 範本程式如下：

➜ 【程式部分 14-3 原始程式見附件程式 / 第 14 章 /1_net-demo/src/components/Weather.vue 】

```
<template>
    <el-container class="container">
        <el-header>
```

```
            <el-input placeholder=" 請輸入 " class="input" v-model="city">
                <template #prepend> 城市名稱： </template>
            </el-input>
        </el-header>
        <el-main class="main">
            <div class="today">
                今天：
                <span>{{this.todayData.weather ?? this.plc}}
{{this.todayData.temperature ?? this.plc}}</span>
                <span style="margin-left:20px">{{this.todayData.direct ??
this.plc}}</span>
                <span style="margin-left:100px">{{this.todayData.date}}</span>
            </div>
            <div class="real">
                <span class="temp">{{this.realtime.temperature ?? this.plc}}°
</span>
                <span class="realInfo">{{this.realtime.info ?? this.plc}}</span>
                <span class="realInfo" style="margin-left:20px">
{{this.realtime.direct ?? this.plc}}</span>
                <span class="realInfo" style="margin-left:20px">
{{this.realtime.power ?? this.plc}}</span>
            </div>
            <div class="real">
                <span class="realInfo"> 空氣品質：{{this.realtime.aqi ?? this.plc}}°
</span>
                <span class="realInfo" style="margin-left:20px"> 濕度：
{{this.realtime.humidity ?? this.plc}}</span>
            </div>
            <div class="future">
                <div class="header">5 日天氣預報 </div>
                <el-table :data="futureData" style="margin-top:30px">
                    <el-table-column prop="date" label=" 日期 "></el-table-column>
                    <el-table-column prop="temperature" label=" 溫度 ">
</el-table-column>
                    <el-table-column prop="weather" label=" 天氣 "></el-table-column>
                    <el-table-column prop="direct" label=" 風向 "></el-table-column>
                </el-table>
            </div>
        </el-main>
    </el-container>
</template>
```

　　如以上範例程式所示，從版面設定結構上，頁面分為標頭和主體部分兩部分，標頭版面設定了一個輸入框，用來輸入要查詢天氣的城市名稱；主體部分又分為上下兩部分，上面部分展示當前的天氣資訊，下面部分為一個清單，展示未來幾天的天氣資訊。

　　實現簡單的 CSS 樣式程式如下：

➔　【程式部分 14-4 原始程式見附件程式 / 第 14 章 /1_net-demo/src/ components/Weather.vue】

```
<style scoped>
.container {
    background: linear-gradient(rgb(13, 104, 188), rgb(54, 131, 195));
}
.input {
    width: 300px;
    margin-top: 20px;
}
.today {
    font-size: 20px;
    color: white;
}
.temp {
    font-size: 79px;
    color: white;
}
.realInfo {
    color: white;
}
.future {
    margin-top: 40px;
}
.header {
    color: white;
    font-size: 27px;
}
</style>
```

14.3.2 實現天氣預報應用核心邏輯

天氣預報元件的 TypeScript 邏輯程式非常簡單，只需要監聽使用者輸入的城市名稱，進行介面請求，當介面資料傳回後，用其來動態著色頁面即可，範例程式如下：

➜ 【程式部分 14-5 原始程式見附件程式 / 第 14 章 /1_net-demo/src/ components/Weather.vue】

```ts
<script lang="ts">
import { watch } from 'vue';
import { Options, Vue } from 'vue-class-component';
// 定義畫夜溫度模型
interface DayNightModel {
    dat?: string
    night: string
}
// 定義天氣資訊模型介面
interface WeatherModel {
    // 天氣
    weather?: string
    // 溫度
    temperature?: string
    // 風向
    direct?: string
    // 日期
    date?: string
    // 畫夜溫度模型
    wid?: DayNightModel
}
// 定義即時氣象資訊模型
interface RealtimeModel {
    // 溫度
    temperature?: string
    // 天氣詳情
    info?: string
    // 風向
    direct?: string
    // 風級
```

```
    power?: string
    // 體感數值
    aqi?: string
    // 濕度
    humidity?: string
}
@Options({
    // 定義 Vue 屬性監聽
    watch: {
        city() {
            // 當選擇的城市發生變化時，重新請求資料
            this.requestData()
        }
    }
})
export default class HelloWorld extends Vue {
    city = " 上海 "
    weatherData?: any
    // 當日資訊
    todayData: WeatherModel | null = null
    // 預設文案
    plc = " 暫無資料 "
    // 即時資訊
    realtime: RealtimeModel | null = null
    futureData: WeatherModel[] = []
    mounted(): void {
        // 元件掛載時，進行預設資料的初始化
        this.axios.defaults.baseURL = '/myApi'
        this.requestData()
    }
    // 進行資料請求
    requestData() {
        let city = encodeURI(this.city)
        // 建構 URL
        let api = '/simpleWeather/query?city=${city}&key=
cffe158caf3fe63aa2959767a503xxxx'
        // 進行資料請求
        this.axios.get(api).then((response)=>{
            this.weatherData = response.data
```

```
        this.todayData = this.weatherData?.result.future[0]
        this.realtime = this.weatherData?.result.realtime
        this.futureData = this.weatherData?.result.future
        console.log(response.data)
      })
    }
  }
}
</script>
```

上面程式中的 DayNightModel、WeatherModel 和 RealtimeModel 是根據 API 文件所定義的介面 模型。

至此，一個功能完整的實用天氣預報應用就開發完成了。可以看到，使用 Vue 及其生態內的其他 UI 支援模組、網路支援模組等開發一款應用程式真的非常方便。本專案中使用了 Element Plus 作為 UI 框架，不要忘記安裝它。

執行撰寫好的元件程式，效果如圖 14-6 所示。

▲ 圖 14-6 天氣預報應用頁面效果

14.4 本章小結

　　本章介紹了基於 Vue 的網路請求框架 vue-axios，並且透過一個簡單的實戰專案練習了 Vue 具有網路功能的應用的開發方法。相信，有了網路技術的加持，你可以使用 Vue 開發出更多有趣而實用的應用。

　　本章範例中所使用的網路 API 服務是免費的，每日會有限額，這些僅供學習使用是足夠的，網際網路上提供的 API 服務可能會有變化，如果你在使用時發現此 API 不可用，可以找相似的服務代替。

　　簡述為何要使用 vue-axios 的方式來請求資料並著色到頁面，而不直接將資料嵌入前端程式中？

提示 使用 Vue 開發的前端專案主要職責是進行資料的著色和使用者的互動，而資料的提供主要是與資料庫進行互動的，使用後端服務程式來專門提供資料好處很多。首先將前端與資料庫進行了隔離，前端透過後端介面來進行資料的存取，更加安全。另外，前後端分離的開發方式能夠更有效地組織程式，更利於大型專案的迭代。

第15章
Vue 路由管理

　　路由是用來管理頁面切換或跳躍的一種方式。Vue 十分適合用來建立單頁面應用。所謂單頁面應用，不是指「只有一個頁面」的應用，而是從開發角度來講的一種架構方式，單頁面只有一個主應用入口，透過元件的切換來著色不同的功能頁面。當然，對於元件切換，我們可以借助 Vue 的動態元件功能，但其管理起來非常麻煩且不易維護，幸運的是，Vue 有配套的路由管理方案：Vue Router，可以更加自然地進行功能頁面的管理。

透過本章，你將學習到：

- Vue Router 模組的安裝與簡單使用。
- 動態路由、嵌策略由的用法。
- 路由的傳遞參數方法。
- 為路由新增導覽守衛。
- Vue Router 的進階用法。

15.1 Vue Router 的安裝與簡單使用

Vue Router 是 Vue 官方的路由管理器，與 Vue 框架本身深度契合。Vue Router 主要包含以下功能：

- 路由支援巢狀結構。
- 可以模組化地進行路由設定。
- 支援路由參數、查詢和萬用字元。
- 提供了視圖過渡效果。
- 能夠精準地進行導覽控制。

本節就來一起安裝 Vue Router 模組，並功能做簡單的體驗。

15.1.1 Vue Router 的安裝

與 Vue 框架本身一樣，Vue Router 支援使用 CDN 的方式引入，也支援使用 NPM 的方式進行安裝。在本章的範例中，我們採用 Vue CLI 建立的專案來做演示，將採用 NPM 的方式來安裝 Vue Router。如果你需要使用 CDN 的方式引入，位址如下：

```
https://unpkg.com/vue-router@4
```

　　使用 Vue CLI 建立一個範例的 Vue 開發專案，使用終端在專案根目錄下執行以下指令來安裝 Vue Router 模組：

```
npm install vue-router@4 -s
```

　　稍等片刻，安裝完成後，在專案的 package.json 檔案中會自動新增 Vue Router 的相依，例如：

```
"dependencies": {
  "core-js": "^3.8.3",
  "vue": "^3.2.13",
  "vue-class-component": "^8.0.0-0",
  "vue-router": "^4.1.6"
}
```

15.1.2　一個簡單的 Vue Router 的使用範例

　　我們一直在講路由的作用是頁面管理，在實際應用中，需要做的其實非常簡單：將定義好的 Vue 元件綁定到指定的路由，然後透過路由指定在何時或何處著色這個元件。

　　首先，建立兩個簡單的範例元件。在專案的 components 資料夾下新建兩個檔案，分別命名為 Demo1.vue 和 Demo2.vue，在其中撰寫以下範例程式。

Demo1.vue：

➜　【原始程式見附件程式 / 第 15 章 /1_router_demo/src/components/Demo1.vue】

```
<template>
    <h1> 範例頁面 1</h1>
</template>
<script lang="ts">
import { Options, Vue } from 'vue-class-component';
@Options({})
export default class Demo1 extends Vue {}
</script>
```

Demo2.vue：

➜ 【原始程式見附件程式 / 第 15 章 /1_router_demo/src/components/Demo2.vue】

```
<template>
    <h1> 範例頁面 2</h1>
</template>
<script lang="ts">
import { Options, Vue } from 'vue-class-component';
@Options({})
export default class Demo2 extends Vue {}
</script>
```

Demo1 和 Demo2 這兩個元件作為範例使用，非常簡單。修改 App.vue 檔案如下：

➜ 【程式部分 15-1 原始程式見附件程式 / 第 15 章 /1_router_demo/src/App.vue】

```
<template>
  <h1>HelloWorld</h1>
  <p>
    <!-- route-link 是路由跳躍元件，用 to 來指定要跳躍的路由 -->
    <router-link to="/demo1"> 頁面一 </router-link>
    <br/>
    <router-link to="/demo2"> 頁面二 </router-link>
  </p>
  <!-- router-view 是路由的頁面出口，路由匹配到的元件會著色在此　-->
  <router-view></router-view>
</template>
<script lang="ts">
import { Options, Vue } from 'vue-class-component';
@Options({})
export default class HelloWorld extends Vue {}
</script>
```

如以上程式所示，router-link 元件是一個自訂的連結元件，它比標準的 a 標籤要強大很多，其允許在不重新載入頁面的情況下更改頁面的 URL。router-view 用來著色與當前 URL 對應的元件，我們可以將其放在任何位置，例如附帶頂部導覽列的應用，其頁面主體內容部分就可以放置為 router-view 元件，透過導覽列上按鈕的切換來替換內容元件。

修改專案中的 main.ts 檔案，在其中進行路由的定義與註冊，範例程式如下：

➡️ 【程式部分 15-2 原始程式見附件程式 / 第 15 章 /1_router_demo/src/main.ts】

```typescript
// 匯入 Vue 框架中的 createApp 方法
import { createApp } from 'vue'
// 匯入 Vue Router 模組中的 createRouter 和 createWebHashHistory 方法
import { createRouter, createWebHashHistory } from 'vue-router'
// 匯入自訂的根元件
import App from './App.vue'
// 匯入路由需要用到的自定義元件
import Demo1 from './components/Demo1.vue'
import Demo2 from './components/Demo2.vue'
// 掛載根元件
const app = createApp(App)
// 定義路由
const routes = [
  { path: '/demo1', component: Demo1 },
  { path: '/demo2', component: Demo2 },
]
// 建立路由物件
const router = createRouter({
  history: createWebHashHistory(), // 歷史記錄使用 Hash 模式
  routes: routes
})
// 註冊路由
app.use(router)
// 進行應用掛載
app.mount('#app')
```

執行上面的程式，點擊頁面中的兩個切換按鈕，可以看到對應的內容元件也會發生切換，如圖 15-1 所示。

▲ 圖 15-1 Vue Router 體驗

15.2 帶有參數的動態路由

我們已經了解到，不同的路由可以匹配到不同的元件，從而實現頁面的切換。有些時候，我們需要將同一類型的路由匹配到同一個元件，透過路由的參數來控制元件的著色。例如對於「使用者中心」這類頁面元件，不同的使用者著色資訊是不同的，這時就可以透過為路由新增參數來實現。

15.2.1 路由參數匹配

我們先撰寫一個範例的使用者中心元件，此元件非常簡單，直接透過解析路由中的參數來顯示當前使用者的暱稱和編號。在專案的 components 資料夾下，新建一個名為 User.vue 的檔案，在其中撰寫以下程式：

➜ 【原始程式見附件程式 / 第 15 章 /1_router_demo/src/components/User.vue】

```
<template>
    <h1>姓名：{{$route.params.username}}</h1>
    <h2>id:{{$route.params.id}}</h2>
```

```
</template>
<script lang="ts">
import { Options, Vue } from 'vue-class-component';
@Options({})
export default class User extends Vue {}
</script>
```

如以上程式所示，在元件內部，可以使用 $route 屬性獲取全域的路由物件，路由中定義的參數可以在此物件的 params 屬性中獲取到。在 main.ts 中定義路由如下：

➜ 【原始程式見附件程式 / 第 15 章 /1_router_demo/src/main.ts】

```
import User from './components/User.vue'
const routes = [
    { path: '/user/:username/:id', component:User }
]
```

在定義路由的路徑 path 時，使用冒號來標記參數，如以上程式中定義的路由路徑，username 和 id 都是路由的參數，以下路徑會被自動匹配：

/user/ 小王 /8888

其中「小王」會被解析到路由的 username 屬性，「8888」會被解析到路由的 id 屬性。

現在，執行 Vue 專案，嘗試在瀏覽器中輸入以下格式的位址：

http://localhost:8080/#/user/ 小王 /8888

你會看到，頁面的載入效果如圖 15-2 所示。

▲ 圖 15-2　解析路由中的參數

　　注意，在使用帶有參數的路由時，對應相同元件的路由在進行導覽切換時，相同的元件並不會被銷毀再建立，這種重複使用機制使得頁面的載入效率更高。但這也表明，頁面切換時，元件的生命週期方法都不會被再次呼叫，如果需要透過路由參數來請求資料，之後著色頁面需要特別注意，不能在生命週期方法中實現資料請求邏輯。例如修改 HelloWorld.vue 元件的範本程式如下：

➔ 【原始程式見附件程式 / 第 15 章 /1_router_demo/src/components/HelloWorld.vue】

```
<template>
    <h1>HelloWorld</h1>
    <p>
      <router-link to="/user/ 小王 /8888"> 小王 </router-link>
      <br/>
      <router-link to="/user/ 小李 /6666"> 小李 </router-link>
    </p>
    <router-view></router-view>
</template>
```

修改 User.vue 程式如下：

➔ 【原始程式見附件程式 / 第 15 章 /1_router_demo/src/components/User.vue】

```
<template>
    <h1> 姓名：{{$route.params.username}}</h1>
```

```ts
        <h2>id:{{$route.params.id}}</h2>
</template>
<script lang="ts">
import { Options, Vue } from 'vue-class-component';
@Options({})
export default class User extends Vue {
    mounted() {
        alert('元件載入，請求資料。路由參數為 name:${this.$route.params.username}
id:${this.$route.params.id}')
    }
}
</script>
```

　　我們模擬在元件掛載時根據路由參數來進行資料的請求，執行程式可以看到，點擊頁面上的連結進行元件切換時，User 元件中顯示的使用者名稱的使用者編號都會即時更新，但是 alert 彈窗只有在 User 元件第一次載入時才會彈出，後續不會再彈出。對於這種場景，我們可以採用導覽守衛的方式來處理，每次路由參數有更新，都會回呼守衛函數，修改 User.vue 元件中的 TypeScript 程式如下：

➡ 【程式部分 15-3 原始程式見附件程式 / 第 15 章 /1_router_demo/src/
components/User.vue】

```ts
<script lang="ts">
import { Options, Vue } from 'vue-class-component';
import { RouteLocationNormalized } from 'vue-router';
@Options({})
export default class User extends Vue {
    // 路由鉤子方法，當路由參數更新時會呼叫
    beforeRouteUpdate(to: RouteLocationNormalized, from: RouteLocationNormalized) {
        console.log(to,from)
        alert('元件載入，請求資料。路由參數為 name:${to.params.username}
id:${to.params.id}')
    }
}
// 為元件註冊路由鉤子
User.registerHooks(["beforeRouteUpdate"])
</script>
```

注意，之所以呼叫 registerHooks 來註冊路由鉤子方法，是因為我們採用 vue-class-component 模式來撰寫 Vue 元件，如果直接採用原生的模式撰寫，此方法直接定義在 methods 選項中即可。

再次執行程式，當同一個路由的參數發生變化時，也會由 alert 彈出提示。beforeRouteUpdate 函數在路由將要更新時會呼叫，其傳入的兩個參數，to 是更新後的路由物件，from 是更新前的路由物件。

15.2.2 路由匹配的語法規則

在進行路由參數匹配時，Vue Router 允許參數內部使用正規表示法來進行匹配。首先來看一個例子。在 15.2.1 節中，我們提供了 User 元件做路由示範，將其頁面範本部分的程式修改如下：

```
<template>
    <h1> 中戶中心 </h1>
    <h1> 姓名：{{$route.params.username}}</h1>
</template>
```

同時，在 components 資料夾下新建一個名為 UserSetting.vue 的檔案，在其中撰寫以下程式：

➜ 【原始程式見附件程式 / 第 15 章 /1_router_demo/src/components/ UserSetting.vue】

```
<template>
    <h1> 使用者設定 </h1>
    <h2>id:{{$route.params.id}}</h2>
</template>
<script lang="ts">
import { Options, Vue } from 'vue-class-component';
@Options({})
export default class UserSetting extends Vue {}
</script>
```

我們將 User 元件作為使用者中心頁面來使用,而 UserSetting 元件作為使用者設定頁面來使用,這兩個頁面所需要的參數不同,使用者中心頁面需要使用者名稱參數,使用者設定頁面需要使用者編號參數。在 main.ts 檔案中定義路由如下:

```
const routes = [
    { path: '/user/:username', component:User },
    { path: '/user/:id', component:UserSetting }
]
```

你會發現,上面程式中定義的兩個路由除參數名稱不同外,其格式完全一樣,這種情況下,我們是無法存取使用者設定頁面的,所有符合 UserSetting 元件的路由規則同時也符合 User 元件。為了解決這個問題,最簡單的方式是加一個靜態的首碼路徑,例如:

```
const routes = [
    { path: '/user/info/:username', component:User },
    { path: '/user/setting/:id', component:UserSetting }
]
```

這是一個好方法,但並不是唯一的方法,對本範例來說,使用者中心頁面和使用者設定頁面所需要參數的類型有明顯的差異,我們預設使用者編號必須是數值,使用者名稱則不能是純數字,因此可以透過正則約束來實現不同類型的參數匹配到對應的路由元件,範例如下:

```
const routes = [
    { path: '/user/:username', component:User },
    { path: '/user/:id(\\d+)', component:UserSetting }
]
```

這樣,對於「/user/6666」這樣的路由就會匹配到 UserSetting 元件,「/user/小王」這樣的路由就會匹配到 User 元件。

在正規表示法中，符號「*」可以用來匹配 0 個或多個前面的模式，符號「+」可以用來匹配一個或多個前面的模式。在定義路由時，使用這兩個符號可以實現多級參數。在 components 資料夾下新建一個名為 Category.vue 的範例元件，撰寫以下程式：

➜ 【原始程式見附件程式 / 第 15 章 /1_router_demo/src/components/ Category.vue】

```
<template>
    <h1> 類別 </h1>
    <h2>{{$route.params.cat}}</h2>
</template>
<script lang="ts">
import { Options, Vue } from 'vue-class-component';
@Options({})
export default class Category extends Vue {}
</script>
```

在 main.ts 中增加以下路由定義：

```
{ path: '/category/:cat*', component:Category}
```

注意，別忘了在 main.ts 檔案中對 Category 元件進行引入。當我們採用多級匹配的方式來定義路由時，路由中傳遞的參數會自動轉換成一個陣列，例如路由「/category/ 一級 / 二級 / 三級」可以匹配到上面定義的路由，匹配成功後，cat 參數為一個陣列，其中資料為 [" 一級 "," 二級 "," 三級 "]。

有時候，頁面元件所需要的參數並不都是必傳的，以使用者中心頁面為例，當傳了使用者名稱參數時，其需要著色登入後的使用者中心狀態，當沒有傳使用者名稱參數時，其可能需要著色未登入時的狀態。這時，可以將此 username 參數定義為可選的，範例如下：

```
{ path: '/user/:username?', component:User }
```

參數被定義為可選後，路由中不包含此參數的時候也可以正常匹配指定的元件。

15.2.3 路由的巢狀結構

前面定義了很多路由，但是真正著色路由的地方只有一個，即只有一個 <router-view> </router-view> 出口，這類路由實際上都是頂級路由。在實際開發中，我們的專案可能非常複雜，除根元件中需要路由外，一些子元件中可能也需要路由，Vue Router 提供了嵌策略由技術來支援這類場景。

以之前建立的 User 元件為例，假設元件中有一部分用來著色使用者的好友清單，這部分也可以用元件來完成。首先在 components 資料夾下新建一個名為 Friends.vue 的檔案，撰寫程式如下：

➡ 【原始程式見附件程式 / 第 15 章 /1_router_demo/src/components/Friends. vue】

```
<template>
    <h1> 好友清單 </h1>
    <h1> 好友人數：{{$route.params.count}}</h1>
</template>
<script lang="ts">
import { Options, Vue } from 'vue-class-component';
@Options({})
export default class Friends extends Vue {}
</script>
```

Friends 元件只會在使用者中心使用，我們可以將其作為一個子路由進行定義。首先修改 User.vue 中的範本程式如下：

```
<template>
    <h1> 使用者中心 </h1>
    <h1> 姓名：{{$route.params.username}}</h1>
    <router-view></router-view>
</template>
```

　　注意，User 元件本身也是由路由管理的，我們在 User 元件內部使用的 <router-view> </router-view> 標籤實際上定義的是二級路由的頁面出口。在 main.ts 中定義二級路由如下：

```
const routes = [
  {
    path: '/user/:username?',
    component:User,
    children:[
      {
        path: 'friends/:count',
        component: Friends
      }
    ]
  }
]
```

　　注意，在定義路由時，不要忘記在 main.ts 中引入此元件。之前在定義路由時，只使用了 path 和 component 屬性，其實每個路由物件本身也可以定義子路由物件，理論上講，我們可以根據自己的需要來定義路由巢狀結構的層數，透過路由的巢狀結構可以更進一步地對路由進行分層管理。如以上程式所示，當我們存取以下路徑時，頁面效果如圖 15-3 所示。

```
/user/ 小王 /friends/6
```

▲ 圖 15-3　路由巢狀結構範例

15.3 頁面導覽

導覽本身是指頁面間的跳躍和切換。router-link 元件就是一種導覽元件。我們可以設定其屬性 to 來指定要執行的路由。除使用 route-link 元件外，還有其他的方式進行路由控制，任意可以新增互動方法的元件都可以實現路由管理。本節將介紹透過函數的方式進行路由跳躍。

15.3.1 使用路由方法

當我們成功向 Vue 應用註冊路由後，在任何 Vue 實例中，都可以透過 $route 屬性存取路由物件。透過呼叫路由物件的 push 方法可以向 history 堆疊中新增一個新記錄。同時，使用者也可以透過瀏覽器的傳回按鈕傳回上一個路由 URL。

首先，修改 App.vue 檔案程式如下：

➜ 【程式部分 15-4 原始程式見附件程式 / 第 15 章 /1_router_demo/src/components/App.vue】

```ts
<template>
  <h1>HelloWorld</h1>
  <p>
    <el-button type="primary" @click="toUser"> 使用者中心 </el-button>
  </p>
  <router-view></router-view>
</template>
<script lang="ts">
import { Options, Vue } from 'vue-class-component';
@Options({})
export default class App extends Vue {
  toUser() {
    this.$router.push({
      path:"/user/ 小王 "
    })
  }
}
</script>
```

如以上程式所示，我們使用按鈕元件代替之前的 router-link 元件，在按鈕的點擊方法中進行路由的跳躍操作。push 方法可以接收一個物件，物件中透過 path 屬性設定其 URL 路徑。push 方法也支援直接傳入一個字串作為 URL 路徑，程式如下：

```
this.$router.push("/user/ 小王 ")
```

也可以透過路由名稱加參數的方式讓 Vue Router 自動生成 URL，要使用這種方法進行路由跳躍，在定義路由的時候需要對路由進行命名，程式如下：

```
const routes = [
  {
    path: '/user/:username?',
    name: 'user',
    component:User
  }
]
```

之後，可以使用以下方式進行路由跳躍：

```
this.$router.push({
  name: 'user',
  params: {
    username:' 小王 '
  }
})
```

如果路由需要查詢參數，可以透過 query 屬性進行設定，範例如下：

```
// 會被處理成 /user?name=xixi
this.$router.push({
  path: '/user',
  query: {
    name:'xixi'
  }
})
```

注意，在呼叫 push 方法設定路由物件時，如果設定了 path 屬性，則 params 屬性會被自動忽略。push 方法本身也會傳回一個 Pormise 物件，我們可以用其來處理路由跳躍成功之後的邏輯，範例如下：

```
this.$router.push({
  name: 'user',
  params: {
    username:' 小王 '
  }
}).then(()=>{
  // 跳躍完成後要做的邏輯
})
```

15.3.2 導覽歷史控制

當我們使用 router-link 元件或 push 方法切換頁面時，新的路由實際上會被放入 history 導覽堆疊中，使用者可以靈活地使用瀏覽器的前進和後退功能在導覽堆疊路由中進行切換。對於有些場景，我們不希望導覽堆疊中的路由增加，這時候可以設定 replace 參數或直接呼叫 replace 方法來進行路由跳躍，這種方式跳躍的頁面會直接替換當前的頁面，即跳躍前頁面的路由從導覽堆疊中刪除。

```
this.$router.push({
      path: '/user/ 小王 ',
      replace: true
})
this.$router.replace({
      path: '/user/ 小王 '
})
```

Vue Router 也提供了另一個方法，讓我們可以靈活選擇跳躍到導覽堆疊中的某個位置，範例如下：

```
// 跳躍到後 1 個記錄
this.$router.go(1)
// 跳躍到後 3 個記錄
this.$router.go(3)
```

```
// 跳躍到前 1 個記錄
this.$router.go(-1)
```

15.4　關於路由的命名

　　我們知道，在定義路由時，除 path 外，還可以設定 name 屬性，name 屬性 為路由提供了名稱，使用名稱進行路由切換比直接使用 path 進行切換有很明顯 的優勢：避免強制寫入 URL、可以自動處理參數的編碼等。

15.4.1　使用名稱進行路由切換

　　與使用 path 路徑進行路由切換類似，router-link 元件和 push 方法都可以根 據名稱進行路由切換。以前面撰寫的程式為例，定義使用者中心的名稱為 user， 使用以下方法可以直接進行切換：

```
this.$router.push({
    name: 'user',
    params:{
      username:" 小王 "
    }
})
```

　　使用 router-link 元件切換範例如下：

```
<router-link :to="{ name: 'user', params: { username: ' 小王 ' }}"> 小王 </router-link>
```

15.4.2　路由視圖命名

　　路由視圖命名是指對 router-view 元件進行命名，router-view 元件用來定義 路由元件的出口，前面講過，路由支援巢狀結構，router-view 可以進行巢狀結 構。透過巢狀結構，允許在 Vue 應用中出現多個 router-view 元件。但是對於有 些場景，我們可能需要在同級展示多個路由視圖，例如頂部導覽區和主內容區兩部分都需要使用路由元件，這時候就需要在同級使用 router-view 元件，要定義同級的每個 router-view 要展示的元件，可以對其進行命名。

修改 App.vue 檔案中的範本程式，將頁面的版面設定分為標頭和內容主體兩部分，程式如下：

➡ 【原始程式見附件程式 / 第 15 章 /1_router_demo/src/App.vue】

```
<template>
    <el-container>
      <el-header height="80px">
        <router-view name="topBar"></router-view>
      </el-header>
      <el-main>
        <router-view name="main"></router-view>
      </el-main>
    </el-container>
</template>
```

在 mian.ts 檔案中定義一個新的路由，設定如下：

```
const routes = [{
    path: '/home/:username/:id',
    components: {
      topBar: User,
      main: UserSetting
    }
}]
```

之前定義路由時，一個路徑只對應一個元件，其實也可以透過 components 來設定一組元件，components 需要設為一個物件，其中的鍵表示頁面中路由視圖的名稱，值為要著色的元件，在上面的例子中，頁面的標頭會被著色為 User 元件，主體部分會被著色為 UserSetting 元件，如圖 15-4 所示。

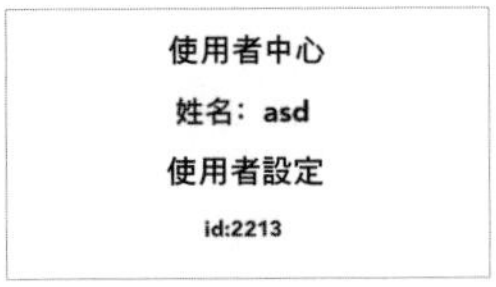

使用者中心

姓名：asd

使用者設定

id:2213

▲ 圖 15-4 進行路由視圖的命名

注意，對於沒有命名的 router-view 元件，其名稱會被預設分配為 default，
撰寫元件範本如下：

```
<template>
  <el-container>
    <el-header height="80px">
      <router-view name="topBar"></router-view>
    </el-header>
    <el-main>
      <router-view></router-view>
    </el-main>
  </el-container>
</template>
```

使用以下方式定義路由效果是一樣的：

```
const routes = [
  {
    path: '/home/:username/:id',
    components: {
      topBar: User,
      default: UserSetting
    }
  }
]
```

提示 在巢狀結構的子路由中，也可以使用視圖命名路由，對於結構複雜的頁
面，我們可以先將其按照模組進行拆分，整理清晰路由的組織關係再進行開發。

15.4.3　使用別名

別名提供了一種路由路徑映射的方式，也就是說我們可以自由將元件映射
到一個任意的路徑上，而不用受到巢狀結構結構的限制。

可以嘗試為一個簡單的一級路由來設定別名，修改使用者設定頁面的路由
定義如下：

```
const routes = [
  { path: '/user/:id(\\d+)', component:UserSetting, alias: '/setting/:id' }
]
```

下面兩個路徑的頁面著色效果將完全一樣：

```
http://localhost:8080/#/setting/6666/
http://localhost:8080/#/user/6666/
```

注意，別名和重定向並不完全一樣，別名不會改變使用者在瀏覽器中輸入的路徑本身，對多級巢狀結構的路由來說，我們可以使用別名在路徑上對其進行簡化。如果原路由有參數設定，一定要注意別名也需要對應地包含這些參數。在為路由設定別名時，alias 屬性可以直接設定為別名字串，也可以設定為陣列同時設定一組別名，例如：

```
const routes = [
  { path: '/user/:id(\\d+)', component:UserSetting, alias: ['/setting/:id',
'/s/:id'] }
]
```

15.4.4 路由重定向

重定向也是透過路由設定來完成的，與別名的區別在於，重定向會將當前路由映射到另一個路由上，頁面的 URL 會發生改變。舉例來說，當使用者存取路由 '/d/1' 時，需要頁面著色 '/demo1' 路由對應的元件，設定方式如下：

```
const routes = [
  { path: '/demo1', component: Demo1 },
  { path: '/d/1', redirect: '/demo1'},
]
```

redirect 也支援設定為物件，設定物件的 name 屬性可以直接指定命名路由，例如：

```
const routes = [
  { path: '/demo1', component: Demo1, name:'Demo' },
```

```
  { path: '/d/1', redirect: {name : 'Demo'}}
]
```

　　上面範例程式中都是採用靜態方式設定路由重定向的，在實際開發中，更多時候會採用動態方式設定重定向，例如對於需要使用者登入才能存取的頁面，當未登入的使用者存取此路由時，我們自動將其重定向到登入頁面，下面的範例程式模擬了這一過程：

➜ 【程式部分 15-5】

```
const routes = [
  { path: '/demo1', component: Demo1, name:'Demo' },
  { path: '/demo2', component: Demo2 },
  { path: '/d', redirect: to => {
      console.log(to) //to 是路由物件
      // 隨機數模擬登入狀態
      let login = Math.random() > 0.5
      if (login) {
        return { path:'/demo1'}
      } else {
        return { path:'/demo2'}
      }
    }
  }
]
```

15.5 關於路由傳遞參數

　　透過前面的學習，我們對 Vue Router 的基本使用已經有了初步的了解，在進行路由跳躍時，可以透過參數的傳遞來進行後續的邏輯處理。在元件內部，之前使用 $route.params 的方式來獲取路由傳遞的參數，這種方式雖然可行，但元件與路由緊緊地耦合在了一起，並不利於元件的重複使用性。本節就來討論路由的另一種傳遞參數方式——使用屬性的方式進行參數傳遞。

　　還記得我們撰寫的使用者設定頁面是如何獲取路由傳遞的 id 參數的嗎？程式如下：

```
<template>
    <h1> 使用者設定 </h1>
    <h2>id:{{$route.params.id}}</h2>
</template>
```

　　由於在元件的範本內部之前使用了 $route 屬性，這導致此元件的通用性大大降低，首先，我們將其所有耦合路由的地方去除，修改如下：

```
<template>
    <h1> 使用者設定 </h1>
    <h2>id:{{id}}</h2>
</template>
<script lang="ts">
import { Options, Vue } from 'vue-class-component';
@Options({
    props: {
        id: String
    }
})
export default class UserSetting extends Vue {
    id?: string
}
</script>
```

　　現在，UserSetting 元件能夠透過外部傳遞的屬性來實現內部邏輯，後面需要做的只是將路由的傳遞參數映射到外部屬性上。Vue Router 預設支援這一功能。路由設定方式如下：

```
const routes = [
  { path: '/user/:id(\\d+)', component:UserSetting, props:true }
]
```

　　在定義路由時，將 props 設定為 true，則路由中傳遞的參數會自動映射到元件定義的外部屬性，使用十分方便。

對於有多個頁面出口的同級命名視圖，我們需要對每個視圖的 props 單獨進行設定，範例如下：

```
const routes = [
  {
    path: '/home/:username/:id',
    components: {
      topBar: User,
      default: UserSetting,
    },
    props: {topBar:true, default:true}
  }
]
```

如果元件內部需要的參數與路由本身沒有直接關係，也可以將 props 設定為物件，此時 props 設定的資料將按原樣傳遞給元件的外部屬性，例如：

```
const routes = [
  { path: '/user/:id(\\d+)', component:UserSetting, props:{id:'000'} },
]
```

如以上程式所示，此時路由中的參數將被棄用，元件中獲取到的 id 屬性值將固定為 000。

props 還有一種更強大的使用方式，可以直接將其設定為一個函數，函數中傳回要傳遞到元件的外部屬性物件，這種方式動態性很好，範例如下：

```
const routes = [
  { path: '/user/:id(\\d+)', component:UserSetting, props:route => {
    return {
      id:route.params.id,
      other:'other'
    }
  }}
]
```

15.6 路由導覽守衛

關於導覽守衛，前面也使用過，顧名思義，其主要作用是在進行路由跳躍時決定透過此次跳躍或拒絕此次跳躍。在 Vue Router 中有多種方式來定義導覽守衛。

15.6.1 定義全域的導覽守衛

在 main.ts 檔案中，使用 createRouter 方法來建立路由實例，此路由實例可以使用 beforeEach 方法來註冊全域的前置導覽守衛，之後當有導覽跳躍觸發時，都會被此導覽守衛所捕捉，範例如下：

```
const router = createRouter({
    history: createWebHashHistory(),
    routes: routes        // 我們定義的路由設定物件
  })
router.beforeEach((to, from) => {
    console.log(to)        // 將要跳躍到的路由物件
    console.log(from)      // 當前將要離開的路由物件
    return false           // 傳回 true 表示允許此次跳躍，傳回 false 表示禁止此次跳躍
})
app.use(router)
```

當註冊的 beforeEach 方法傳回的是布林值時，其用來決定是否允許此次導覽跳躍，如以上程式所示，所有的路由跳躍都將被禁止。

更多時候，我們會在 beforeEach 方法中傳回一個路由設定物件來決定要跳躍的頁面，這種方式更加靈活，例如可以將登入態驗證的邏輯放在全域的前置守衛中處理，非常方便。範例如下：

```
const routes = [
  { path: '/user/:id(\\d+)',name:'setting', component:UserSetting, props:true},
]
const router = createRouter({
  history: createWebHashHistory(),
  routes: routes                                    // 我們定義的路由設定物件
```

```
})
router.beforeEach((to, from) => {
  console.log(to)                            // 將要跳躍到的路由物件
  console.log(from)                          // 當前將要離開的路由物件
  if (to.name != 'setting') {                // 防止無限迴圈
    return {name:'setting',params:{id:"000"}}  // 傳回要跳躍到的路由
  }
})
```

　　與定義全域前置守衛類似，我們也可以註冊全域導覽後置回呼。與前置守衛不同的是，後置回呼不會改變導覽本身，但是其對頁面的分析和監控十分有用。範例如下：

```
const router = createRouter({
  history: createWebHashHistory(),
  routes: routes // 我們定義的路由設定物件
})
router.afterEach((to, from, failure) => {
  console.log(" 跳躍結束 ")
  console.log(to)
  console.log(from)
  console.log(failure)
})
```

　　路由實例的 afterEach 方法中設定的回呼函數除接收 to 和 from 參數外，還會接收一個 failure 參數，透過它開發者可以對導覽的異常資訊進行記錄。

15.6.2　為特定的路由註冊導覽守衛

　　如果只有特定的場景需要在頁面跳躍過程中實現相關邏輯，我們也可以為指定的路由註冊導覽守衛。有兩種註冊方式，一種是在設定路由時進行定義，另一種是在元件中進行定義。

　　在對導覽進行設定時，可以直接為其設定 beforeEnter 屬性，範例如下：

```
const routes = [
  {
```

```
    path: '/demo1', component: Demo1, name: 'Demo', beforeEnter: (router:any) => {
      console.log(router)
      return false
    }
  }
]
```

　　如以上程式所示，當使用者存取「/demo1」路由對應的元件時都會被拒絕。
注意，beforeEnter 設定的守衛只有在進入路由時會觸發，路由的參數變化並不
會觸發此守衛。

　　在撰寫元件時，我們也可以實現一些方法來為元件訂製守衛函數，範例程
式如下：

```
<template>
    <h1> 範例頁面 1</h1>
</template>
<script lang="ts">
import { Options, Vue } from 'vue-class-component';
import { RouteLocationNormalized, NavigationGuardNext } from 'vue-router';
@Options({})
export default class Demo1 extends Vue {
  beforeRouteEnter(to:RouteLocationNormalized, from:RouteLocationNormalized) {
    console.log(to, from, " 前置守衛 ")
    return true
  }
  beforeRouteUpdate(to:RouteLocationNormalized, from:RouteLocationNormalized) {
    console.log(to, from, " 路由參數有更新時的守衛 ")
  }
  beforeRouteLeave(to:RouteLocationNormalized, from:RouteLocationNormalized) {
    console.log(to, from, " 離開頁面 ")
  }
}
Demo1.registerHooks([
    "beforeRouteEnter",
    "beforeRouteUpdate",
    "beforeRouteLeave"
])
</script>
```

如以上程式所示，beforeRouterEnter 是元件的導覽前置守衛，在透過路由切換到當前元件時被呼叫，在這個函數中，我們可以做攔截操作，也可以做重定向操作。注意，此方法只有在第一次切換此元件時會被呼叫，路由參數的變化不會重複呼叫此方法。beforeRouteUpdate 方法在當前路由發生變化時會被呼叫，例如路由參數的變化等都可以在此方法中捕捉到。beforeRouteLeave 方法會在將要離開當前頁面時被呼叫。還有一點需要特別注意，在 beforeRouteEnter 中不能使用 this 來獲取當前元件實例，因為在導覽守衛確認透過前，新的元件還沒有被建立。如果你真的需要在導覽被確認時使用當前元件實例處理一些邏輯，可以透過 next 參數註冊回呼方法，範例如下：

```
beforeRouteEnter(to:RouteLocationNormalized, from:RouteLocationNormalized,
next:NavigationGuardNext) {
  console.log(to, from, "前置守衛")
  next((w) => {
      console.log(w) //w為當前元件實例
  })
  return true
}
```

當前置守衛確認了此次跳躍後，next 參數註冊的回呼方法會被執行，並且會將當前元件的實例作為參數傳入。在 beforeRouteUpdate 和 beforeRouteLeave 方法中可以直接使用 this 關鍵字來獲取當前元件實例，無須額外的操作。

下面來總結 Vue Router 導覽跳躍的全過程。

（1）導覽被觸發，可以透過 router-link 元件觸發，也可以透過 $router.push 或直接改變 URL 觸發。

（2）在將要失活的元件中呼叫 beforeRouteLeave 守衛函數。

（3）呼叫全域註冊的 beforeEach 守衛。

（4）如果當前使用的元件沒有變化，就呼叫元件內的 beforeRouteUpdate 守衛。

（5）呼叫在定義路由時設定的 beforeEnter 守衛函數。

（6）非同步解析路由元件。

（7）在被啟動的元件中呼叫 beforeRouteEnter 守衛。

（8）導覽被確認。

（9）呼叫全域註冊的 afterEach 守衛。

（10）觸發 DOM 更新，頁面進行更新。

（11）呼叫元件的 beforeRouteEnter 函數中的 next 參數註冊的回呼函數。

15.7 動態路由

到目前為止，我們使用的所有路由都是採用靜態設定的方式定義的，即先在 main.ts 中完成路由的設定，之後在專案中使用。但某些情況下，我們可能需要在執行的過程中動態地新增或刪除路由，Vue Router 中也提供了方法支援動態地對路由操作。

在 Vue Router 中，動態操作路由的方法主要有兩個：addRoute 和 removeRoute。addRoute 用來動態新增一條路由；對應地，removeRoute 用來動態刪除一條路由。首先，修改 Demo1.vue 檔案如下：

➡ 【原始程式見附件程式 / 第 15 章 /1_router_demo/src/components/Dome1.vue】

```
<template>
    <h1>範例頁面 1</h1>
    <el-button type="primary" @click="click">跳躍 Demo2</el-button>
</template>
<script lang="ts">
import { Options, Vue } from 'vue-class-component';
import Demo2 from './Demo2.vue'
@Options({})
export default class Demo1 extends Vue {
  created(): void {
    this.$router.addRoute({
```

```
      path: "/demo2",
      component: Demo2,
    })
  }
  click() {
    this.$router.push("/demo2");
  }
}
</script>
```

　　我們在 Demo1 元件中版面設定了一個按鈕元素，在 Demo1 元件建立完成後，使用 addRoute 方法動態新增了一條路由，當點擊頁面上的按鈕時，切換到 Demo2 元件。修改 main.ts 檔案中設定路由的部分如下：

```
const router = createRouter({
  history: createWebHashHistory(),
  routes: [
    {
      path: '/demo1', component: Demo1,
    }
  ]
})
```

　　可以嘗試一下，如果直接在瀏覽器中存取「/demo2」頁面會顯示出錯，因為此時註冊的路由清單中並沒有此項路由記錄，但是如果先存取「/demo1」頁面，再點擊頁面上的按鈕進行路由跳躍，則能夠正常跳躍。

　　在下面幾種場景下會觸發路由的刪除。

　　當使用 addRoute 方法動態新增路由時，如果新增了名稱重複的路由，舊的就會被刪除，例如：

```
this.$router.addRoute({
  path: "/demo2",
  component: Demo2,
  name:"Demo2"
});
```

```
this.$router.addRoute({
  path: "/d2",
  component: Demo2,
  name:"Demo2"
});
```

上面的程式中，路徑為「/demo」的路由將被刪除。

在呼叫 addRoute 方法時，它其實會傳回一個刪除回呼，我們也可以透過此刪除回呼來直接刪除所新增的路由，程式如下：

```
let call = this.$router.addRoute({
  path: "/demo2",
  component: Demo2,
  name: "Demo2",
});
// 直接移除此路由
call();
```

另外，對於命名了的路由，也可以透過名稱來對路由進行刪除，範例如下：

```
this.$router.addRoute({
  path: "/demo2",
  component: Demo2,
  name: "Demo2",
});
this.$router.removeRoute("Demo2");
```

注意，當路由被刪除時，其所有的別名和子路由也會同步被刪除。在 Vue Router 中，還提供了方法來獲取現有的路由，例如：

```
console.log(this.$router.hasRoute("Demo2"));
console.log(this.$router.getRoutes());
```

其中，hasRouter 方法用來檢查當前已經註冊的路由中是否包含某個路由，getRoutes 方法用來獲取包含所有路由的清單。

15.8 本章小結

　　本章介紹了 Vue Router 模組的使用方法，路由技術在實際專案開發中應用廣泛，隨著網頁應用的功能越來越強大，前端程式也將越來越複雜，因此如何高效、清晰地根據業務模組組織程式變得十分重要，路由就是一種非常優秀的頁面組織方式，透過路由我們可以將頁面按照元件的方式進行拆分，元件內只關注內部的業務邏輯，元件間透過路由來進行互動和跳躍。

　　透過本章的學習，相信你已經有了開發大型前端應用的基礎能力，可以嘗試模仿流行的網際網路應用，透過路由來架設一些頁面進行練習，加油！

　　（1）如果同一個頁面中有多個模組可以動態地進行設定，一般需要怎麼做？

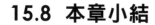 嘗試從命名路由方面進行分析。

　　（2）子路由通常有哪些應用場景？

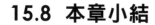 在開發專案時，我們可以先將專案按照大的功能模組進行拆分，每個功能模組的主頁分配一個一級路由，當然，大多數模組都不可能只有一個頁面，模組內進行頁面切換時，可以透過分配子路由實現。

第**16**章
Vue 狀態管理

　　首先，Vue 框架本身就有狀態管理的能力，我們在開發 Vue 應用頁面時，視圖上著色的資料就是透過狀態來驅動的。本章主要討論基於 Vue 的狀態管理框架 Vuex，Vuex 是一個專為 Vue 訂製的狀態管理模組，其集中式地儲存和管理應用的所有元件的狀態，使這些狀態資料可以按照我們預期的方式變化。

　　當然，並非所有 Vue 應用的開發都需要使用 Vuex 來進行狀態管理，對於小型的、簡單的 Vue 應用，我們使用 Vue 自身的狀態管理功能就已經足夠，但是對於複雜度高、元件繁多的 Vue 應用，元件間的互動會使得狀態管理變得困難，這時就需要 Vuex 的幫助了。

透過本章，你將學習到：

- Vuex 框架的安裝與簡單使用。

- 多元件共用狀態的管理方法。

- 多元件驅動同一狀態的方法。

16.1　認識 Vuex 框架

　　Vuex 採用集中的方式管理所有元件的狀態，相較於「集中式」而言，Vue 本身對狀態管理採用的方式是「獨立式」的，即每個元件只負責維護自身的狀態。

16.1.1　關於狀態管理

　　我們先從一個簡單的範例元件來理解狀態管理。使用 Vue CLI 工具新建一個 Vue 開發專案，為了方便測試，將預設生成的部分程式先清理掉，修改 App. vue 檔案如下：

➜ 【原始程式見附件程式 / 第 16 章 /1_vuex_demo/src/App.vue】

```
<template>
  <HelloWorld />
</template>
<script lang="ts">
import { Options, Vue } from 'vue-class-component';
import HelloWorld from './components/HelloWorld.vue';
@Options({
  components: {
    HelloWorld,
  },
})
export default class App extends Vue {}
</script>
```

修改 HelloWorld.vue 檔案如下：

```ts
<template>
  <h1>計數器 {{ count }}</h1>
  <button @click="increment">增加 </button>
</template>
<script lang="ts">
import { Options, Vue } from 'vue-class-component';
@Options({})
export default class HelloWorld extends Vue {
  count = 0
  increment() {
    this.count ++
  }
}
</script>
```

提示 上面的程式中使用到了 Element Plus 框架中的 UI 元件，建立專案時需要引入此框架，這裡不再過多介紹。

上面的程式邏輯非常簡單，頁面上著色了一個按鈕元件和一個文字標題，當使用者點擊按鈕時，標題上顯示的計數會進行自動增加。分析上面的程式，可以發現，在 Vue 應用中，元件狀態的管理由以下幾個部分組成：

（1）狀態資料：是指元件中定義的屬性資料，這些資料附帶回應性，由其來對視圖的展現進行驅動。

（2）視圖：是指 template 中定義的視圖範本，其透過宣告的方式將狀態映射到視圖上。

（3）動作：是指會引起狀態變化的行為，即上面的程式元件中定義的 increment 方法，這些方法用來改變狀態資料，狀態資料的改動最終驅動視圖的更新。

上面 3 部分的協作工作就是 Vue 狀態管理的核心，整體來看，在這個狀態管理模式中，資料的流向是單向的、私有的。由視圖觸發動作，由動作改變狀態，由狀態驅動視圖。此過程如圖 16-1 所示。

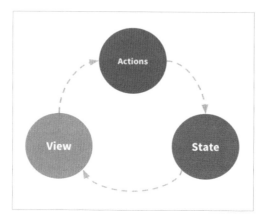

▲ 圖 16-1 單向資料流程使用圖

單向資料流程這種狀態管理模式非常簡潔，對元件不多的簡單 Vue 應用來說，這種模式非常高效，但是對於多元件複雜互動的場景，使用這種方式來進行狀態管理就會比較困難。我們來思考下面兩個問題：

（1）有多個元件依賴於同一個狀態。

（2）多個元件都可能觸發動作變更同一個狀態。

對於問題（1），使用上面所述的狀態管理方法很難實現，對於巢狀結構的多個元件，還可以透過傳值的方式來傳遞狀態，但是對於同等級的多個元件，共用同一狀態是非常困難的。

對於問題（2），若不同的元件要更改同一個狀態，最直接的方式是將觸發動作交給上層，對於多層巢狀結構的元件，則需要一層一層地向上傳遞事件，在最上層統一處理狀態的更改，這會使程式的維護難度大大增加。

Vuex 就是基於這種應用場景產生的，在 Vuex 中，我們可以將需要元件間共用的狀態取出出來，以一個全域的單例模式進行管理。在這種模式下，視圖無論在視圖樹中的哪個位置，都可以直接獲取這些共用的狀態，也可以直接觸發修改動作來動態改變這些共用的狀態。

16.1.2 安裝與體驗 Vuex

與前面使用過的模組的安裝方式類似，使用 npm 可以非常方便地為專案安裝 Vuex 模組，命令如下：

```
npm install vuex@next --save
```

在安裝過程中，如果有許可權相關的錯誤產生，可以在命令前新增 sudo。安裝完成後，即可在專案的 package.json 檔案中看到相關的相依設定以及所安裝的 Vuex 版本，程式如下：

```
"dependencies": {
  "core-js": "^3.8.3",
  "element-plus": "^2.3.3",
  "vue": "^3.2.13",
  "vue-class-component": "^8.0.0-0",
  "vuex": "^4.0.2"
}
```

下面體驗一下 Vuex 狀態管理的基本功能。首先仿照 HelloWorld 元件建立一個新的元件，命名為 HelloWorld2.vue，其功能是一個簡單的計數器，程式如下：

➡ 【原始程式見附件程式 / 第 16 章 /1_vuex_demo/src/components/ HelloWorld2.vue 】

```
<template>
    <h1>計數器 2:{{ count }}</h1>
    <button @click="increment">增加 </button>
</template>

<script lang="ts">
import { Options, Vue } from 'vue-class-component';
```

```
@Options({})
export default class HelloWorld2 extends Vue {
  count = 0
  increment() {
    this.count ++
  }
}
</script>
```

修改 App.vue 檔案如下：

➡ 【原始程式見附件程式 / 第 16 章 /1_vuex_demo/src/App.vue】

```
<template>
  <HelloWorld />
  <HelloWorld2 />
</template>
<script lang="ts">
import { Options, Vue } from 'vue-class-component';
import HelloWorld from './components/HelloWorld.vue';
import HelloWorld2 from './components/HelloWorld2.vue';
@Options({
  components: {
    HelloWorld,
    HelloWorld2
  }
})
export default class App extends Vue {}
</script>
```

執行此 Vue 專案，在頁面上可以看到兩組計數器，如圖 16-2 所示。

▲ 圖 16-2　範例專案執行效果

此時，這兩個計數器元件是相互獨立的，即點擊第 1 個按鈕只會增加第 1 個計數器的值，點擊第 2 個按鈕只會增加第 2 個計數器的值。如果需要讓這兩個計數器共用一個狀態，且同時操作此狀態，就需要 Vuex 出馬了。

Vuex 框架的核心是 store，即倉庫。簡單理解，store 本身就是一個容器，其內儲存和管理應用中需要多元件共用的狀態。Vuex 中的 store 非常強大，其中儲存的狀態是回應式的，若 store 中的狀態資料發生變化，其會自動反映到對應的元件視圖上。並且，store 中的狀態資料並不允許開發者直接進行修改，改變 store 中狀態資料的唯一辦法是提交 mutation 操作，透過這樣嚴格的管理，可以更加方便地追蹤每個狀態的變化過程，幫助我們進行應用的偵錯。

現在，我們來使用 Vuex 對上面的程式進行改寫，在 main.ts 檔案中撰寫以下程式：

➔ 【程式部分 16-1　原始程式見附件程式 / 第 16 章 /1_vuex_demo/src/App. vue 】

```
import { createApp } from 'vue'
import App from './App.vue'
import ElementPlus from 'element-plus'
// 引入 createStore 方法
import { createStore } from 'vuex'
// 建立 Vuex 倉庫 store 實例
const store = createStore({
    // 定義要共用的狀態資料
    state() {
        return {
            count:0
        }
    },
    // 定義修改狀態的方法
    mutations: {
        increment(state{count:number}) {
            state.count ++
        }
    }
})
```

```
const instance = createApp(App)
// 注入 Vuex 的 store
instance.use(store)
// 載入 ElementPlus 模組
instance.use(ElementPlus)
instance.mount('#app')
```

之後我們就可以在元件中共用 count 狀態，並且透過提交 increment 操作來修改此狀態，修改 HelloWorld 與 HelloWorld2 元件的程式如下：

➡ 【程式部分 16-2】

```
HelloWorld.vue:
<template>
  <h1> 計數器 1:{{ this.$store.state.count }}</h1>
  <button @click="increment"> 增加 </button>
</template>
<script lang="ts">
import { Options, Vue } from 'vue-class-component';
@Options({})
export default class HelloWorld extends Vue {
  increment() {
    (this as any).$store.commit('increment')
  }
}
</script>
HelloWorld2.vue:
<template>
    <h1> 計數器 2:{{ this.$store.state.count }}</h1>
    <button @click="increment"> 增加 </button>
  </template>
  <script lang="ts">
  import { Options, Vue } from 'vue-class-component';
  @Options({})
  export default class HelloWorld2 extends Vue {
    count = 0
    increment() {
        (this as any).$store.commit('increment')
    }
```

```
    }
</script>
```

可以看到，在元件中使用 $store 屬性可以直接獲取 store 實例，此實例的 state 屬性中儲存著所有共用的狀態資料，且是回應式的，可以直接綁定到元件的視圖進行使用。當需要對狀態進行修改時，需要呼叫 store 實例的 commit 方法來提交變更操作，在這個方法中，直接傳入要執行更改操作的方法名稱即可。注意，直接在 Vue 的範本中使用 this 關鍵字會拋出 TypeScript 的類型檢查例外，我們可以在 tsconfig.json 檔案的 compilerOptions 選項中新增以下設定來規避：

```
"noImplicitThis":false
```

再次執行專案，會發現頁面上的兩個計數器的狀態已經能夠聯動起來。後面我們將討論更多 Vuex 的核心概念。

16.2 Vuex 中的一些核心概念

本節將討論 Vuex 中的 5 個核心概念：state、getter、mutation、action 和 module。

16.2.1 Vuex 中的狀態 state

我們知道，狀態實際上就是應用中元件需要共用的資料。在 Vuex 中採用單一狀態樹來儲存狀態資料，也就是說我們的資料來源是唯一的。在任何元件中，都可以使用以下方式來獲取任何一個狀態樹中的資料：

```
this.$store.state
```

當元件中所使用的狀態資料非常多時，這種寫法就會顯得有些煩瑣，我們也可以使用 Vuex 中提供的 mapState 方法將其直接映射成元件的計算屬性進行使用。由於狀態資料本身具有回應性，因此將其映射為計算屬性後也具有回應性，使用計算屬性和直接使用狀態資料並無不同。範例程式如下：

➔　【程式部分 16-3】

```
<template>
  <h1>計數器 1:{{ count }}</h1>
  <button @click="increment">增加</button>
</template>
<script lang="ts">
import { Options, Vue} from 'vue-class-component';
import { mapState } from 'vuex'
// 使用 mapState 將狀態資料映射成計算屬性
@Options({
  computed:mapState(['count'])
})
export default class HelloWorld extends Vue {
  count!: number // 宣告屬性
  increment() {
    (this as any).$store.commit('increment')
  }
}
</script>
```

　　如果元件使用的計算屬性的名稱與 store 中定義的狀態名稱不一致，也可以在 mapState 中傳入物件來進行設定，可以透過字串進行名稱映射，例如：

```
@Options({
  computed:mapState({
    'countData':'count'
  })
})
```

　　也可以透過函數來定義映射關係：

```
@Options({
  computed:mapState({
    countData(state:any){
      return state.count
    }
  })
})
```

　　雖然使用 Vuex 管理狀態非常方便，但是這並不表示需要將元件所有使用到的資料都放在 store 中，這會使 store 倉庫變得巨大且容易產生衝突。對於那些完全是元件內部使用的資料，還是應該將其定義為局部的狀態。

16.2.2 Vuex 中的 Getter 方法

　　在 Vue 中，計算屬性實際上就是 Getter 方法，當我們需要將資料處理過再進行使用時，就可以使用計算屬性。對 Vuex 來說，借助 mapState 方法方便將狀態映射為計算屬性，從而增加一些我們所需的業務邏輯。但是如果有些計算屬性是通用的，或說，這些計算屬性是多元件共用的，此時在這些元件中都實現一遍這些計算方法就顯得非常多餘。Vuex 允許我們在定義 store 實例時新增一些倉庫本身的計算屬性，即 Getter 方法。

　　以 16.2.1 節撰寫的範例程式為基礎，修改 store 定義如下：

➔ 【程式部分 16-4】

```
// 建立 Vuex 倉庫 store 實例
const store = createStore({
    // 定義要共用的狀態資料
    state() {
        return {
            count:0
        }
    },
    // 定義修改狀態的方法
    mutations: {
        increment(state:{count:number}) {
            state.count ++
        }
    },
    getters: {
        countText (state) {
            return state.count + " 次 "
        }
    }
})
```

　　Getter 方法本身也具有回應性，當其內部使用的狀態發生改變時，其也會觸發所綁定元件的更新。在元件中使用 store 的 Getter 資料方法如下：

```
<template>
  <h1>計數器 1:{{ this.$store.getters.countText }}</h1>
  <button @click="increment">增加</button>
</template>
```

　　Getter 方法中也支援參數的傳遞，這時需要讓其傳回一個函數，在元件中使用時非常靈活，例如修改 countText 方法如下：

```
getters: {
    countText (state) {
        return (s:any)=>{
            return state.count + s
        }
    }
}
```

　　使用方式如下：

```
<h1>計數器 1:{{ this.$store.getters.countText(' 次 ') }}</h1>
```

　　對於 Getter 方法，Vuex 中也提供了一個方法用來將其映射到元件內部的計算屬性中，範例如下：

➜　【程式部分 16-5】

```
<template>
  <h1>計數器 1:{{ countText(" 次 ") }}</h1>
  <button @click="increment">增加</button>
</template>
<script lang="ts">
import { Options, Vue} from 'vue-class-component';
import { mapState, mapGetters } from 'vuex'
@Options({
  computed:mapGetters([
    "countText"
```

```
  ])
})
export default class HelloWorld extends Vue {
  countText:any
  increment() {
    (this as any).$store.commit('increment')
  }
}
</script>
```

16.2.3 Vuex 中的 Mutation

在 Vuex 中，修改 store 中的某個狀態資料的唯一方法是提交 Mutation，Mutation 的定義非常簡單，我們只需要將資料變動的行為封裝成函數，設定在 store 實例的 mutations 選項中即可。在前面撰寫的範例程式中，我們曾使用 Mutation 來觸發計數器資料的自動增加，定義的方法如下：

```
mutations: {
    increment(state:{count:number}) {
        state.count ++
    }
}
```

在需要觸發此 Mutation 時，需要呼叫 store 實例的 commit 方法進行提交，其中使用函數名稱標明要提交的具體修改指令，例如：

```
(this as any).$store.commit('increment')
```

在呼叫 commit 方法提交修改的時候，也支援傳遞參數，如此可以使得 Mutation 方法變得更加靈活。例如上面的例子，可以將自動增加的大小作為參數，修改 Mutation 定義如下：

```
mutations: {
    increment(state:{count:number}, n?:number) {
        state.count += n ?? 1 // 如果變數 n 不為空，則自動增加變數大小為 n，否則自動增加 1
    }
}
```

提交修改的相關程式如下：

```
(this as any).$store.commit('increment', 2)
```

執行專案，可以發現計數器的自動增加步進值已經變成 2。雖然，Mutation
方法中參數的類型是任意的，但是最好使用物件來作為參數，這樣做方便進行
多參數的傳遞，另外也支援採用物件的方式進行 Mutation 方法的提交，例如修
改 Mutation 定義如下：

```
mutations: {
    increment(state:{count:number}, payload?:{n:number}) {
        // 如果變數 n 不為空，則自動增加變數大小為 n，否則自動增加 1
        state.count += payload?.n ?? 1
    }
}
```

之後，就可以使用以下風格的程式來進行狀態修改的提交了：

```
(this as any).$store.commit({type:'increment', n:2})
```

其中，type 表示要呼叫的修改狀態的方法名稱，其他的屬性就是要傳遞的
參數。

16.2.4　Vuex 中的 Action

Action 是我們將要接觸的新的 Vuex 中的核心概念。我們知道，要修改
store 倉庫中的狀態資料，需要透過提交 Mutation 來實現，但是 Mutation 有一個
很嚴重的問題：其定義的方法必須是同步的，即只能同步地對資料進行修改。
在實際開發中，並非所有修改資料的場景都是同步的，例如從網路請求獲取資
料，之後更新頁面。當然，也可以將非同步作業放到元件內部處理，非同步作
業結束後再提交修改到 store 倉庫，但這樣可能會使本來可以重複使用的程式要
在多個元件中分別撰寫一遍。Vuex 中提供了 Action 來處理這種場景。

Action 與 Mutation 類似，不同的是，Action 並不會直接修改狀態資料，而是對 Mutation 進行包裝，透過提交 Mutation 來實現狀態的改變，這樣在 Action 定義的方法中，其允許我們包含任意的一步操作。

以前面撰寫的範例程式為基礎，修改 store 實例的定義如下：

➡ 【程式部分 16-6】

```
// 建立 Vuex 倉庫 store 實例
const store = createStore({
    // 定義要共用的狀態資料
    state() {
        return {
            count:0
        }
    },
    // 定義修改狀態的方法
    mutations: {
        increment(state:{count:number}, payload?:{n:number}) {
            state.count += payload?.n ?? 1
        }
    },
    // 定義 actions 行為
    actions:{
        asyncIncrement(context, payload) {
            setTimeout(() => {
                context.commit('increment', payload)
            }, 3000);
        }
    }
})
```

可以看到，actions 中定義的 asyncIncrement 方法實際上是非同步的，其中延遲了 3 秒後才進行狀態資料的修改。並且，Action 本身也是可以接收參數的，其第一個參數是預設的，其是與 store 實例有著相同方法和屬性的 context 上下文物件，第二個參數是自訂參數，由開發者定義，這與 Mutation 的用法類似。

需要注意的是，在元件中使用 Action 時，需要透過 store 實例物件的 dispatch 方法來觸發，例如：

```
(this as any).$store.dispatch('asyncIncrement',{n:2})
```

對 Action 來說，其允許進行非同步作業，但是這並不是說其必須進行非同步作業，在 Action 中也可以定義同步的方法，只是在這種場景下，其與 Mutation 的功能完全一樣。

16.2.5　Vuex 中的 Module

Module 是 Vuex 進行模組化程式設計的一種方式。前面分析過，在定義 store 倉庫時，無論是其中的狀態，還是 Mutation 和 Action 行為，都是共用的，我們可以將其理解為透過 store 單例來統一地管理它們。在這種情形下，所有的狀態都會集中到同一個物件中，雖然使用起來並沒有什麼問題，但是過於複雜的物件會使閱讀和維護變得困難。為了解決此問題，Vuex 中引入了 Module 模組的概念。

Vuex 允許我們將 store 分割成模組，每個模組擁有自己的 state、mutations、actions、getters，甚至可以巢狀結構擁有自己的子模組。我們先來看一個例子。

修改 main.ts 檔案如下：

➡ 【程式部分 16-7 原始程式見附件程式 / 第 16 章 /1_vuex_demo/src/main. ts】

```
import { createApp } from 'vue'
import App from './App.vue'
import ElementPlus from 'element-plus'
// 引入 createStore 方法
import { createStore } from 'vuex'
// 定義模組介面
interface Module1 {
    count1:number // 計數變數
}
```

```
interface Module2 {
    count2:number // 計數變數
}
// 建立模組
const module1 = {
    state() {
        return {
            count1:7
        }
    },
    mutations: {
        increment1(state: Module1, payload:any) {
            state.count1 += payload.n
        }
    }
}
const module2 = {
    state() {
        return {
            count2:0
        }
    },
    mutations: {
        increment2(state: Module2, payload: any) {
            state.count2 += payload.n
        }
    }
}
// 建立 Vuex 倉庫 store 實例
const store = createStore({
    modules:{
        helloWorld1:module1,
        helloWorld2:module2
    }
})
const instance = createApp(App)
// 注入 Vuex 的 store
instance.use(store)
// 載入 ElementPlus 模組
```

```
instance.use(ElementPlus)
instance.mount('#app')
```

　　如以上程式所示，我們建立了兩個模組，兩個模組中分別定義了不同的狀態和 Mutation 方法。在使用時，提交 Mutation 的方式和之前並沒有什麼不同，在使用狀態資料時，則需要區分模組，例如修改 HelloWorld.vue 檔案如下：

```
<template>
  <h1>計數器 1:{{ this.$store.state.helloWorld1.count1 }}</h1>
  <button @click="increment">增加 </button>
</template>
<script lang="ts">
import { Options, Vue} from 'vue-class-component';
import { mapState, mapGetters } from 'vuex'
@Options({})
export default class HelloWorld extends Vue {
  increment() {
    (this as any).$store.commit({type:'increment1', n:2})
  }
}
</script>
```

　　修改 HelloWorld2.vue 檔案如下：

```
<template>
    <h1>計數器 2:{{this.$store.state.helloWorld2.count2 }}</h1>
    <button @click="increment">增加 </button>
  </template>

  <script lang="ts">
  import { Options, Vue } from 'vue-class-component';

  @Options({})
  export default class HelloWorld2 extends Vue {
    count = 0
    increment() {
        (this as any).$store.commit('increment2', {n:2})
    }
```

```
  }
</script>
```

此時，兩個元件使用各自模組內部的狀態資料，進行狀態修改時，使用的也是各自模組內部的 Motation 方法，這兩個元件從邏輯上實現了模組的分離。

Vuex 模組化的含義是將 store 進行拆分和隔離，你可能已經發現了，目前雖然對模組中的狀態資料進行了隔離，但是實際上 Mutation 依然是共用的，在觸發 Mutation 的時候，也沒有進行模組的區分，如果需要更高的封裝度與重複使用性，可以開啟模組的命名空間功能，這樣模組內部的 Getter、Action 以及 Mutation 都會根據模組的巢狀結構路徑進行命名，實際上實現了模組間的完全隔離，例如修改模組定義如下：

➡ 【程式部分 16-8 原始程式見附件程式 / 第 16 章 /1_vuex_demo/src/main.ts】

```
// 建立模組
const module1 = {
    namespaced: true, // 啟用命名空間
    state() {
        return {
            count1:7
        }
    },
    mutations: {
        increment1(state: Module1, payload:any) {
            state.count1 += payload.n
        }
    }
}
const module2 = {
    namespaced: true, // 啟用命名空間
    state() {
        return {
            count2:0
        }
    },
    mutations: {
```

```
            increment2(state: Module2, payload: any) {
                state.count2 += payload.n
            }
        }
    }
}
```

　　此時這兩個模組在命名空間上實現了分離，需要透過以下方式進行使用：

```
(this as any).$store.commit({type:'helloWorld1/increment1', n:2})
(this as any).$store.commit('helloWorld2/increment2', {n:2})
```

　　Vuex 中的 Module 還有一個非常實用的功能，其支援動態註冊，這樣在撰寫程式時，可以根據實際需要來決定是否新增一個 Vuex 的 store 模組。要進行模組的動態註冊，直接呼叫 store 實例的 registerModule 即可，範例如下：

➜　【原始程式見附件程式 / 第 16 章 /1_vuex_demo/src/main.ts】

```
interface Module1 {
    count1:number
}
interface Module2 {
    count2:number
}
// 建立模組
const module1 = {
    namespaced: true,
    state() {
        return {
            count1:7
        }
    },
    mutations: {
        increment1(state: Module1, payload:any) {
            state.count1 += payload.n
        }
    }
}
const module2 = {
    namespaced: true,
```

```
    state() {
        return {
            count2:0
        }
    },
    mutations: {
        increment2(state: Module2, payload: any) {
            state.count2 += payload.n
        }
    }
}
// 建立 Vuex 倉庫 store 實例
const store = createStore({})
// 動態註冊模組
store.registerModule('helloWorld1', module1)
store.registerModule('helloWorld2', module2)
```

16.3 本章小結

　　本章介紹了在 Vue 專案開發中常用的狀態管理框架 Vuex 的應用。有效的狀態管理可以幫助我們更加順暢地開發大型應用。Vuex 的狀態管理功能主要解決了 Vue 元件間的通訊問題，讓跨層級共用資料或同等級元件共用資料變得非常容易。

　　至此，讀者應該掌握了在 Vue 專案開發中需要的所有技能。後面將透過實戰專案幫助你更進一步地應用這些技能。

　　思考 Vuex 狀態管理能為 Vue 專案開發帶來哪些收益？

提示 可以從元件間通訊的便利性、資料的流轉可回溯性等進行思考。

第17章

實戰：程式設計技術討論區系統開發

透過前面章節的學習，我們已經將與 Vue 程式設計相關的基礎知識和實用框架做了完整介紹。現在是綜合運用所學的知識的時候了。本章將透過一個完整的討論區專案來講解在實際工作中如何使用 Vue 來完成一款大型的產品。

本專案包括前端和後端兩部分，其中前端部分將使用 Vue 來作為基礎框架進行開發，後端部分將使用 Node.js 中的 Express 框架來進行架設。因此，本章涉及一部分 Express 框架的使用，以及部分資料庫操作技術。本實戰專案之所以將前後端技術都包括進來，是為了讓讀者能夠更加全面地了解一款成熟產品的完整開發流程。作為一個優秀的前端開發工作者，除要完成領域內的需求外，對其他技術堆疊有統籌的了解也非常重要，這可以幫助你在制定技術方案和理解其他技術端的設計思想方面有很大的幫助。

　　本專案包括登入註冊模組、討論區首頁模組、內容詳情頁模組、搜尋網頁面模組、文章發佈模組以及評論模組。這些模組是一個完整討論區專案必備的核心部分，實現了這些模組基本可以閉環討論區系統的完整功能。

　　雖然本書前面章節幾乎未涉及後端開發的部分，但是無須過多擔心，對於本專案使用到的後端部分，你只需要跟隨本書的介紹進行實踐即可，不必深究原理。

17.1 專案搭建

　　本討論區系統專案包含前端和後端兩部分。前端部分使用 Vue+TypeScript 以及配套的 Vuex、Vue-Router、Element Plus 等框架進行架設。後端部分透過 Express+SQlLite 的組合來進行服務架設。

17.1.1 前端專案架設

　　前端專案部分是與使用者直接相關的前端頁面及其互動邏輯，這也是本書的核心內容。

　　本專案將使用 Vue CLI 工具來進行專案架設，首先新建一個名為 technique_forum 的專案，採用自訂設定的方式建立，選擇 Vue 3.x+TypeScript 的組合，同時引入 vue-class-component 模組，方便我們採用「類別元件」的風格來撰寫程式。

　　下面引入一些前端開發中需要使用的基本模組，分別在專案目錄下執行以下指令：

```
npm install @element-plus/icons-vue --save
npm install element-plus --save
npm install vue-router --save
npm install vuex --save
npm install vue-axios --save
npm install axios --save
```

這些基本模組幾乎是 Vue 大型專案的標準配備。

打開專案的 main.ts 檔案，對要使用的模組進行設定和引入操作，程式如下：

➡ 【程式部分 17-1 原始程式見附件程式 / 第 17 章 /technique_forum/src/main. ts】

```ts
import { createApp } from 'vue'
// 引入 ElementPlus 模組
import ElementPlus from 'element-plus'
// 引入 CSS 樣式
import 'element-plus/dist/index.css'
// 引入圖示
import * as ElementPlusIconsVue from '@element-plus/icons-vue'
// 引入 vue-axios 模組
import VueAxios from 'vue-axios'
import axios from 'axios';
// 引入 App 群元件
import App from './App.vue'
// 建立 App 實例
const app = createApp(App)
// 遍歷 ElementPlusIconsVue 中的所有元件進行註冊
for (const [key, component] of Object.entries(ElementPlusIconsVue)) {
    // 向應用實例中全域註冊圖示元件
    app.component(key, component)
}
// 註冊 ElementPlus
app.use(ElementPlus)
// 註冊 axios
app.use(VueAxios, axios)
// 將元件掛載到 HTML 元素上
app.mount('#app')
```

這裡尚未對 Veu-Router 和 Vuex 進行設定，這是由於 Veu-Router 需要定義具體的 Router 實例，Vuex 需要定義具體的 Store 實例，我們計畫將其定義在單獨的 TypeScript 檔案中，後面章節撰寫具體業務功能時再來處理。

現在嘗試運行程式，此時我們尚未撰寫任何業務程式，瀏覽器上將展示 Vue 範本專案的範例頁面，如圖 17-1 所示。

前端專案的專案架設暫且告一段落，17.1.2 節架設後端專案。

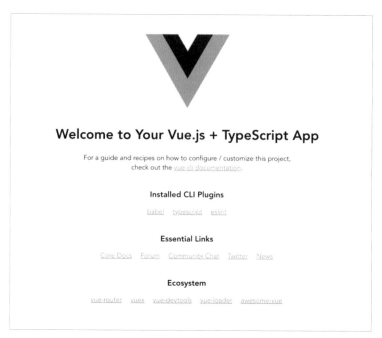

▲　圖 17-1　範本專案的範例頁面

17.1.2　後端專案架設

對一個完整的網際網路專案來說，前端和後端缺一不可。前端主要負責處理與使用者有關的頁面展示、互動邏輯等。後端主要處理資料同步、資料存取與整理等。當然，有些業務邏輯可以在前端處理，也可以在後端處理，要根據實際情況來確定技術上的實現方案。總之，前端更多專注於頁面互動，後端則更多專注於資料存取和處理。

討論區專案離不開後端服務的支援。相信你如果使用過某個討論區網站，一定知道對討論區使用者來說，最主要的功能是閱讀發文和閱讀評論，對應地也需要進行發文的發佈和評論的發佈。這些發文和評論本質上都是資料，使用者產生內容資料透過前端來傳輸到後端，後端服務將資料儲存到資料庫中，並透過整合與處理，將資料傳回前端頁面來供使用者閱讀。

接下來將基於 Node.js 平臺，使用 Express 框架來架設後端專案。Express 是一個非常羽量級的 Web 服務開發框架，我們可以先安裝 Express 的鷹架工具：express-generator。

express-generator 與 Express 的關係就相當於 Vue CLI 與 Vue 的關係。使用 express-generator 可以快速生成一個 Express 專案。使用以下命令來安裝 express-generator 鷹架工具：

```
npm install express-generator -g
```

之後，可以在前面建立的 technique_forum 專案的同級目錄下執行以下指令來建立後端專案：

```
express technique_forum_backend
```

透過上面的指令建立了名為 technique_forum_backend 的後端專案。建立出的範本專案中包含很多檔案，比較重要的有三個目錄：public、router 和 views。其中 public 資料夾用來放一些功能的資源檔，router 資料夾用來放路由檔案，views 資料夾用來放頁面。此 Express 專案主要用來做後端服務（本質上，Express 也可以完成前端的頁面繪製工作），我們只需要關注 router 資料夾中的內容即可，後面撰寫的程式大多也和路由相關。注意，這裡所說的路由並不是 Vue 前端頁面中的路由，我們可以將其理解為後端服務的路由，不同的服務對應不同的路由，例如討論區發文資料獲取和評論資料獲取就可以定義為不同的路由。

關於 Express 專案的結構，我們目前無須深究，後面在撰寫後端服務時可以在實踐中進行體驗。現在，你可以在 technique_forum_backend 目錄下執行以下指令來執行此 Express 專案（執行此指令前不要忘記使用 npm install 指令來安裝相依）：

```
npm run start
```

執行成功後，系統會開啟一個通訊埠編號為 3000 的服務，可以在瀏覽器中輸入以下位址來進行存取：

```
http://localhost:3000/
```

頁面如圖 17-2 所示。Express 預設的範本將傳回一個簡單的歡迎頁面。

Express

Welcome to Express

▲ 圖 17-2　Express 範本專案執行範例

現在，我們完成了基礎專案的架設，後面將正式進入技術交流討論區專案的實戰開發。

17.2　登入註冊模組

如果你已經是 IT 行業的從業者，那麼你一定瀏覽過技術類型的討論區網站。開發者經常需要透過技術討論區來交流學習，分享工作中的問題和探討解決方案。作為技術討論區，支援使用者進行發帖、評論和回覆是基礎功能，因此需要有使用者系統。有使用者系統就一定需要有登入和註冊功能。本節將介紹使用者系統的開發。

17.2.1　SQLite 資料庫的應用

使用者資訊資料需要持久化地進行儲存，在後端服務中，資料庫是必不可少的。在本專案中，我們使用 SQLite 資料庫，SQLite 資料庫是一種檔案資料庫，支援執行 SQL 敘述，效率很高且非常輕量。首先在系統中安裝 SQLite 資料庫軟體。

以 macOS 系統為例，在終端使用以下指令即可安裝 SQLite 資料庫，如果使用的不是 macOS 的裝置，也可以在搜尋引擎中直接搜尋 SQLite，來獲取對應系統的安裝套件進行安裝：

```
brew install sqlite
```

安裝完成後，即可在終端直接進行 SQLite 資料庫的操作。當然，也可以選擇安裝一款視覺化的 SQLite 工具，這樣可以更加直觀地對資料庫操作。

要定義的使用者資料表需要包含如表 17-1 所示的欄位。

▼ 表 17-1　要定義的使用者資料表需要包含的欄位

欄位名稱	類　　型	約　　束	意　　義
id	INTEGER	自動增加主鍵	使用者帳號的唯一標識
nickname	VARCHAR(32)	不可為空	使用者的暱稱
account	VARCHAR(32)	唯一且不可為空	使用者的帳號
password	VARCHAR(32)	不可為空	使用者的密碼

其中，使用者 id 作為唯一標識，將其定義為自動增加的主鍵，使用者註冊帳號時，我們預設為其分配一個 id，使用者需要自己輸入暱稱、帳號和密碼，同時需要約束這些欄位的值都不為空，且帳號是唯一的。

在 technique_forum_backend 專案的根目錄下，新建一個名為 db 的資料夾，用來存放資料庫檔案與資料庫操作相關的程式模組。使用終端在此目錄下執行以下指令來建立一個新的資料庫：

```
sqlite3 forum.db
```

之後終端會進入 SQLite 3 資料庫軟體的可互動環境中，執行以下指令進行使用者資料表的建立：

➜ 【程式部分 17-2】

```
CREATE TABLE IF NOT EXISTS user (
  id INTEGER PRIMARY KEY AUTOINCREMENT,
  nickname VARCHAR(32) NOT NULL,
  account VARCHAR(32) UNIQUE NOT NULL,
  password VARCHAR(32) NOT NULL
);
```

使用者資料表建立完成後，即可在其中進行資料的增刪改查，先插入一筆資料方便做測試，執行以下指令：

➜ 【程式部分 17-3】

```
INSERT INTO user (nickname, account, password)
VALUES ('小明', 'xiaoming', '123456');
```

插入完成後，可先暫時將終端關閉。我們已經做好了資料庫的準備工作，之後可以在 technique_forum_backend 專案中引入 SQLite 模組來進行一些簡單的測試。

在專案目錄下執行以下指令來安裝 SQLite 模組：

```
npm install sqlite3 --save
```

如果安裝成功，專案的 package.json 檔案的相依項如下：

```
"dependencies": {
  "cookie-parser": "~1.4.4",
  "debug": "~2.6.9",
  "express": "~4.16.1",
  "http-errors": "~1.6.3",
  "jade": "~1.11.0",
  "morgan": "~1.9.1",
  "sqlite3": "^5.1.6"
}
```

在專案的 db 目錄下新建一個名為 db.js 的檔案,將資料庫操作相關的方法都放入此檔案中。程式如下:

➡ 【程式部分 17-4 原始程式見附件程式 / 第 17 章 /technique_forum_ backend/db.js】

```
// 引入 sqlite3 模組
const sqlite3 = require('sqlite3').verbose();
// 專案中的資料庫檔案路徑,以根目錄為參照
const dbName = './db/forum.db';
// 此方法為測試方法,將查詢到資料庫中所有使用者資訊
function queryAllUsersInfoFromDB(callback) {
    // 打開資料庫
    const db = new sqlite3.Database(dbName);
    // 定義 SQL 敘述
    const sql = 'SELECT * FROM user';
    // 查詢所有資料
    db.all(sql, [], (err, rows)=>{
        // 進行回呼
        callback(err, rows)
    });
    // 關閉資料庫
    db.close();
}
// 匯出模組
module.exports = {
    queryAllUsersInfoFromDB
}
```

上面的程式只定義了一個測試方法,之後修改 users.js 檔案中的路由方法實現,修改程式如下:

➡ 【程式部分 17-5 原始程式見附件程式 / 第 17 章 /technique_forum_ backend/db/db.js】

```
var express = require('express');
var router = express.Router();
// 引入資料庫工具
var dbManager = require('../db/db')
```

```
// 使用者路由
router.get('/', function(req, res, next) {
  // 從資料庫中讀取資料
  dbManager.queryAllUsersInfoFromDB((err, data)=>{
    // 定義 response 的結構，設定 Response Code 並將資料進行 JSON 化傳回
    res.status(200).json(data);
  })
});
module.exports = router;
```

現在，執行專案，在瀏覽器中輸入以下位址：

```
http://localhost:3000/users
```

可以看到，已經能夠透過 Express 服務來讀取資料庫中所有的使用者資料了，如圖 17-3 所示。

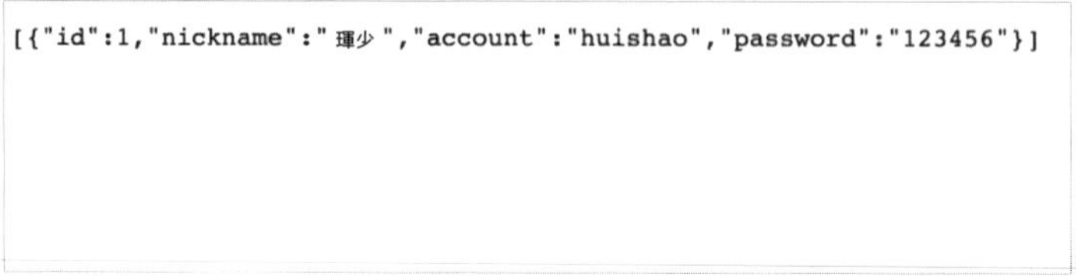

```
[{"id":1,"nickname":"琿少","account":"huishao","password":"123456"}]
```

▲ 圖 17-3　透過 Express 讀取資料庫資料範例

17.2.2　使用者登入註冊服務介面實現

本小節來實現後端服務中的使用者註冊介面，本小節所提到的專案專案都特指後端服務 technique_forum_backend 專案。

關於使用者的登入註冊模組，需要提供兩個後端介面服務，一個介面用來進行使用者註冊，我們可以將此服務介面使用的方法定義為 POST 類型；另一個介面用來進行登入，需要使用者輸入帳戶和密碼，後端服務驗證無誤後，將完整的使用者資訊傳回，此介面可以定義為 GET 類型。

我們先來實現使用者註冊介面，使用者註冊需要提供的資訊包括帳戶、密碼、暱稱 3 項，並且這 3 項都是必填項，帳戶必須唯一。在專案的根目錄下，

新建一個名為 format 的資料夾，再在其中新建一個名為 response.js 的檔案，在其中撰寫以下程式：

➜ 【程式部分 17-6 原始程式見附件程式 / 第 17 章 /technique_forum_
　backend/format/response.js】

```
// 標準化傳回結構
function FormatResponse(success, msg, content) {
    return {
        success: success,              // 呼叫是否成功
        msg: success ? "ok" : msg,     // 如果呼叫失敗，失敗原因
        content: content               // 如果呼叫成功，傳回的具體資料
    }
}
module.exports = {
    FormatResponse
};
```

上面的 FormatResponse 方法用來生成標準化結構的傳回資料。

在 db.js 檔案中新增兩個方法，程式如下：

➜ 【程式部分 17-7 原始程式見附件程式 / 第 17 章 /technique_forum_
　backend/db/db.js】

```
// 判斷帳戶是否已經存在
function accountIfExist(account, callback) {
    // 打開資料庫
    const db = new sqlite3.Database(dbName);
    // 定義 SQL 敘述
    const sql = 'SELECT account FROM user where account = '${account}';';
    // 查詢所有資料
    db.all(sql, [], (err, rows)=>{
        if (rows.length > 0) {
            callback(true)
        } else {
            callback(false)
        }
    });
```

```
    // 關閉資料庫
    db.close();
}
// 新建一個帳戶
function createAccount(nickname, account, password, callback) {
    // 打開資料庫
    const db = new sqlite3.Database(dbName);
    // 定義 SQL 敘述
    const sql = 'INSERT INTO user (nickname, account, password) VALUES
('${nickname}', '${account}', '${password}');';
    db.run(sql, (res, err)=>{
        if (err) {
            callback(err, null);
        } else {
            db.get('SELECT * FROM user WHERE account = '${account}';', (err, row) => {
                console.log(err);
                callback(null, row);
            });
        }
    });
    // 關閉資料庫
    db.close();
}
```

上面的程式中，accountIfExist 方法用來判斷某個帳戶是否已經存在，在使用者進行註冊時，相同的帳戶名稱不能重複註冊。createAccount 方法用來進行具體的註冊操作，簡單來說就是將暱稱、帳戶、密碼儲存到資料庫中。儲存成功後，資料庫會自動為帳戶分配 id。

提示 在 db.js 檔案中新定義的方法不要忘記使用 module.exports 匯出，程式如下：

```
    // 匯出模組
    module.exports = {
        queryAllUsersInfoFromDB,
        accountIfExist,
        createAccount
    }
```

下面撰寫具體的介面邏輯，在 users.js 檔案中新增以下程式：

➜ 【程式部分 17-8 原始程式見附件程式 / 第 17 章 /technique_forum_
backend/routers/users.js】

```
router.post('/create', function(req, res, next) {
    // 首先從請求的資料中獲取參數
    var params = req.body;
    var account = params.account;
    var password = params.password;
    var nickname = params.nickname;
    // 進行有效性驗證
    if (!account || !password || !nickname) {
      res.status(404).json(FormatResponse.FormatResponse(false, "缺少必填參數", ""));
      return;
    }
    // 查詢資料庫中使用者是否已經存在
    dbManager.accountIfExist(account, (exist)=>{
      if (exist) {
        // 帳戶已經存在
        res.status(409).json(FormatResponse.FormatResponse(false, "帳戶已存在，請
更換進行註冊", ""));
      } else {
        // 帳戶不存在，進行寫入函數庫註冊
        dbManager.createAccount(nickname, account, password, (err, user)=>{
          if (err) {
            // 寫入異常，傳回註冊失敗
            res.status(404).json(FormatResponse.FormatResponse(false, "註冊失敗",
""));
          } else {
            // 寫入成功，將完整的使用者資料進行傳回
            res.status(200).json(FormatResponse.FormatResponse(true, "", user));
          }
        })
      }
    })
});
```

上面的程式新增了對 /users/create 路由 POST 請求的處理，在 Express 框架中，接收到 POST 請求後，可以從請求物件的 body 屬性中獲取使用者設定的參數。這裡需要對帳戶、密碼和暱稱進行不為空驗證，且需要查詢帳戶是否已經存在，當帳戶不存在時，允許使用者進行註冊，將使用者設定的資訊存入資料庫並傳回完整的使用者資訊。

執行後端服務專案，可以在終端發起註冊請求來測試此介面的功能。在終端輸入以下指令發起 POST 請求：

```
curl -H "Content-Type: application/json" -X POST -d '{"account":"hui10",
"password":"123455","nickname":"琿少"}' "http://localhost:3000/users/create"
```

之後終端將輸出類似以下資訊，表示介面功能正常，使用者可以註冊成功：

```
{"success":true,"msg":"ok","content":{"id":10,"nickname":"琿少","account":
"hui10","password":"123455"}
```

如果此時使用相同的 account 繼續呼叫註冊介面進行註冊，則會傳回異常資訊如下：

```
{"success":false,"msg":"帳戶已存在，請更換進行註冊","content":""}
```

完成註冊服務介面的開發後，我們再來新增一個登入介面，在 users.js 檔案中新增以下程式：

➔ 【程式部分 17-9 原始程式見附件程式 / 第 17 章 /technique_forum_backend/routers/users.js】

```
// 登入介面
router.get('/login', function(req, res, next){
  // 獲取登入的帳戶和密碼參數
  var params = req.query;
  var account = params.account;
  var password = params.password;
  // 進行有效性驗證
  if (!account || !password) {
    res.status(404).json(FormatResponse.FormatResponse(false, "帳戶或密碼不能為空
```

```
", ""));
    return;
  }
  // 讀取資料庫使用者資料
  dbManager.queryUser(account, (err, user)=>{
    console.log(password, user);
    if (user) {
      // 如果讀取到使用者資料，則判斷密碼是否正確
      if (user.password == password) {
        res.status(200).json(FormatResponse.FormatResponse(true, "", user));
      } else {
        res.status(500).json(FormatResponse.FormatResponse(false, " 密碼錯誤 ", ""));
      }
    } else {
      // 沒有讀取到使用者資料，傳回提示註冊
      res.status(404).json(FormatResponse.FormatResponse(false, " 不存在的帳戶，請
先註冊 ", ""));
    }
  })
});
```

注意，登入介面為 GET 類型的請求，參數需要拼接到請求 URL 中，我們可以直接在瀏覽器輸入以下位址進行登入測試：

```
http://localhost:3000/users/login?account=hui10&password=123455
```

可以看到，瀏覽器將展示傳回的完整使用者資訊，如圖 17-4 所示。

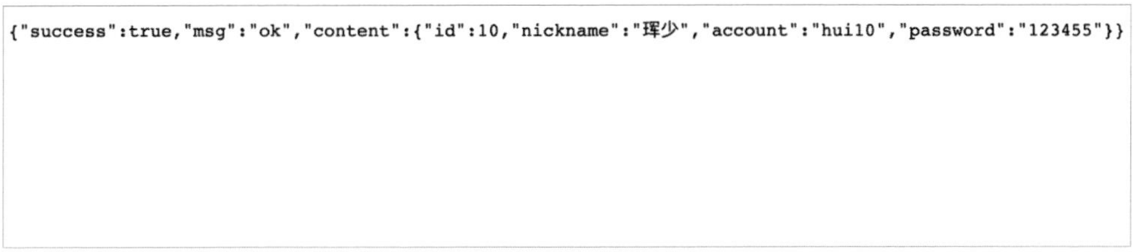

```
{"success":true,"msg":"ok","content":{"id":10,"nickname":"珲少","account":"hui10","password":"123455"}}
```

▲ 圖 17-4 登入介面測試

雖然從終端和瀏覽器上已經可以進行介面的呼叫，但是如果要在 Vue 專案中使用這些介面，還需要設定允許跨域請求。在專案的 app.js 檔案中撰寫以下程式：

➜ 【程式部分 17-10　原始程式見附件程式 / 第 17 章 /technique_forum_
　　backend/app.js】

```
var app = express();
app.all('*', (req, res, next) => {
  // 設定允許跨域存取
  res.setHeader('Access-Control-Allow-Credentials', 'true')
  res.setHeader('Access-Control-Allow-Origin', req.get('Origin') ?
req.get('Origin') : "")
  // 允許跨域請求的方法
  res.setHeader(
    'Access-Control-Allow-Methods',
    'POST, GET, OPTIONS, DELETE, PUT'
  )
  // 允許跨域請求 header 攜帶哪些東西
  res.header(
    'Access-Control-Allow-Headers',
    'Origin, X-Requested-With, Content-Type, Accept, If-Modified-Since'
  )
  next()
})
```

這裡需要注意 app.all 方法必須儘量放在檔案中靠前的位置，Node.js 在執行時會按程式順序進行解析。

至此，我們已經完成了簡易的登入和註冊介面，在真實業務中，使用者資訊可能會更加豐富，目前我們的邏輯是如果登入成功，則會傳回有使用者 id 的完整使用者資料，之後的使用者操作都將與此 id 進行綁定，這其實是不安全的，實際應用中通常會分配一個 token 給登入的使用者進行使用。此專案設計得比較簡易，但麻雀雖小，五臟俱全，相信你跟著本書的安排進行編碼練習後，能對網際網路專案開發前後端的整體流程有更深入的理解。

17.2.3 節開始架設登入註冊的前端頁面，前端專案透過對介面的呼叫來完整地實現使用者登入註冊模組。

17.2.3 前端登入註冊頁面架設

本小節來撰寫前端專案的登入註冊模組。本小節所涉及的「開發專案」都特指前端 trchnique_forum 專案。

可以直接將範本專案中的 HelloWorld.vue 檔案刪除，專案中不需要使用此檔案。在專案的 src 目錄下新建一個名為 tools 的目錄，在開始撰寫頁面前，我們先將路由和狀態管理相關的功能準備好。

在 tools 資料夾下新建一個名為 Store.ts 的檔案，在其中撰寫以下程式：

➡ 【程式部分 17-11 原始程式見附件程式 / 第 17 章 /technique_forum/src/tools/Store.ts】

```
import { createStore } from 'vuex'
// 描述使用者資訊的介面
interface UserInfo {
    account:string
    nickname:string
    id:number
}
const store = createStore<UserInfo>({
    // 進行狀態資料初始化
    state () {
        return {
            account:"",
            nickname:"",
            id:NaN
        }
    },
    // 提供一個 Getter 方法來獲取登入狀態
    getters: {
        isLogin: (state) => {
            return !isNaN(state.id);
        }
```

```
    },
    // 提供修改使用者資訊和清空使用者資訊的方法
    mutations: {
        clearUserInfo(state) {
            state.account = "";
            state.nickname = "";
            state.id = NaN
        },
        registUserInfo(state, userinfo: UserInfo) {
            state.account = userinfo.account;
            state.nickname = userinfo.nickname;
            state.id = userinfo.id;
        }
    }
})
// 匯出需要使用的物件和介面
export default store;
export {UserInfo};
```

　　這裡我們定義了一個使用者資訊介面，當使用者登入成功後，使用者資料會全域進行儲存。只要本地有儲存使用者的 id 資料，就認為當前使用者已經處於登入狀態。

　　在 components 資料夾下新建 3 個子資料夾，分別命名為 home、layout 和 login。我們先將需要的頁面元件範本建立出來。

　　在 home 資料夾下新建 Home.vue 檔案，撰寫程式如下：

```
<template>
    首頁
</template>
<script lang="ts">
import { Options, Vue } from 'vue-class-component';
@Options({})
export default class Home extends Vue {}
</script>
```

在 layout 資料夾下新建 Layout.vue 檔案，撰寫程式如下：

```
<template>
    Layout 頁面
</template>
<script lang="ts">
import { Options, Vue } from 'vue-class-component';
@Options({})
export default class Layout extends Vue {}
</script>
```

在 login 資料夾下新建兩個 Vue 檔案，分別命名為 Login.vue 和 SignUp.vue。分別撰寫程式如下：

Login.vue：

```
<template>
    登入頁面
</template>
<script lang="ts">
import { Options, Vue } from 'vue-class-component';
@Options({})
export default class Login extends Vue {}
</script>
```

SignUp.vue：

```
<template>
    註冊頁面
</template>
<script lang="ts">
import { Options, Vue } from 'vue-class-component';
@Options({})
export default class SignUp extends Vue {}
</script>
```

這些分頁檔中目前尚未撰寫任何業務程式，先將其建立出來，方便路由邏輯的架設。在 tools 資料夾下新建一個名為 Router.ts 的檔案，撰寫以下程式：

→　【程式部分 17-12 原始程式見附件程式 / 第 17 章 /technique_forum/src/tools/Router.ts】

```typescript
// 模組匯入
import { Router, createRouter, createWebHashHistory } from 'vue-router'
import store from '../tools/Store'
import Layout from '../components/layout/Layout.vue'
import Login from '../components/login/Login.vue'
import SignUp from '../components/login/SignUp.vue'
import Home from '../components/home/Home.vue'
// 建立路由物件
const router:Router = createRouter({
    history:createWebHashHistory(),
    routes:[
        {
            path:'/',
            component:Layout,
            name:"Layout",
            children: [
                {
                    path:'home', // 首頁
                    component:Home,
                    name:"home"
                },
                {
                    path:'login', // 登入頁面
                    component:Login,
                    name:"login"
                },
                {
                    path:'sign', // 註冊頁面
                    component:SignUp,
                    name:"sign"
                }
            ]
        }
    ]
})
// 建立前置路由守衛
router.beforeEach((from) => {
```

```
    // 獲取登入狀態
    const isLogin = store.getters.isLogin;
    // 如果已經登入或存取的是登入註冊模組的頁面,再允許
    if (isLogin || from.name == 'login' || from.name == 'sign') {
        return true;
    } else {
        // 未登入時存取其他頁面都跳躍到登入頁面
        return {name: 'login'}
    }

})
export default router;
```

在 main.ts 檔案中對狀態管理與路由元件進行註冊,新增程式如下:

➜ 【原始程式見附件程式 / 第 17 章 /technique_forum/src/main.ts】

```
// 引入 router 物件
import router from './tools/Router'
// 引入 store 物件
import store from './tools/Store'
// 註冊 router
app.use(router)
// 註冊 Vuex
app.use(store)
```

下面我們可以來實現具體的頁面框架,首先對範本生成的 App.vue 檔案中的程式做些修改,使其透過路由來載入指定頁面,程式如下:

➜ 【原始程式見附件程式 / 第 17 章 /technique_forum/src/App.vue】

```
<template>
  <!-- 路由主入口 -->
  <router-view />
</template>
<script lang="ts">
import { Options, Vue } from 'vue-class-component';
@Options({})
export default class App extends Vue {}
</script>
```

```
<style>
body {
  height: 100%;
  width: 100%;
  margin: 0;
  padding: 0;
  background-color: #e2e2e2;
}
div {
  margin: 0;
  padding: 0;
}
h1 {
  margin: 0;
  padding: 0;
}
</style>
```

在 Layout.vue 檔案中撰寫以下程式：

➜　【程式部分 17-13 原始程式見附件程式 / 第 17 章 /technique_forum/src/
components/layout/Layout.vue】

```
<template>
    <el-container id="container">
        <!-- 新增一個通用的標頭 -->
        <el-header style="margin:0;padding:0; box-shadow: 5px 5px 10px #c1c1c1;"
height="80px">
                <el-container style="background-color:#FFFFFF;margin:0; padding:0;
height:80px">
                    <div style="margin: auto;margin-left:300px"><h1> 開發者技術交流討論
區 </h1></div>
                </el-container>
            </el-header>
        <el-main style="padding:0; margin-top: 20px">
        <!-- 這裡用來著色具體的功能模組 -->
        <router-view></router-view>
        </el-main>
    </el-container>
```

```
</template>
<script lang="ts">
import { Options, Vue } from 'vue-class-component';
@Options({})
export default class Layout extends Vue {}
</script>
<style scoped>
#container {
    height: 100%;
    width:100%;
    margin: 0px;
    padding: 0px;
}
</style>
```

Layout 元件中也使用了 router-view 元件，這裡的路由入口是子路由，用來著色頁面中具體的內容部分。Layout 頁面大致被分為兩部分，上面是靜態的標頭視圖，下面是內容視圖。

對於 Home.vue 檔案暫且不做處理，先來實現登入和註冊頁面。在 Login. vue 檔案中撰寫以下程式：

➡ 【程式部分 17-14 原始程式見附件程式 / 第 17 章 /technique_forum/src/ components/login/Login.vue】

```
<template>
    <div id="container">
        <div id="title"> 使用者登入 </div>
        <!-- 資訊輸入區 -->
        <el-row class="input">
            <el-col :span="3"><div class="label"> 帳戶：</div></el-col>
            <el-col :span="9"><el-input v-model="account" prefix-icon="User"
placeholder=" 請輸入帳戶 "></el-input></el-col>
        </el-row>
        <el-row class="input">
            <el-col :span="3"><div class="label"> 密碼：</div></el-col>
            <el-col :span="9"><el-input v-model="password" prefix-icon="Key"
placeholder=" 請輸入密碼 "></el-input></el-col>
        </el-row>
```

```
            <!-- 登入按鈕 -->
            <el-button @click="login" style="width:100px; margin-top: 20px;
margin-left: 100px;" type="primary" :disabled="disabled"> 登入 </el-button>
            <!-- 跳躍註冊頁面的連結 -->
            <div class="link"><el-link href="#/sign"> 還沒有帳戶？立即註冊 </el-link> </div>
        </div>
</template>
<script lang="ts">
import { Options, Vue } from 'vue-class-component';
@Options({})
export default class Login extends Vue {
    // 登入按鈕是否可用
    get disabled() {
        return !(this.account && this.password)
    }
    // 綁定到帳戶輸入框的資料
    account?: string = ""
     // 綁定到密碼輸入框的資料
    password?: string = ""
    // 登入按鈕點擊方法
    login() {
        console.log("login");
    }
}
</script>
<style scoped>
#container {
    margin: 0 auto;
    width: 800px;
    background-color: white;
    box-shadow: 5px 5px 10px #c1c1c1;
    border-radius: 5px;
    overflow:hidden
}
#title {
    margin: 10px 0px 0px 20px;
    font-size: 18px;
    font-weight: bold;
}
```

```
.label {
    display: flex;
    height: 100%;
    line-height: 100%;
    justify-content: center;
    align-items: center;
}
.input {
    margin-top: 20px;
    text-align: center;
}
.link {
    margin-left: 100px;
    margin-top: 15px;
    margin-bottom: 20px;
}
</style>
```

　　上面的程式中並未處理登入按鈕的狀態切換邏輯和使用者真正的登入邏輯，只是先將頁面架設了出來，現在如果你在瀏覽器中輸入 http://localhost:8080/ 位址，因為沒有登入資訊，可以看到瀏覽器會自動被路由到 http://localhost:8080/#/login 頁面，如圖 17-5 所示。

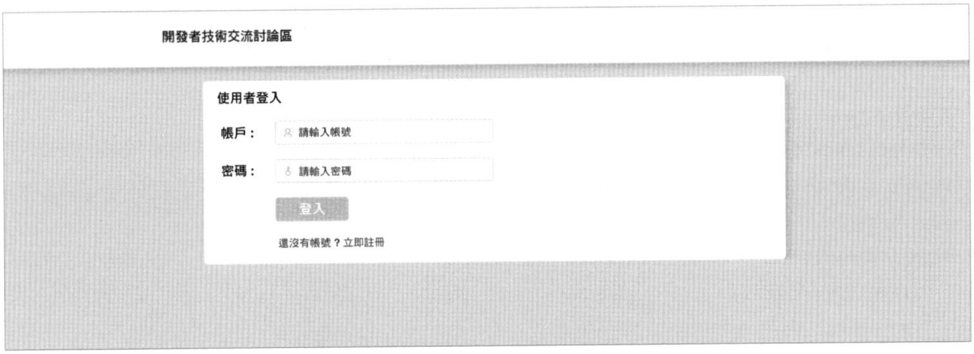

▲ 圖 17-5 登入頁面架設效果

註冊頁面的架設也是類似的邏輯，在 SignUp.vue 檔案中撰寫以下程式：

➔ 【程式部分 17-15 原始程式見附件程式 / 第 17 章 /technique_forum/src/
components/login/SignUp.vue】

```ts
<template>
    <div id="container">
        <div id="title"> 使用者註冊 </div>
        <el-row class="input">
            <el-col :span="3"><div class="label"> 帳戶：</div></el-col>
            <el-col :span="9"><el-input v-model="account" prefix-icon="User"
placeholder=" 請輸入帳號 "></el-input></el-col>
        </el-row>
        <el-row class="input">
            <el-col :span="3"><div class="label"> 暱稱：</div></el-col>
            <el-col :span="9"><el-input v-model="nickname" prefix-icon="Reading"
placeholder=" 取個暱稱吧 "></el-input></el-col>
        </el-row>
        <el-row class="input">
            <el-col :span="3"><div class="label"> 密碼：</div></el-col>
            <el-col :span="9"><el-input v-model="password" prefix-icon="Key"
placeholder=" 請輸入密碼 "></el-input></el-col>
        </el-row>
        <el-button @click="signUp" style="width:100px; margin-top: 20px;
margin-left: 100px;" type="primary" :disabled="disabled"> 立即註冊 </el-button>
        <div class="link"><el-link href="#/login"> 已有帳戶？返回登入 </el-link></div>
    </div>
</template>
<script lang="ts">
import { Options, Vue } from 'vue-class-component';
@Options({})
export default class SignUp extends Vue {
    // 註冊按鈕是否可用
    get disabled() {
        return !(this.account && this.password && this.nickname)
    }
    // 帳戶名稱
    account?: string = ""
    // 密碼
    password?: string = ""
```

```
    // 暱稱
    nickname?: string = ""
    // 註冊按鈕點擊執行的方法
    signUp() {
        console.log(" 註冊 ");
    }
}
</script>
<style scoped>
#container {
    margin: 0 auto;
    width: 800px;
    background-color: white;
    box-shadow: 5px 5px 10px #c1c1c1;
    border-radius: 5px;
    overflow:hidden
}
#title {
    margin: 10px 0px 0px 20px;
    font-size: 18px;
    font-weight: bold;
}
.label {
    display: flex;
    height: 100%;
    line-height: 100%;
    justify-content: center;
    align-items: center;
}
.input {
    margin-top: 20px;
    text-align: center;
}
.link {
    margin-left: 100px;
    margin-top: 15px;
    margin-bottom: 20px;
}
</style>
```

執行程式，使用者註冊頁面效果如圖 17-6 所示。

▲　圖 17-6　使用者註冊頁面效果

　　相比登入頁面，註冊頁面只是多了一個暱稱的輸入框。現在可以嘗試在登入和註冊頁面間隨意切換，除登入和註冊頁面外，我們暫且無法進入其他任何頁面。17.2.4 節將處理具體的登入和註冊邏輯，之後整個登入註冊模組的前後端即可連成一個整體，功能即可實現完整閉環。

17.2.4　前端登入註冊邏輯實現

　　本小節在 technique_forum 前端專案中連線登入註冊模組的介面，完成整個登入註冊模組的功能。

　　首先完善註冊功能，在 tools 資料夾下新建一個名為 Network.ts 的檔案，此檔案的作用是將所使用的介面路徑進行整合。在其中撰寫程式如下：

➔　【原始程式見附件程式 / 第 17 章 /technique_forum/src/tools/Network.ts】

```
const host = "http://localhost:3000/"        // 介面 host
const networkPath  = {                        // 定義要用到的後端服務介面路徑
    signUp: host + "users/create",            // 註冊介面路徑
    login: host + "users/login"               // 登入介面路徑
```

```
}
export default networkPath;
```

在 SignUp.vue 檔案中引入一些需要使用的模組,程式如下:

```
import networkPath f2rom '../../tools/Network';
import store, {UserInfo} from '@/tools/Store';
import { ElMessage } from 'element-plus'
```

實現核心的 signUp 方法如下:

➔ 【程式部分 17-16 原始程式見附件程式 / 第 17 章 /technique_forum/src/
components/login/SignUp.vue 】

```
// 註冊按鈕點擊執行的方法
signUp() {
    // 透過 axios 進行 POST 請求,註冊介面需要 account、nickname 和 password 參數
    this.axios.post(networkPath.signUp, {
        account: this.account,
        nickname: this.nickname,
        password: this.password
    }).then((response)=>{
        // 請求成功後,獲取到後端服務傳回的 content 資料
        let userInfo:UserInfo =  response.data.content;
        // 進行使用者資訊的全域狀態修改
        store.commit('registUserInfo', userInfo);
        // 提示註冊成功
        ElMessage({
            message: ' 註冊成功,即將跳躍到首頁 ~',
            type: 'success',
        });
        //3 秒後自動跳躍到首頁
        setTimeout(()=>{
            this.$router.push({name:"home"})
        }, 3000);
    }).catch((error)=>{
        // 介面請求失敗,則提示後端服務的異常資訊
        ElMessage.error(error.response.data.msg)
    })
}
```

　　下面嘗試在前端的註冊頁面中填寫帳戶、密碼和暱稱進行註冊，如果註冊成功，就會看到頁面跳躍到首頁，如果使用已經存在的帳戶註冊，頁面上會彈出異常提示訊息。

　　核心登入方法的實現與註冊類似，需要將請求的方法修改為 GET 方法，且參數需要拼接到 URL 中，程式如下：

➜ 【程式部分 17-17 原始程式見附件程式 / 第 17 章 /technique_forum/src/components/login/Login.vue】

```
login() {
    // 透過 axios 進行 GET 請求，登入介面需要 account 和 password 參數
    this.axios.get(networkPath.login + '?account=${this.account}
&password=${this.password}').then((response)=>{
        // 請求成功後，獲取後端服務傳回的 content 資料
        let userInfo:UserInfo =  response.data.content;
        // 進行使用者資訊的全域狀態修改
        store.commit('registUserInfo', userInfo);
        // 提示註冊成功
        ElMessage({
            message: '登入成功，即將跳躍到首頁~',
            type: 'success',
        });
        //3 秒後自動跳躍到首頁
        setTimeout(()=>{
            this.$router.push({name:"home"})
        }, 3000);
    }).catch((error)=>{
        ElMessage.error(error.response.data.msg)
    })
}
```

　　至此，登入註冊模組的功能已經基本完成。為了簡單起見，登入註冊時對使用者的帳戶和密碼格式並未做太多限制，在實際專案中，還要有一些格式上的限制，比如密碼不能太簡單，帳戶長度不能小於 6 位等。同樣，為了學習方便，我們也未做太多安全性的限制，通常對於密碼這種敏感性資料，在前後端傳輸時是要進行加密的，如果你有興趣，可以彌補一下這些不足之處。

17.3 發文清單模組的開發

討論區網站的首頁大多會展示一個發文清單，發文清單其實就是文章的目錄。使用者透過目錄找到自己感興趣的發文進行閱讀。當然，一般也會提供發佈發文的入口，使用者也可以發佈自己的發文來與網友進行學習交流。本節就來完成這部分功能的開發。

17.3.1 類別與發文資料庫資料表的設計

與登入註冊模組的開發想法類似，首先需要確定發文資料的模型結構。定義資料結構後，才能在資料庫中建立對應的資料表。之後才能進行後端介面服務的開發，配合前端頁面的互動，從而完成整個模組功能。

我們先來分析一下一個完整的發文需要包含哪些資料。首先必須包含作者資訊，發文一定是由某個使用者發佈的。還要包含分類資訊，通常討論區都會有多個子模組，每個子模組就是一個分類。最重要的是發文要有標題、摘要、發佈時間和內容，這些資料也要有專門的欄位來儲存。我們已經定義了使用者資料表，因此發文中只需要儲存作者的 id 即可，使用者的詳細資訊可以透過使用者資料表來查看。同理，類別本身也應該使用一張資料表來進行維護。

定義類別資料表包含的欄位如表 17-2 所示。

▼ 表 17-2 類別資料表包含的欄位

欄位名稱	類　型	約　束	意　義
id	INTEGER	自動增加主鍵	類別的唯一標識
label	TEXT	不可為空	類別顯示的文案
position	INTEGER	不可為空	類別的順序，用於排序

定義發文資料表包含的欄位如表 17-3 所示。

▼ 表 17-3　定義發文資料表包含的欄位

欄位名稱	類　型	約　束	意　義
id	INTEGER	自動增加主鍵	發文的唯一標識
category_id	INTEGER	不可為空	當前發文連結到的類別的 id
author_id	INTEGER	不可為空	當前發文連結到的作者的 id
title	TEXT	不可為空	發文的標題
summary	TEXT	不可為空	發文的摘要
content	TEXT	不可為空	發文的內容
publish_time	DATETIME	預設為當前時間	發文的發佈時間

在已經建立的 **forum.db** 資料庫中執行以下指令來建立類別資料表：

➜ 【程式部分 17-18】

```
CREATE TABLE category (
  id INTEGER PRIMARY KEY AUTOINCREMENT,
  label TEXT NOT NULL,
  position INTEGER NOT NULL
);
```

使用以下指令來建立發文資料表：

➜ 【程式部分 17-19】

```
CREATE TABLE post (
  id INTEGER PRIMARY KEY AUTOINCREMENT,
  category_id INTEGER NOT NULL,
  title TEXT NOT NULL,
  summary TEXT NOT NULL,
  content TEXT NOT NULL,
  author_id INTEGER NOT NULL,
  publish_time DATETIME DEFAULT CURRENT_TIMESTAMP
);
```

通常討論區網站的子模組都是預先定義好的，使用者只可以選擇在相關的
類別下發佈發文，是不允許使用者自訂類別的。因此，類別資料表中的資料可
以直接定義好，使用以下敘述進行類別資料的插入：

➡ 【程式部分 17-20】

```
INSERT INTO category (label, position) VALUES (' 程式語言 ', 1);
INSERT INTO category (label, position) VALUES (' 行動開發 ', 2);
INSERT INTO category (label, position) VALUES ('Web 開發 ', 3);
INSERT INTO category (label, position) VALUES (' 資料庫 ', 4);
INSERT INTO category (label, position) VALUES (' 雲端運算 ', 5);
INSERT INTO category (label, position) VALUES (' 人工智慧 ', 6);
INSERT INTO category (label, position) VALUES (' 區塊鏈 ', 7);
INSERT INTO category (label, position) VALUES (' 運行維護 ', 8);
INSERT INTO category (label, position) VALUES (' 測試 ', 9);
INSERT INTO category (label, position) VALUES (' 資訊安全 ', 10);
```

為了方便後面的測試，也可以向發文資料表中插入一個範例發文，注意，
因為發文資料需要包含類別和作者，因此使用的類別 id 和作者 id 一定要是資料
庫中存在的。使用以下敘述插入：

➡ 【程式部分 17-21】

```
INSERT INTO post (
  category_id,
  title,
  summary,
  content,
  author_id
) VALUES (
  1,
  'Python vs Java',
  ' 本帖討論 Python 和 Java 兩種語言的區別 ...',
  ' 範例內容 ...',
  1
);
```

現在已經準備好了資料庫資料表和範例資料，之後即可在後端專案中新增一些介面來與資料庫進行互動。

17.3.2　類別清單與發文清單介面開發

我們計畫在討論區首頁展示所有子模組，當使用者選中某個子模組時對應地展示當前子模組下的帖子目錄。要實現此功能，後端服務需要提供兩個介面供前端呼叫：獲取所有子模組資料和根據子模組 id 來獲取當前模組下的發文。這兩個介面都可以使用 GET 方法。

先來開發獲取所有子模組的介面，在後端專案的 routers 資料夾下新建一個名為 post.js 的檔案，與發文相關的介面方法都寫在這個檔案中。在 post.js 中撰寫程式前，先在 db.js 中新增一個查詢所有類別資料的方法：

➡ 【程式部分 17-22　原始程式見附件程式 / 第 17 章 /technique_forum_backend/db/db.js】

```
// 獲取所有類別資料
function queryAllCategories(callback) {
    // 打開資料庫
    const db = new sqlite3.Database(dbName);
    // 定義 SQL 敘述，這裡查詢所有類別資料並按照 position 進行排序
    const sql = 'SELECT * FROM category order by 'position';';
    // 查詢所有資料
    db.all(sql, [], (err, rows)=>{
        if (!err) {
            callback(rows)
        } else {
            callback(undefined)
        }
    });
    // 關閉資料庫
    db.close();
}
```

在 post.js 中撰寫以下程式：

➜ 【程式部分 17-23 原始程式見附件程式 / 第 17 章 /technique_forum_ backend/routes/post.js】

```javascript
var express = require('express');
var router = express.Router();
// 引入資料庫工具
var dbManager = require('../db/db')
// 引入資料結構化方法
var FormatResponse = require('../format/response')
// 獲取所有分類介面
router.get('/categories', function(req, res, next){
    // 讀取資料庫類別資料
    dbManager.queryAllCategories((data)=>{
        res.status(200).json(FormatResponse.FormatResponse(true, "", data));
    })
});
module.exports = router;
```

完成邏輯程式的撰寫後，不要忘記在 app.js 檔案中進行新增路由的註冊，程式如下：

```javascript
var postRouter = require('./routes/post');
app.use('/post', postRouter);
```

下面嘗試在瀏覽器中輸入位址 http://localhost:3000/post/categories，瀏覽器中將顯示當前資料庫中所有的類別資料，如圖 17-7 所示。

{"success":true,"msg":"ok","content":[{"id":1,"label":"程式語言","position":1},{"id":2,"label":"行動開發","position":2},{"id":3,"label":"Web開發","position":3},{"id":4,"label":"資料庫","position":4},{"id":5,"label":"雲端運算","position":5},{"id":6,"label":"人工智慧","position":6},{"id":7,"label":"區塊鏈","position":7},{"id":8,"label":"運行維護","position":8},{"id":9,"label":"測試","position":9},{"id":10,"label":"資訊安全","position":10}]}

▲ 圖 17-7 瀏覽器顯示的類別資料

發文清單的介面設計與類別介面類別似，需要注意的是，討論區的發文可能會越來越多，不可能一次將所有的資料都傳回給使用者端。因此，發文清單的介面是可以設計為分頁的。傳統的分頁方法是採用 offset+limit 的方式進行分頁，offset 表示資料的偏移位置，limit 表示要請求的資料數量。舉個例子，在請求第一頁的資料時，可以設定 offset 為 0，limt 為 10。請求第 2 頁的資料時，可以設定 offset 為 10，limit 為 10。通常 limit 參數不需要變動，設定一個分頁大小即可，offset 根據當前已獲取的資料量來設定。

在獲取發文清單資料時，需要同時將發文對應的作者與類別的資訊傳回，並且只需要在發文清單中展示發文的摘要資訊，不需要傳回發文的所有內容的。這樣可以有效地減少前後端互動的資料傳輸量，減少請求消耗的時間。

首先在 db.js 檔案中新增一個查詢發文資料的方法，程式如下：

➔ 【程式部分 17-24　原始程式見附件程式 / 第 17 章 /technique_forum_backend/db/db.js】

```
// 查詢發文清單資料
function queryPosts(category, offset, limit, callback) {
    // 打開資料庫
    const db = new sqlite3.Database(dbName);
    // 定義 SQL 敘述，這裡插入所有類別資料並按照 position 進行排序
    const sql = 'SELECT id,category_id,title,summary,author_id,publish_time FROM
post where category_id = '${category}' order by publish_time DESC limit ${limit} offset
${offset};';
    // 查詢所有資料
    db.all(sql, [], (err, posts)=>{
        if (!err) {
            // 如果沒有任何發文，直接傳回
            if (posts.length == 0) {
                callback(posts)
                return
            }
            // 定義變數標記需要二次查詢資料的次數
            var queryCount = posts.length * 2
            // 當前已經查詢的次數
```

```
        var currentQueryCount = 0
        for (var i = 0; i < posts.length; i++) {
            let post = posts[i];
            // 查詢作者資訊，並拼接到文章物件中
            const sql1 = 'SELECT * FROM user where id = ${post.author_id};';
            db.get(sql1, (err, row)=>{
                post.author = row
                currentQueryCount += 1
                if (currentQueryCount == queryCount) {
                    callback(posts)
                    db.close();
                }
            });
            // 查詢類別資訊，並拼接到文章物件中
            const sql2 = 'SELECT * FROM category where id = ${post.category_
id};';
            db.get(sql2, (err, row)=>{
                post.category = row
                currentQueryCount += 1
                if (currentQueryCount == queryCount) {
                    callback(posts)
                    db.close();
                }
            });
        }
    } else {
        callback()
        db.close();
    }
    });
}
```

上面的程式中，查詢發文資料時使用了時間反向的排序規則，這樣可以保證按照從新往舊的順序獲取帖子目錄。在 post.js 檔案中新增一個獲取發文清單的介面，撰寫程式如下：

➜ 【程式部分 17-25 原始程式見附件程式 / 第 17 章 /technique_forum_
backend/routes/post.js 】

```javascript
// 獲取某個分類下的發文清單
router.get('/posts', function(req, res, next){
    // 參數物件
    var params = req.query;
    // 子模組 id 參數
    var category_id = params.category_id;
    // 用來進行分頁的參數
    var offset = params.offset ? params.offset : 0;
    var limit = params.limit ? params.limit : 10;
    if (!category_id) {
        res.status(500).json(FormatResponse.FormatResponse(false, " 缺少必要參數 ",
""));
        return;
    }
    // 讀取資料庫類別資料
    dbManager.queryPosts(category_id, offset, limit, (data)=>{
        res.status(200).json(FormatResponse.FormatResponse(true, "", data));
    });
});
```

執行程式，也可以在瀏覽器中輸入以下位址來測試發文清單介面的功能：

```
http://localhost:3000/post/posts?category_id=1&offset=0&limit=2
```

將瀏覽器上顯示的資料進行格式化後，如圖 17-8 所示。

```
▼ {
    "success": true,
    "msg": "ok",
  ▼ "content": [
    ▼ {
          "id": 14,
          "category_id": 1,
          "title": "Python vs Java",
          "summary": "本站討論 Python 和Java兩種語言的區別 ...",
          "author_id": 1,
          "publish_time": "2023-08-08 14:03:00",
        ▼ "category": {
              "id": 1,
              "label": "程式語言",
              "position": 1
          },
        ▼ "author": {
              "id": 1,
              "nickname": "璀少",
              "account": "huishao",
              "password": "123456"
          }
      },
    ▼ {
          "id": 13,
          "category_id": 1,
          "title": "Python vs Java",
          "summary": "本站討論 Python和Java兩種語言的區別 ...",
          "author_id": 1,
          "publish_time": "2023-08-08 12:01:12",
        ▼ "category": {
              "id": 1,
              "label": "程式語言",
              "position": 1
          },
        ▼ "author": {
              "id": 1,
              "nickname": "璀少",
              "account": "huishao",
              "password": "123456"
          }
      }
  ]
}
```

▲ 圖 17-8 發文清單介面範例資料

首頁使用者端所需要的介面都已準備完成，17.3.3 節將進入前端首頁功能的開發。

17.3.3　前端首頁發文清單模組開發

　　本小節來實現技術討論區前端專案的首頁。當使用者登入後，路由會將 Home 元件著色到頁面。首先在 tools 資料夾下新建一個名為 Model.ts 的檔案，之後可以將需要使用的模型態資料定義在這個檔案中，在其中撰寫以下程式：

➜ 【程式部分 17-26 原始程式見附件程式 / 第 17 章 /technique_forum/src/ tools/Model.ts 】

```
// 子模組模型介面
interface CategoryModel {
    id: number
    label: string
    position: number
}
// 匯出模型介面
export {
    CategoryModel
}
```

　　在 Network.ts 檔案的 networkPath 物件中新定義一個介面路徑，程式如下：

```
categories: host + 'post/categories'
```

　　下面具體撰寫首頁子模組部分的邏輯，修改 Home.vue 檔案程式如下：

➜ 【程式部分 17-27 原始程式見附件程式 / 第 17 章 /technique_forum/src/ components/home/Home.vue 】

```
<template>
    <div id="container">
        <!-- 頂部的模組導覽部分 -->
        <el-menu mode="horizontal" @select="selectedItem" default-active="0">
            <el-menu-item v-for="(item, index) in
categoryData" :index="'${index}'" :key="index">{{item.label}}</el-menu-item>
        </el-menu>
    </div>
</template>
```

```ts
<script lang="ts">
import { Options, Vue } from 'vue-class-component';
import { CategoryModel } from '../../tools/Model'
import networkPath from '../../tools/Network';
import { ElMessage } from 'element-plus';
@Options({})
export default class Home extends Vue {
    // 子模組類別資料
    categoryData:CategoryModel[] = []
    // 宣告週期方法，元件掛載時請求分類資料
    mounted(): void {
        this.loadDataCategories()
    }
    // 請求全部子模組資料
    loadDataCategories(): void {
        this.axios.get(networkPath.categories).then((response)=>{
            // 賦值分類資料，回應式的變數會自動更新頁面
            this.categoryData =  response.data.content;
        }).catch(()=>{
            ElMessage.error(" 網路失敗，請稍後更新頁面 ")
        })
    }
    // 選中某個子模組呼叫的方法
    selectedItem(index: number) {
        console.log(" 使用者選擇閱覽模組 " + this.categoryData[index].label);
    }
}
</script>
<style scoped>
#container {
    margin: 0 auto;
    width: 950px;
    background-color: white;
    box-shadow: 5px 5px 10px #c1c1c1;
    border-radius: 5px;
    overflow:hidden
}
</style>
```

　　首頁元件從版面設定上分為兩部分，上面是子模組導覽區，使用者點擊不同的子模組會切換下面部分的清單資料。現在執行前端程式，頁面效果如圖17-9 所示。

▲ 圖 17-9　首頁子模組導覽列範例

　　注意，在執行前端專案時，需要先將後端服務專案執行起來，否則無法透過介面獲取子模組資料。

　　之後，將選中的子模組 id 作為參數之一來獲取發文清單即可。先來實現發文清單的 UI 展現樣式。

　　修改 Home 元件的範本部分如下：

➜ 【原始程式見附件程式 / 第 17 章 /technique_forum/src/components/home/ Home.vue 】

```
<template>
    <div id="container">
        <!-- 頂部的模組導覽部分 -->
        <el-menu mode="horizontal" @select="selectedItem" default-active="0">
            <el-menu-item v-for="(item, index) in
categoryData" :index="'${index}'" :key="index">{{item.label}}</el-menu-item>
        </el-menu>
        <!-- 發文清單部分 -->
        <div>
            <!-- 透過 for 迴圈來建立清單 -->
            <div class="post" v-for="(post, index) in posts" :key="'${index}'">
                <span class="avatar">
                    {{ post.author.nickname.charAt(0) }}
                </span>
```

```
                <span class="content">
                    <div class="title">
                        {{ post.title }}
                    </div>
                    <div class="summary">
                        {{ post.summary }}
                    </div>
                    <div class="time">
                        發佈時間：{{ post.publish_time }}
                    </div>
                </span>
                <div class="line"></div>
            </div>
            <!-- 分頁時載入更多按鈕 -->
            <div class="more" v-on:click="loadMore">{{ bottomViewText }}</div>
        </div>
    </div>
</template>
```

透過 CSS 程式來對範本中的元素進行樣式控制，在 Home.vue 檔案中新增 CSS 如下：

➔ 【原始程式見附件程式 / 第 17 章 /technique_forum/src/components/home/ Home.vue】

```
<style scoped>
/* 容器的樣式 */
#container {
    margin: 0 auto;
    width: 950px;
    background-color: white;
    box-shadow: 5px 5px 10px #c1c1c1;
    border-radius: 5px;
    overflow:hidden;
    position: relative;
}
/* 發文項的樣式 */
.post {
    height: 130px;
```

```css
    background-color: white;
    position: relative;
}
/* 圖示樣式 */
.avatar {
    margin-top: 15px;
    margin-left: 15px;
    width: 50px;
    height: 50px;
    background-color:azure;
    color: black;
    font-size: 30px;
    font-weight: bold;
    display:inline-block;
    text-align: center;
    line-height: 50px;
    border-radius: 10px;
    position: absolute;
}
/* 內容部分樣式 */
.content {
    margin-top: 0px;
    padding: 0px;
    display:inline-block;
    margin-left: 80px;
    margin-right: 80px;
    position: absolute;
}
/* 標題樣式 */
.title {
    margin-top: 10px;
    width: 100%;
    font-weight: bold;
    color: #444444;
    font-size: 20px;
    overflow: hidden;
    text-overflow: ellipsis;
}
/* 摘要樣式 */
.summary {
```

```
    display: -webkit-box;
    overflow: hidden;
    text-overflow: ellipsis;
    -webkit-line-clamp: 2;
    -webkit-box-orient: vertical;
    margin-top: 5px;
    font-size: 15px;
    line-height: 25px;
    color: #777777;
}
/* 時間模組樣式 */
.time {
    font-size: 14px;
    margin-top: 5px;
    color: #a1a1a1;
}
/* 分割線樣式 */
.line {
    background-color: #e1e1e1;
    width: 100%;
    height: 1px;
    position:absolute;
    bottom:0;
}
/* 載入更多按鈕的樣式 */
.more {
    height: 50px;
    line-height: 50px;
    text-align: center;
}
</style>
```

對應地，在 Home 元件中定義一些需要使用的內部屬性，程式如下：

➡ 【原始程式見附件程式 / 第 17 章 /technique_forum/src/components/home/ Home.vue】

```
// 發文清單資料
posts:Post[] = []
// 當前選中的子模組 id
```

```
selectedCategoryId = 0
// 標記是否有更多資料可以載入
hasMore = true
// 底部載入更多資料按鈕的文案
bottomViewText = " 點擊載入更多 "
```

在實現資料請求邏輯之前，先在 networkPath 物件中定義一個獲取發文清單的介面路徑，程式如下：

```
posts: host + 'post/posts'
```

對應地，在 Model.ts 檔案中新定義一個發文資料模型介面，程式如下：

➜ 【原始程式見附件程式 / 第 17 章 /technique_forum/src/tools/Model.ts】

```
import {UserInfo} from './Store'
// 發文模型介面
interface Post {
    author: UserInfo
    category: CategoryModel
    id: number
    title: string
    summary: string
    content: string
    publish_time: string
}
```

在 Home 元件中補齊核心的資料處理邏輯，定義方法如下：

➜ 【程式部分 17-28 原始程式見附件程式 / 第 17 章 /technique_forum/src/
components/home/Home.vue】

```
// 生命週期方法，元件掛載時請求分類資料
mounted(): void {
    this.loadDataCategories()
}
// 請求全部子模組資料
loadDataCategories(): void {
    this.axios.get(networkPath.categories).then((response)=>{
```

```
            // 賦值分類資料，回應式的變數會自動更新頁面
            this.categoryData =  response.data.content;
            // 設定當前選中的子模組
            this.selectedCategoryId = this.categoryData[0].id;
            // 載入對應子模組的發文資料
            this.loadPosts();
        }).catch(()=>{
            ElMessage.error(" 網路失敗，請稍後更新頁面 ")
        })
}
// 載入發文資料
loadPosts() {
    // 請求發文資料
    this.axios.get(networkPath.posts + '?category_id=${this.selectedCategoryId}
&offset=0&limit=5').then((response)=>{
        // 賦值發文清單變數，回應式地更新頁面
        this.posts =  response.data.content;
        // 處理是否可以載入更多資料的邏輯
        if (response.data.content.length < 5) {
            this.bottomViewText = " 到底啦 ~"
            this.hasMore = false
        } else {
            this.bottomViewText = " 點擊載入更多 "
            this.hasMore = true
        }
    }).catch(()=>{
        ElMessage.error(" 網路失敗，請稍後更新頁面 ")
    })
}
// 載入更多資料
loadMore() {
    if (!this.hasMore) {
        return;
    }
    this.axios.get(networkPath.posts + '?category_id= ${this.selectedCategoryId}&
offset=${this.posts.length}&limit=5').then((response)=>{
        // 將新請求到的資料追加到當前清單的末尾
        this.posts.push(...response.data.content);
        console.log(this.posts);
        if (response.data.content.length < 5) {
```

```
            this.bottomViewText = " 到底啦 ~"
            this.hasMore = false
        } else {
            this.bottomViewText = " 點擊載入更多 "
            this.hasMore = true
        }
    }).catch(()=>{
        ElMessage.error(" 網路失敗，請稍後更新頁面 ")
    })
}
// 選中某個子模組呼叫的方法
selectedItem(index: number) {
    this.selectedCategoryId = this.categoryData[index].id;
    console.log(this.selectedCategoryId);
    this.loadPosts();
}
```

至此，首頁的核心功能已經基本開發完成。執行程式，效果如圖 17-10 所示。

▲ 圖 17-10　討論區首頁範例

17.4 發文發佈模組開發

前面的章節中完成了發文清單的展示邏輯，目前頁面上已經可以展示已有的發文資料，這些資料是預先定義的測試資料。在實際應用中，發文資料都是由使用者來建立生成的。本節將開發發文發佈模組。

17.4.1 新增建立發文的後端服務介面

建立發文的後端介面服務部分非常簡單，只需要增加一個插入發文的介面即可。首先在後端專案的 db.js 檔案中新增一個向資料庫中插入發文資料的方法，程式如下：

→ 【程式部分 17-29 原始程式見附件程式 / 第 17 章 /technique_forum_backend/db/db.js 】

```
function createPost(category_id, title, summary, content, author_id, callback) {
    // 打開資料庫
    const db = new sqlite3.Database(dbName);
    // 定義插入發文資料的 SQL 敘述
    const sql = 'INSERT INTO post (category_id, title, summary, content, author_id)
    VALUES (${category_id}, '${title}', '${summary}', '${content}', ${author_id})';
    db.run(sql, (res, err)=>{
        if (err) {
            callback(false);
        } else {
            callback(true);
        }
    });
    // 關閉資料庫
    db.close();
}
```

在向資料庫中新增發文資料時，無須設定 id 和 publish_time 欄位，這兩個欄位會自動生成。在 post.js 檔案中新增一個建立發文的介面，程式如下：

→ 【程式部分 17-30 原始程式見附件程式 / 第 17 章 /technique_forum_ backend/routes/post.js】

```javascript
// 新建發文
router.post('/create', function(req, res, next){
    // 首先從請求的資料中獲取參數
    var params = req.body;
    // 分類 id
    var category_id = params.category_id;
    // 標題
    var title = params.title;
    // 摘要
    var summary = params.summary;
    // 內容
    var content = params.content;
    // 作者
    var author_id = params.author_id;
    // 進行有效性驗證
    if (!title || !summary || !content || !author_id) {
        res.status(404).json(FormatResponse.FormatResponse(false, "缺少必填參數",
""));
        return;
    }
    // 進行入庫操作
    dbManager.createPost(category_id, title, summary, content, author_id, (success)=>{
        if (success) {
            res.status(200).json(FormatResponse.FormatResponse(true, "", ""));
        } else {
            res.status(404).json(FormatResponse.FormatResponse(false, "發文發佈失
敗", ""));
        }
    });
});
```

執行後端專案，可以在終端使用以下指令來測試建立發文介面服務是否正常：

```
curl -H 'Content-Type: application/json' -d '{"category_id":2, "title":"測試發文
標題 ", "summary":"測試發文摘要 ", "content":"測試發文內容 ", "author_id":1}'
http://localhost:3000/post/create
```

如果請求成功，則說明發文建立介面已經正常執行。

17.4.2 前端發佈頁面入口新增

回到 technique_forum 前端專案，首先在 home 資料夾下新建一個名為 PublishPost.vue 的檔案，用來作為發佈頁面的元件。簡單撰寫程式如下：

➔ 【原始程式見附件程式 / 第 17 章 /technique_forum/components/home/ PublishPost.vue】

```ts
<template>
    發佈頁面 :{{ category_id }}
</template>
<script lang="ts">
import { Options, Vue } from 'vue-class-component';
@Options({
    props: {
        category_id: String
    }
})
export default class PublishPost extends Vue {
    category_id!: string
}
</script>
```

上面的程式只在元件中定義了一個 category_id 外部屬性，進入發佈頁面時要指明在哪個子模組下發佈發文。

在 Router.ts 檔案中新增加一個路由結構，程式如下：

```
{
    path:'publish/:category_id', // 發佈頁面
    component:PublishPost,
```

```
    name:"publish",
    props: true
}
```

　　將 props 設定項設定為 true 後，路由在匹配到參數後，會自動將其解析為對
應元件的外部屬性，使用非常方便。

　　在 Home 元件的 template 範本標籤內新增一段 HTML 程式，將其放在
template 標籤的末尾，與 id 為 container 的 div 標籤同級。程式如下：

```html
<div class="publish">
    <el-button type="primary" style="width: 50px; height: 50px; font-size: 30px;"
icon="Edit" circle v-on:click="publishPost" />
</div>
```

　　上面的程式定義了一個發佈按鈕元件，我們可以採用 fixed 定位方式將其固
定展示在頁面的右上角位置，不隨頁面的滑動而移動，增加 CSS 樣式程式如下：

```css
/* 發佈按鈕樣式 */
.publish {
    position: fixed;
    right: 100px;
    top: 110px;
}
```

　　當使用者點擊按鈕後，會執行 publishPost 方法，此方法實現如下：

```javascript
publishPost() {
    ElMessageBox.confirm(' 確認在當前模組下發佈新的發文？ ').then(() => {
        // 跳躍到發文發佈頁面
        this.$router.push({name:"publish", params:{category_id:
this.selectedCategoryId}})
    }).catch(()=>{
        console.log(" 取消發佈 ");
    });
}
```

這裡使用了 Element-Plus 框架中的 ElMessageBox 來彈出提示框，對應要引入此物件：

```
import { ElMessageBox } from 'element-plus'
```

使用者點擊「發佈發文」按鈕後，首先會彈出提示框提示使用者是否在當前子模組下發佈發文，如果使用者點擊 OK 按鈕，則會進入發佈頁面，否則會取消發佈流程，最終如圖 17-11 所示。

▲ 圖 17-11 發文發佈入口範例

現在，發佈頁面還沒有撰寫與發文編輯相關的任何邏輯，之後將使用一個豐富文字編輯器來建立發文內容。

17.4.3 前端發佈發文頁面開發

發文內容不像標題和摘要那樣簡單，需要對格式進行豐富的控制，例如設定字型大小、設定字型及顏色、能夠插入表格、能夠插入引用等。在前端專案根目錄下執行以下指令來安裝豐富文字元件模組：

```
npm install @wangeditor/editor @wangeditor/editor-for-vue@next --save
```

安裝完成後，即可使用 Editor 元件來著色豐富文字編輯器。

由於豐富文字編輯器需要進行較多設定，使用 vue-class-component 的方式來建構 Vue 元件比較複雜，我們直接使用 Vue 原生的組合式 API 來進行 PublishPost 元件的建立。撰寫程式如下：

➡ 【原始程式見附件程式 / 第 17 章 /technique_forum/components/home/ PublishPost.vue 】

```
<template>
  <!-- 標題輸入模組 -->
  <div id="container">
    <input placeholder=" 請輸入發文標題 "  class="title" v-model="title"/>
  </div>
  <!-- 摘要輸入模組 -->
  <div id="container">
    <textarea placeholder=" 請輸入摘要 "  class="summary" v-model="summary"/>
  </div>
  <!-- 內容輸入模組 -->
  <div id="container">
      <Toolbar
        :editor="editorRef"
        :defaultConfig="toolbarConfig"
        :mode="mode"
        style="border-bottom: 1px solid #ccc;width: 800px;"
      />
      <Editor
        :defaultConfig="editorConfig"
        :mode="mode"
        v-model="valueHtml"
        style="height: 400px; width: 800px; overflow-y: hidden"
        @onCreated="handleCreated"
      />
  </div>
  <!-- 發佈按鈕 -->
  <div id="container">
    <div class="button" v-on:click="publish"> 發佈發文 </div>
  </div>
```

```
</template>
<script lang="ts">
import '@wangeditor/editor/dist/css/style.css';
import { onBeforeUnmount, ref, shallowRef } from 'vue';
import { Editor, Toolbar } from '@wangeditor/editor-for-vue';
import { IDomEditor } from '@wangeditor/editor'
import store from '../../tools/Store';
export default {
    components: { Editor, Toolbar },
    props: {
      category_id: String
    },
    setup(props:any) {
      // 編輯器實例
      const editorRef = shallowRef();
      // 內容 HTML 文字
      const valueHtml = ref('');
      // 標題文字
      const title = ref('')
      // 摘要文字
      const summary = ref('')
      // 過濾編輯器不需要的功能
      const toolbarConfig = {
        excludeKeys: [
        'group-video',
        'group-image',
        'fullScreen'
      ]};
      const editorConfig = { placeholder: ' 請輸入內容 ...' };
      // 元件銷毀時，也及時銷毀編輯器
      onBeforeUnmount(() => {
        const editor = editorRef.value;
        if (editor == null) return;
        editor.destroy();
      });
      // 編輯器回呼函數
      const handleCreated = (editor:IDomEditor) => {
        console.log('created', editor);
```

```
        editorRef.value = editor; // 記錄 editor 實例
      };
      const publish = () => {
        // 進行發文發佈
        console.log(valueHtml.value);
        console.log(props.category_id);
        console.log(title.value);
        console.log(summary.value);
        console.log(store.state.id);
      };
      // 組合式 API
      return {
        editorRef,
        mode: 'default',
        title,
        summary,
        valueHtml,
        toolbarConfig,
        editorConfig,
        handleCreated,
        publish
      };
    }
  };
</script>

<style scoped>
#container {
    margin: 0 auto;
    width: 800px;
    background-color: white;
    box-shadow: 5px 5px 10px #c1c1c1;
    border-radius: 5px;
    overflow:hidden;
    position: relative;
    margin-bottom: 20px;
}
.title {
```

```css
  border: transparent;
  width: 80%;
  height: 50px;
  font-size: 30px;
  max-lines: 1;
  margin: 20px;
  outline: none;
}
.summary {
  border: transparent;
  width: 100%;
  height: 50px;
  font-size: 18px;
  max-lines: 1;
  margin: 20px;
  outline: none;
}
.button {
  width: 100%;
  height: 60px;
  font-size: 25px;
  line-height: 60px;
  text-align: center;
  background-color: cornflowerblue;
  color: white;
}
</style>
```

執行上面的程式，進入發文發佈頁面，效果如圖 17-12 所示。

嘗試在發文發佈頁面輸入標題、摘要以及一些豐富文字的內容，在點擊「發佈發文」按鈕時，主控台會對建立發文所需要的資料進行列印，17.4.4 節將處理發文發佈的前後端互動邏輯。

▲ 圖 17-12　發文發佈頁面範例

17.4.4 完善發文發佈模組

發文發佈模組還剩下介面呼叫部分的邏輯需要補充。首先在 networkPath 物件中新定義一個介面路徑，程式如下：

```
createPost: host + 'post/create'
```

修改 PublishPost 元件中的 TypeScript 程式，先引入必要模組：

```
import networkPath from '../../tools/Network';
import { ElMessage } from 'element-plus';
import { useRouter } from 'vue-router';
import { getCurrentInstance } from 'vue';
```

　　注意，由於我們使用了組合式 API，因此在 setup 方法內是不能呼叫 this 關鍵字來獲取當前實例元件的，需要使用其他的方式來呼叫網路工具和路由工具。getCurrentInstance 方法可以獲取當前 App 實例，從而呼叫 axios 模組方法，useRouter 可以獲取路由實例進行路由跳躍。對應地，在 setup 方法中需要定義這些實例，程式如下：

➡ 【原始程式見附件程式 / 第 17 章 /technique_forum/components/home/ PublishPost.vue】

```
// 當前實例
const instance = getCurrentInstance();
// 路由實例
const router = useRouter();
```

　　實現核心的 publish 方法如下：

➡ 【原始程式見附件程式 / 第 17 章 /technique_forum/components/home/ PublishPost.vue】

```
const publish = () => {
  // 整體建立發文所需要的參數
  let content = valueHtml.value;
  let t = title.value;
  let s = summary.value;
  let author_id = store.state.id;
  let category_id = props.category_id;
  // 檢查參數是否為空
  if (!content) {
    ElMessage({
      message: ' 請先撰寫發文內容 ',
      type: 'error',
    });
    return;
  }
  if (!t) {
    ElMessage({
      message: ' 必須設定發文標題 ',
      type: 'error',
    });
```

```
      return;
    }
    if (!s) {
      ElMessage({
        message: ' 必須設定發文摘要內容 ',
        type: 'error',
      });
      return;
    }
    if (!author_id) {
      ElMessage({
        message: ' 請先登入再發佈發文 ',
        type: 'error',
      });
      return;
    }
    if (!category_id) {
      ElMessage({
        message: ' 發佈發文必須選擇分類別模組 ',
        type: 'error',
      });
      return;
    }
    // 發佈發文
    instance?.appContext.app.axios.post(networkPath.createPost, {
        title: t,
        summary: s,
        category_id: category_id,
        content: content,
        author_id: author_id
    }).then(()=>{
        ElMessage({
            message: ' 發佈成功，即將跳躍到首頁 ~',
            type: 'success',
        });
        //3 秒後自動跳躍到首頁
        setTimeout(()=>{
          router.push({name:"home"})
        }, 3000);
```

```
  }).catch((error:any)=>{
     ElMessage.error(error.response.data.msg)
  })
};
```

現在執行程式，可以嘗試使用豐富文字編輯器編輯一些有意思的發文內容，如圖 17-13 所示。

點擊「發佈發文」按鈕後，即可在首頁對應的子模組下找到新發佈的發文。當然，目前我們還無法透過帖子目錄進入具體的發文詳情頁，將在 17.5 節進行發文詳情模組的開發。

▲ 圖 17-13　撰寫發文內容範例

17.5　發文詳情模組開發

　　發文詳情主要用來展示具體某個發文的詳細內容。使用者在首頁瀏覽帖子目錄時，如果發現了感興趣的發文，可以點擊對應的目錄項目進入發文詳情頁面。發文詳情頁面會完整地展示發文的內容，並且支援評論。本節將對發文詳情模組進行開發。

17.5.1　發文詳情模組後端介面開發

　　發文詳情頁除展示發文的詳細內容外，如果是自己發的發文，還要支援對其進行刪除操作。同時，對發文的評論和回覆也將在發文詳情頁展示。本節先只處理發文詳情的展示和刪除邏輯。

　　在發文詳情模組，需要新增兩個後端介面；一個是根據發文 id 來查詢具體的發文內容，包括完整的發文資訊及其所在的模組資訊和作者資訊；另一個是根據 id 刪除某個發文。

　　我們先來實現查詢發文詳情的介面。查詢發文詳情的後端服務邏輯其實與獲取發文清單資料的邏輯類似，只是查詢需要將發文的完整資料查詢出來。在後端專案的 db.js 方法中新增一個方法，程式如下：

➡ 【程式部分 17-31 原始程式見附件程式 / 第 17 章 /technique_forum_backend/db/db.js 】

```
// 獲取某個發文的詳情資訊
function queryPostDetail(id, callback) {
    // 打開資料庫
    const db = new sqlite3.Database(dbName);
    // 定義 SQL 敘述，這裡查詢出發文資料的所有欄位
    const sql = 'SELECT * FROM post where id = ${id};';
    // 查詢資料
    db.get(sql, [], (err, post)=>{
        if (!err) {
            // 如果沒有查詢到發文，直接傳回
            if (!post) {
```

```
                callback()
                return
        }
        // 查詢作者資訊，拼接到文章物件中
        const sql1 = 'SELECT * FROM user where id = ${post.author_id};';
        db.get(sql1, (err, row)=>{
            post.author = row
            // 查詢類別資訊，拼接到文章物件中
            const sql2 = 'SELECT * FROM category where id = ${post.category_id};';
            db.get(sql2, (err, row)=>{
                post.category = row
                callback(post)
                db.close();
            });
        });
    } else {
        callback()
        db.close();
    }
});
}
```

在 post.js 檔案中新增一個 GET 請求介面，實現如下：

➜ 【程式部分 17-32 原始程式見附件程式 / 第 17 章 /technique_forum_
backend/routes/post.js】

```
// 獲取發文詳情
router.get('/detail', function(req, res, next){
    // 參數物件
    var params = req.query;
    // 發文 id 參數
    var id = params.id;
    if (!id) {
        res.status(404).json(FormatResponse.FormatResponse(false, " 缺少必要參數 ",
""));
        return;
    }
    // 讀取資料庫資料
```

```
    dbManager.queryPostDetail(id, (data)=>{
        if (data) {
            // 查詢到資料，直接傳回
            res.status(200).json(FormatResponse.FormatResponse(true, "", data));
        } else {
            // 查詢不到資料，提示異常
            res.status(404).json(FormatResponse.FormatResponse(false, "發文不存在
", ""));
        }
    });
});
```

　　發文詳情的查詢比較簡單，只需要透過 id 索引來查詢即可。我們可以用一筆資料庫中已經存在的發文的 id 為例，在瀏覽器中直接輸入下面的位址即可獲取發文的詳細資料：

```
http://localhost:3000/post/detail?id=20
```

　　刪除發文資料頁比較簡單，直接使用 SQLite 的 DELETE 敘述即可。注意，這裡採用的是硬刪除邏輯，即一旦刪除某個發文就不可恢復。在 db.js 檔案中新增加一個刪除發文資料的方法：

➜ 　【程式部分 17-33 原始程式見附件程式 / 第 17 章 /technique_forum_ backend/db/db.js】

```
// 刪除發文
function deletePost(id, callback) {
    // 打開資料庫
    const db = new sqlite3.Database(dbName);
    // 定義刪除資料的 SQL 敘述
    const sql = 'DELETE FROM post WHERE id=${id};';
    db.run(sql, (res, err)=>{
        if (err) {
            callback(false);
        } else {
            callback(true);
        }
    });
```

```
    // 關閉資料庫
    db.close();
}
```

在 post.js 中增加刪除發文介面如下：

➜ 【程式部分 17-34 原始程式見附件程式 / 第 17 章 /technique_forum_
backend/routes/post.js】

```
// 刪除指定發文
router.delete('/delete', function(req, res, next){
    // 參數物件
    var params = req.body;
    // 發文 id 參數
    var id = params.id;
    if (!id) {
        res.status(404).json(FormatResponse.FormatResponse(false, " 缺少必要參數 ",
""));
        return;
    }
    // 刪除資料庫中的資料
    dbManager.deletePost(id, (success)=>{
        if (success) {
            // 刪除成功
            res.status(200).json(FormatResponse.FormatResponse(true, "", ""));
        } else {
            // 刪除失敗
            res.status(404).json(FormatResponse.FormatResponse(false, " 刪除失敗 ",
""));
        }
    });
});
```

注意，為了語義表述上更加明確，上面的程式中定義刪除發文介面的請求
方法為 DELETE，其實這裡使用 GET 或 POST 也沒有任何問題。

可以在終端使用以下指令來測試刪除介面是否正常執行：

```
curl -X DELETE -d 'id=2' http://localhost:3000/post/delete
```

注意，參數中的 id 值需要是資料庫中存在的發文 id。

準備好了介面服務，17.5.2 節進入發文詳情頁前端展現邏輯的開發。

17.5.2　前端發文詳情模組開發

建立發文時，發文內容是使用豐富文字編輯器撰寫的，此豐富文字編輯器會自動將使用者輸入的豐富文字內容轉換成 HTML 文字，我們在資料庫中儲存的也是 HTML 文字。因此，在發文詳情頁，只要正常對 HTML 文字進行著色即可。

首先，在前端專案的 components 資料夾下新建一個名為 post 的子資料夾，用來存放發文詳情頁相關的元件。在其下新建一個名為 PostDetail.vue 的文字，簡單撰寫範本程式如下：

➜ 【原始程式見附件程式 / 第 17 章 /technique_forum/src/components/post/
PostDetail.vue】

```
<template>
    發文詳情頁 :{{ id }}
</template>
<script lang="ts">
import { Options, Vue } from 'vue-class-component';
@Options({
    props:{
        id:String // 當前發文的 id，由路由傳遞過來
    }
})
export default class PostDetail extends Vue {
    id!:string
}
</script>
```

在 Router.ts 中新增加一個路由物件，程式如下：

```
{
    path:'post/:id', // 發文詳情
    component:PostDetail,
```

```
    name:"detail",
    props: true
}
```

之後可以將從首頁跳躍到發文詳情頁的邏輯補充完整。在 Home 元件中，找到著色帖子目錄的 div 元件，為其增加點擊事件如下：

```
<!-- 透過 for 迴圈來建立清單 -->
<div class="post" v-for="(post, index) in posts" :key="'${index}'"
v-on:click="goDetail(index)">
    <!-- 內部程式省略 -->
</div>
```

上面的程式中定義了使用者點擊首頁某個發文的互動事件，goDetail 在呼叫時會將使用者點擊的發文在陣列中的下標傳遞進來。goDetail 方法實現如下：

```
// 跳躍詳情
goDetail(index: number) {
    let postId = this.posts[index].id;
    this.$router.push({name:'detail', params:{id: postId}});
}
```

現在，只需要撰寫在 PostDetail 元件中進行資料請求和頁面設定的邏輯即可。

在 networkPath 物件中新增兩個介面路徑：

```
detail: host + 'post/detail',
deletePost: host + 'post/delete'
```

修改 PostDetail 元件的範本部分程式如下：

➡ 【原始程式見附件程式 / 第 17 章 /technique_forum/src/components/post/
   PostDetail.vue】

```
<template>
    <!-- 顯示當前的子模組名稱 -->
    <div class="category">
        當前模組：{{ post?.category.label ?? "" }}
```

```
    </div>
    <!-- 內容部分 -->
    <div id="container">
        <!-- 發文標貼 -->
        <div class="title">
            {{ post?.title }}
        </div>
        <!-- 作者、發佈時間等 -->
        <div>
            <span class="tag">作者：{{ post?.author.nickname }}</span>
            <span class="tag">發佈時間：{{ post?.publish_time }}</span>
            <span class="tag delete" v-if="post?.author.id == userId"
v-on:click="deletePost">刪除發文 </span>
        </div>
        <!-- 摘要部分 -->
        <div class="summary">
            <div class="summary_title">摘要 </div>
            <div class="summary_content">{{ post?.summary }}</div>
        </div>
        <!-- 發文內容 -->
        <div v-html="post?.content" class="content editor-content-view"></div>
    </div>
</template>
```

在資料庫儲存的發文資料中，內容是直接以 HTML 文字的格式進行儲存的，
因此需要使用 Vue 中的 v-html 指令來進行著色。還有一點需要注意，編輯器輸
出的資料是不附帶 CSS 內聯樣式的，我們需要額外定義一些全域的 CSS 樣式來
支援豐富文字的著色。在 PostDetail.vue 檔案中撰寫樣式程式如下：

➜ 【原始程式見附件程式 / 第 17 章 /technique_forum/src/components/post/
　 PostDetail.vue 】

```
<!-- 局部 CSS 樣式，只在 PostDetail 元件內生效 -->
<style scoped>
#container {
    margin-left: 80px;
    margin-top: 10px;
    width: 950px;
```

```css
    background-color: white;
    box-shadow: 5px 5px 10px #c1c1c1;
    border-radius: 5px;
    overflow:hidden;
    position: relative;
}
.category {
    color: #777777;
    margin-left: 80px;
}
.title {
    font-size: 40px;
    margin-left: 15px;
    margin-top: 15px;
    margin-right: 15px;
}
.tag {
    margin-left: 20px;
    color: #777777;
}
.delete {
    color: red;
}
.summary {
    background-color: #EEF1FE;
    border-radius: 10px;
    margin: 10px;
    margin-top: 40px;
    padding: 20px;
}
.summary_title {
    font-weight: bold;
}
.summary_content {
    margin-top: 20px;
    color:#333333;
}
.content {
    margin: 20px;
```

```
}
</style>
<!-- 全域 CSS 樣式，用來著色豐富文字樣式 -->
<style>
.editor-content-view {
  padding: 0 10px;
  margin-top: 20px;
  overflow-x: auto;
}
.editor-content-view p,
.editor-content-view li {
  white-space: pre-wrap; /* 保留空格 */
}
.editor-content-view blockquote {
  border-left: 8px solid #d0e5f2;
  padding: 10px 10px;
  margin: 10px 0;
  background-color: #f1f1f1;
}
.editor-content-view code {
  font-family: monospace;
  background-color: #eee;
  padding: 3px;
  border-radius: 3px;
}
.editor-content-view pre>code {
  display: block;
  padding: 10px;
}
.editor-content-view table {
  border-collapse: collapse;
}
.editor-content-view td,
.editor-content-view th {
  border: 1px solid #ccc;
  min-width: 50px;
  height: 20px;
}
.editor-content-view th {
```

```
  background-color: #f1f1f1;
}
.editor-content-view ul,
.editor-content-view ol {
  padding-left: 20px;
}
.editor-content-view input[type="checkbox"] {
  margin-right: 5px;
}
</style>
```

　　之後，對元件進行資料請求和屬性回應式的賦值即可。元件 TypeScript 部分程式如下：

➜ 【原始程式見附件程式 / 第 17 章 /technique_forum/src/components/post/
　　PostDetail.vue】

```
<script lang="ts">
import { Options, Vue } from 'vue-class-component';
import { Post } from '../../tools/Model'
import networkPath from '../../tools/Network';
import { ElMessage, ElMessageBox } from 'element-plus';
import store from '../../tools/Store';
@Options({
    props:{
        id:String // 當前發文的 id，由路由傳遞過來
    }
})
export default class PostDetail extends Vue {
    // 發文 id
    id!:string
    // 發文資料
    post:Post | null = null
    // 當前登入的使用者 id，如果未登入，為 NaN
    userId = store.state.id

    // 元件掛載時，請求發文詳情資料
    mounted(): void {
```

```
        this.loadData();
    }
    // 獲取發文詳情資料
    loadData() {
        this.axios.get(networkPath.detail + '?id=${this.id}').then((response)=>{
            this.post = response.data.content;
        }).catch((error)=>{
            ElMessage.error(error.response.msg);
        });
    }
    // 刪除發文的方法
    deletePost() {
        // 彈出訊息方塊，刪除操作需要使用者二次確認
        ElMessageBox.confirm(' 確認刪除當前發文？刪除後將不可恢復！ ').then(() => {
            this.axios.delete(networkPath.deletePost,{
                data: {
                    id: this.id
                }
            }).then(()=>{
                ElMessage.success(' 刪除成功 ');
                //3 秒後自動跳躍到首頁
                setTimeout(()=>{
                this.$router.push({name:"home"})
                }, 3000);
            }).catch((error)=>{
                ElMessage.error(error.response.msg);
            });
        }).catch(()=>{
            console.log(" 取消刪除 ");
        });

    }
}
</script>
```

執行前端專案，進入一篇之前發佈的發文的詳情頁，可以看到發文的詳細內容已經呈現到頁面中了，如圖 17-14 所示。

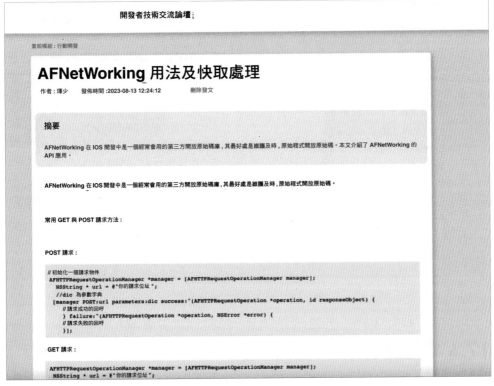

▲ 圖 17-14　發文詳情頁範例

如果當前登入的使用者就是發文的發行者，則在標題下面會展示「刪除發文」按鈕，點擊後會彈出訊息方塊，如果使用者確認了訊息，則會將當前發佈的發文刪除，如圖 17-15 所示。

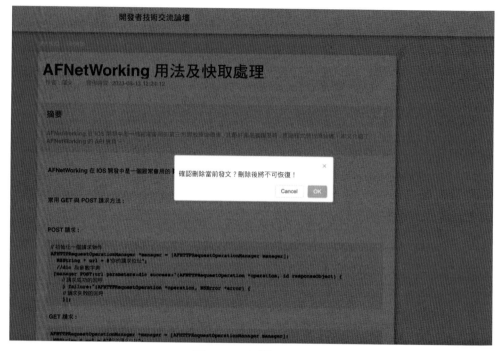

▲ 圖 17-15　刪除發文範例

17.6　評論與回覆模組開發

　　到目前為止，我們已經完成了技術討論區專案的使用者登入註冊模組、首頁模組和發文詳情模組。一個完整的討論區專案已經初現雛形。對討論區來說，使用者間的互動討論是非常重要的一部分。本節將開發與使用者間互動相關的評論和回覆模組。

　　評論和回覆本質上是同樣的資料結構，評論是針對發文的，使用者發佈評論的目標是某個具體的發文。回覆則是針對某個發表評論或回覆的使用者的，當然回覆最終也會連結到一個發文，只是其發起交流的物件是發文下的某筆評論或回覆的使用者。為了簡單起見，在此討論區項目中，我們將評論和回覆的結構拉平，按照時間順序反向地對評論和回覆進行同等級展示，不同的是，回覆會顯示當前回覆所針對的使用者是誰。

17.6.1 評論資料庫資料表的設計與介面邏輯撰寫

　　評論身為單獨的資料結構，需要有一個自動增加的主鍵，評論都是附屬在某個發文下面的，因此需要連結一個發文 id，還需要有欄位儲存評論的內容以及評論的發行者。如果當前評論是對其他某筆評論的回覆，則還需要有其回覆的使用者 id，最後還需要儲存評論的發佈時間。總結如表 17-4 所示。

▼ 表 17-4 評論資料庫資料表包含的欄位

欄位名稱	類　型	約　束	意　義
id	INTEGER	自動增加主鍵	評論的唯一標識
post_id	INTEGER	不可為空	評論連結到的發文 id
author_id	INTEGER	不可為空	發佈評論的使用者 id
reply_to	INTEGER	無約束	評論回覆的使用者 id
content	TEXT	不可為空	評論的內容
publish_time	DATETIME	預設為當前時間	評論的發佈時間

　　執行以下指令在資料庫中新建一張評論資料表：

➡ 【程式部分 17-35】

```
CREATE TABLE comment (
  id INTEGER PRIMARY KEY AUTOINCREMENT,
  post_id INTEGER NOT NULL,
  author_id INTEGER NOT NULL,
  reply_to INTEGER,
  content TEXT NOT NULL,
  publish_time DATETIME DEFAULT CURRENT_TIMESTAMP
);
```

　　現在，可以在後端專案中撰寫一些與評論相關的業務介面，需要的介面有 3 個：

（1）建立評論的介面。

（2）刪除評論的介面。

（3）拉取某個發文評論清單的介面。

　　其中，建立評論需要的參數有對應的發文 id、建立者 id 以及被回覆者 id（如果有被回覆者的話）。刪除評論的介面比較簡單，只需要知道評論的 id，即可透過此 id 刪除評論。拉取評論清單的介面與拉取發文清單的介面類別似，需要將其設計為分頁。

　　我們先來實現建立評論的介面，在後端服務 technique_forum_backend 專案的 db.js 檔案中新增一個向資料庫中插入評論資料的方法：

➔ 【程式部分 17-36 原始程式見附件程式 / 第 17 章 /technique_forum_
backend/db/db.js】

```javascript
// 建立評論
function createComment(postId, author_id, reply_to, content, callback) {
    // 打開資料庫
    const db = new sqlite3.Database(dbName);
    // 定義插入評論資料的 SQL 敘述
    var sql = ""
    if (reply_to) {
        sql = 'INSERT INTO comment (post_id, author_id, reply_to, content)
        VALUES (${postId}, ${author_id}, ${reply_to}, '${content}')';
    } else {
        sql = 'INSERT INTO comment (post_id, author_id, content)
        VALUES (${postId}, ${author_id}, '${content}')';
    }
    db.run(sql, (res, err)=>{
        if (err) {
            callback(false);
        } else {
            callback(true);
        }
    });
    // 關閉資料庫
```

```
        db.close();
}
```

我們可以將與評論相關的介面撰寫在一個單獨的路由檔案中，方便後期對介面的更新和維護。在 routes 資料夾下新建一個名為 comment.js 的檔案，在其中撰寫以下程式：

➔ 【程式部分 17-37 原始程式見附件程式 / 第 17 章 /technique_forum_backend/routes/comments.js】

```javascript
var express = require('express');
var router = express.Router();
// 引入資料庫工具
var dbManager = require('../db/db')
// 引入資料結構化方法
var FormatResponse = require('../format/response')
// 新建評論
router.post('/create', function(req, res, next){
    // 首先從請求的資料中獲取參數
    var params = req.body;
    // 發文 id
    var post_id = params.post_id;
    // 內容
    var content = params.content;
    // 作者
    var author_id = params.author_id;
    // 回覆者
    var reply_to = params.reply_to;
    // 進行有效性驗證
    if (!post_id || !author_id || !content) {
        res.status(404).json(FormatResponse.FormatResponse(false, " 缺少必填參數 ",
""));
        return;
    }
    // 進行入庫操作
    dbManager.createComment(post_id, author_id, reply_to, content, (success)=>{
        if (success) {
            res.status(200).json(FormatResponse.FormatResponse(true, "", ""));
```

```
        } else {
            res.status(404).json(FormatResponse.FormatResponse(false, "評論發佈失
敗", ""));
        }
    });
});
module.exports = router;
```

在 app.js 檔案中對新建立的路由物件進行註冊，程式如下：

➜ 【原始程式見附件程式 / 第 17 章 /technique_forum_backend/app.js 】

```
var commentRouter = require('./routes/comment');
var app = express();
// 中間程式省略
app.use('/comment', commentRouter);
```

執行此後端專案，我們可以在終端分別輸入以下指令來測試評論建立介面的功能：

```
curl -H 'Content-Type: application/json' -d '{"post_id": 20, "content": "測試評論",
"author_id": 1}' http://localhost:3000/comment/create
curl -H 'Content-Type: application/json' -d '{"post_id": 20, "content": "測試回覆",
"author_id": 11, "reply_to":1}' http://localhost:3000/comment/create
```

對應地，新增刪除評論的相關方法。可以仿照刪除發文的寫法，在 db.js 中新增一個方法如下：

➜ 【原始程式見附件程式 / 第 17 章 /technique_forum_backend/db/db.js 】

```
// 刪除指定發文
router.delete('/delete', function(req, res, next){
    // 參數物件
    var params = req.body;
    // 發文 id 參數
    var id = params.id;
    if (!id) {
        res.status(404).json(FormatResponse.FormatResponse(false, "缺少必要參數",
```

```
""));
        return;
    }
    // 刪除資料庫中的資料
    dbManager.deleteComment(id, (success)=>{
        if (success) {
            // 刪除成功
            res.status(200).json(FormatResponse.FormatResponse(true, "", ""));
        } else {
            // 刪除失敗
            res.status(404).json(FormatResponse.FormatResponse(false, "刪除失敗",
""));
        }
    });
});
```

對應地，增加刪除評論的介面如下：

➜ 【原始程式見附件程式 / 第 17 章 /technique_forum_backend/routes/
comments.js】

```
// 刪除指定評論
router.delete('/delete', function(req, res, next){
    // 參數物件
    var params = req.body;
    // 發文 id 參數
    var id = params.id;
    if (!id) {
        res.status(404).json(FormatResponse.FormatResponse(false, "缺少必要參數",
""));
        return;
    }
    // 刪除資料庫中的資料
    dbManager.deleteComment(id, (success)=>{
        if (success) {
            // 刪除成功
            res.status(200).json(FormatResponse.FormatResponse(true, "", ""));
        } else {
```

```
        // 刪除失敗
        res.status(404).json(FormatResponse.FormatResponse(false, " 刪除失敗 ",
""));
    }
  });
});
```

　　注意，此方法需要寫在 comment.js 檔案定義的路由物件中。在終端使用以下指令可以進行刪除發文介面功能的測試：

```
curl -X DELETE -d 'id=2' http://localhost:3000/comment/delete
```

　　還剩下拉取評論的介面需要開發，拉取評論清單的邏輯與拉取發文清單類似，對於分頁邏輯，也使用 limit 與 offset 參數來控制。在 db.js 檔案中新增以下方法：

➔　【原始程式見附件程式 / 第 17 章 /technique_forum_backend/db/db.js 】

```
// 查詢評論清單資料
function queryComments(postId, offset, limit, callback) {
    // 打開資料庫
    const db = new sqlite3.Database(dbName);
    // 定義 SQL 敘述，查詢評論資料
    const sql = 'SELECT * FROM comment where post_id = '${postId}' order by
publish_time DESC limit ${limit} offset ${offset};';
    // 查詢所有資料
    db.all(sql, [], (err, comments)=>{
        if (!err) {
            // 如果沒有任何評論，直接傳回
            if (comments.length == 0) {
                callback(comments)
                return
            }
            // 定義變數標記需要二次查詢資料的次數、查詢作者和回覆者
            var queryCount = comments.length * 2
            // 當前已經查詢的次數
            var currentQueryCount = 0
```

```
            for (var i = 0; i < comments.length; i++) {
                let comment = comments[i];
                // 查詢作者資訊，拼接到評論物件中
                const sql1 = 'SELECT * FROM user where id = ${comment.author_id};';
                db.get(sql1, (err, row)=>{
                    comment.author = row
                    currentQueryCount += 1
                    if (currentQueryCount == queryCount) {
                        callback(comments)
                        db.close();
                    }
                });
                if (!comment.reply_to) {
                    currentQueryCount += 1
                } else {
                    // 查詢回覆資訊，拼接到評論物件中
                    const sql2 = 'SELECT * FROM user where id = ${comment.reply_to};';
                    db.get(sql2, (err, row)=>{
                    comment.reply = row
                    currentQueryCount += 1
                    if (currentQueryCount == queryCount) {
                        callback(comments)
                        db.close();
                    }
                    });
                }
            }
        } else {
            callback()
            db.close();
        }
    });
}
```

查詢評論清單的請求使用 GET 方法即可，範例如下：

➜ 【原始程式見附件程式 / 第 17 章 /technique_forum_backend/routes/ comments.js】

```
// 獲取某個分類下的發文清單
router.get('/comments', function(req, res, next){
    // 參數物件
    var params = req.query;
    // 發文 id 參數
    var post_id = params.post_id;
    // 用來進行分頁的參數
    var offset = params.offset ? params.offset : 0;
    var limit = params.limit ? params.limit : 10;
    if (!post_id) {
        res.status(500).json(FormatResponse.FormatResponse(false, "缺少必要參數 ",
""));
        return;
    }
    // 讀取資料庫評論資料
    dbManager.queryComments(post_id, offset, limit, (data)=>{
        res.status(200).json(FormatResponse.FormatResponse(true, "", data));
    });
});
```

對於 GET 類型的請求，可以直接在瀏覽器中進行測試，在瀏覽器中輸入類似 http://localhost:3000/post/comments?post_id=1 的位址，可以看到格式化後的評論資料如圖 17-16 所示。

```
{
    "success": true,
    "msg": "ok",
    "content": [
        {
            "id": 4,
            "post_id": 20,
            "author_id": 1,
            "reply_to": null,
            "content": " 測試評論 ",
            "publish_time": "2023-08-19 02:10:16",
            "author": {
                "id": 1,
                "nickname": " 瑾少 ",
                "account": "huishao",
                "password": "123456"
            }
        },
        {
            "id": 3,
            "post_id": 20,
            "author_id": 1,
            "reply_to": null,
            "content": " 測試評論 ",
            "publish_time": "2023-08-19 02:10:15",
            "author": {
                "id": 1,
                "nickname": " 瑾少 ",
                "account": "huishao",
                "password": "123456"
            }
        },
        {
            "id": 1,
            "post_id": 20,
            "author_id": 1,
            "reply_to": null,
            "content": " 測試評論 ",
            "publish_time": "2023-08-19 01:35:49",
            "author": {
                "id": 1,
                "nickname": " 瑾少 ",
                "account": "huishao",
                "password": "123456"
            }
        }
    }
```

▲ 圖 17-16 拉取評論清單範例

本小節完成了評論模組中與後端服務介面相關的開發。為前端頁面的架設做好了準備工作。在 17.6.2 節中將完善發文詳情頁，對評論資料進行展示。

17.6.2 前端發文詳情頁評論資料展示

在前端專案的 networkPath 物件中新增兩個介面路徑，程式如下：

```
comments: host + 'comment/comments'
deleteComment: host + 'comment/delete'
```

在 Model.ts 檔案中新定義一個介面，用來描述評論資料的結構，程式如下：

➡️ 【原始程式見附件程式 / 第 17 章 /technique_forum/src/tools/Model.ts】

```
// 評論模型介面
interface Comment {
    author: UserInfo,
    reply?: UserInfo,
    id: number,
    content: string,
    publish_time: string
}
```

下面我們在 PostDetail 元件中增加一些回應式屬性，用來處理評論模組的相關邏輯，增加的屬性如下：

```
// 評論清單的資料
comments: Comment[] = []
// 標記是否還有更多評論
hasMoreComments = true
```

在元件掛載的生命週期方法中增加評論資料請求邏輯：

```
// 元件掛載時，請求發文詳情資料和評論資料
mounted(): void {
    // 請求發文資料
    this.loadData();
    // 請求評論資料
```

```
    this.loadComment();
}
```

實現 loadComment 方法如下：

➜ 【原始程式見附件程式 / 第 17 章 /technique_forum/src/components/post/
PostDetail.vue】

```
// 載入評論資料
loadComment() {
    this.axios.get(networkPath.comments +
'?post_id=${this.id}&offset=${this.comments.length}&limit=5').then((response)=>{
        // 賦值評論資料
        this.comments.push(...response.data.content);
        // 對應修改是否有更多評論資料的變數
        this.hasMoreComments = response.data.content.length == 5;
    }).catch((error)=>{
        ElMessage.error(error.response.msg);
    })
}
```

對於使用者自己發佈的評論，同樣支援刪除操作，定義刪除評論的方法如
下：

➜ 【原始程式見附件程式 / 第 17 章 /technique_forum/src/components/post/
PostDetail.vue】

```
// 刪除評論
deleteComment(id:number) {
    // 彈出訊息方塊，刪除操作需要使用者二次確認
    ElMessageBox.confirm(' 確認刪除當前評論？刪除後將不可恢復！ ').then(() => {
        this.axios.delete(networkPath.deleteComment,{
            data: {
                id: id
            }
        }).then(()=>{
            ElMessage.success(' 刪除成功 ');
            //3 秒後自動更新評論區
            setTimeout(()=>{
```

```
            this.comments = [];
            this.loadComment();
        }, 3000);
    }).catch((error)=>{
        ElMessage.error(error.response.msg);
    });
}).catch(()=>{
    console.log(" 取消刪除 ");
});
}
```

關於發佈評論的邏輯會在 17.6.3 節具體介紹，我們可以先定義一個佔位方法：

```
// 發佈評論
publicComment() {
    console.log(" 發佈評論 ");
}
```

最後，修改 PostDetail 元件的範本部分，在其 template 根項目下新增 HTML 元素以下（此元素需要追加在發文內容部分元素的後面）：

➔ 【原始程式見附件程式 / 第 17 章 /technique_forum/src/components/post/ PostDetail.vue 】

```html
<!-- 評論部分 -->
<div id="container">
    <!-- 發文標題 -->
    <div class="comment_title">
                <span> 使用者評論 </span>
        <span style="margin-left: 10px; font-size: 12px; padding: 10px; font-weight:
bold; background-color: antiquewhite; border-radius: 10px;" v-on:click=
"publicComment"> 發佈評論 </span>
        </div>
    <div v-for="(item, index) in comments" :key="index">
        <div class="comment_icon">
            {{ item.author.nickname[0] }}
        </div>
```

```
        <div class="comment_container">
            <div v-if="item.reply" class="reply">
                回覆 {{ item.reply?.nickname }}:
            </div>
            <div class="comment_content">
                {{ item.author.nickname }} 說 : {{ item.content }}
            </div>
            <div class="comment_tags">
                <span>
                    發佈時間 : {{ item.publish_time }}
                </span>
                <span v-if="item.author.id == userId" style="color: red;" v-on:
click="deleteComment(item.id)">
                    刪除
                </span>
            </div>
        </div>
    </div>
    <div v-if="hasMoreComments" class="comment_more" v-on:click="loadComment">
        點擊載入更多
    </div>
</div>
</div>
```

對應地補充一些與評論模組相關的內部 CSS 樣式：

➜ 【原始程式見附件程式 / 第 17 章 /technique_forum/src/components/post/
PostDetail.vue】

```
.comment_icon {
    width: 50px;
    height: 50px;
    display: inline-block;
    background-color: #c1c1c1;
    border-radius: 5px;
    margin: 15px;
    text-align: center;
    font-size: 30px;
    line-height: 50px;
    font-weight: bold;
```

```
    vertical-align: top;
}
.reply {
  font-size: 14px;
  color: #777777;
}
.comment_container {
    display: inline-block;
    margin-right: 20px;
    margin-top: 15px;
    vertical-align: top;
}
.comment_content {
    font-size: 18px;
}
.comment_tags {
    margin-top: 5px;
    font-size: 14px;
    color: #c1c1c1;
}
.comment_more {
    text-align: center;
    font-size: 18px;
    margin: 10px;
    padding-top: 20px;
    border-top: #f1f1f1 1px solid;
    margin-bottom: 50px;
}
```

現在執行前端專案，效果如圖 17-17 所示。

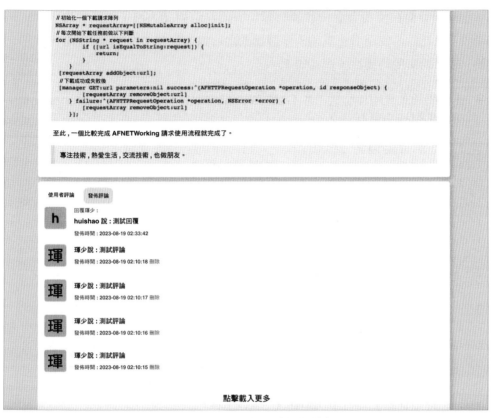

▲ 圖 17-17 發文評論模組範例

17.6.3 前端發佈評論功能開發

前端我們已經定義好了發佈評論的後端介面，對前端來說，發佈評論分為兩種，當使用者點擊「發佈評論」按鈕進行評論時，其所針對的評論物件是發文。當前使用者點擊了某筆評論時，也可以發佈評論，此時其所針對的評論物件是發文和對應評論的發行者。首先來處理單純針對發文的評論的發佈。

在 networkPath 物件中新增一個發佈評論的介面路徑，程式如下：

```
createComment: host + 'comment/create'
```

　　我們計畫在使用者發佈評論時彈出一個自訂對話方塊，對話方塊中包含一個輸入框元件，使用者可以輸入要評論的內容進行發佈。在 PostDetail 元件中定義一些需要使用的屬性，程式如下：

➔　【原始程式見附件程式 / 第 17 章 /technique_forum/src/components/post/
　　PostDetail.vue】

```
// 是否展示發佈評論的視窗
commentPannelOpen = false
// 回覆的使用者，如果沒有回覆的使用者，則為 null
replyTo: UserInfo | null = null
// 綁定到輸入框的評論內容
commentText = ""
// 計算屬性，標記發佈評論對話方塊中的發佈按鈕是否可用
get canPublishComment(): boolean {
    return this.commentText.length <= 0
}
```

　　前面提到過，當使用者點擊某筆評論時，我們認為使用者要對這筆評論進行回覆，需要對評論元素增加互動事件，修改範本程式如下：

```
<div v-for="(item, index) in comments" :key="index"
v-on:click="publishReply(index)">
<!-- 中間程式省略 -->
</div>
```

　　在範本 template 元素內部的末尾增加一個自訂對話方塊，程式如下：

➔　【原始程式見附件程式 / 第 17 章 /technique_forum/src/components/post/
　　PostDetail.vue】

```
<!-- 發佈評論的對話方塊 -->
<el-dialog v-model="commentPannelOpen" title=" 發佈評論 ">
    <div style="margin-bottom: 30px; font-size: 22px;" v-if="replyTo"> 回覆：
{{ replyTo.nickname }}</div>
    <div>
        <el-input
            v-model="commentText"
            :rows="4"
```

```
            type="textarea"
            placeholder=" 請輸入評論 "
        />
    </div>
    <div style="margin-top: 30px;">
        <el-button size="large" type="primary" :disabled="canPublishComment"
v-on:click="toPublishComment"> 評論 </el-button>
    </div>
</el-dialog>
```

下面我們來實現與發佈評論相關的幾個核心方法：

→ 【原始程式見附件程式 / 第 17 章 /technique_forum/src/components/post/
PostDetail.vue】

```
// 發佈評論
publicComment() {
    // 將回覆物件清空
    this.replyTo = null;
    // 彈出評論發佈對話方塊
    this.conmentPannelOpen = true;
}
// 發佈回覆
publishReply(index: number) {
    // 賦值回覆物件
    this.replyTo = this.comments[index].author;
    // 彈出評論發佈對話方塊
    this.conmentPannelOpen = true;
}
// 呼叫發佈方法
toPublishComment() {
    // 參數建構
    var params:any = {
        post_id: this.id,
        content: this.commentText,
        author_id: this.userId
    }
    if (this.replyTo) {
        params.reply_to = this.replyTo.id;
```

```
}
// 呼叫介面
this.axios.post(networkPath.createComment, params).then(()=>{
    ElMessage.success(' 評論成功 ');
    setTimeout(()=>{
        // 重新拉取評論區資料
        this.comments = [];
        this.loadComment();
        // 關閉發佈對話方塊
        this.conmentPannelOpen = false;
        // 清空發佈評論對話方塊的內容
        this.commentText = "";
    }, 3000);
}).catch((error)=>{
    ElMessage.error(error.response.msg);
});
}
```

執行程式，發佈評論效果如圖 17-18 所示。

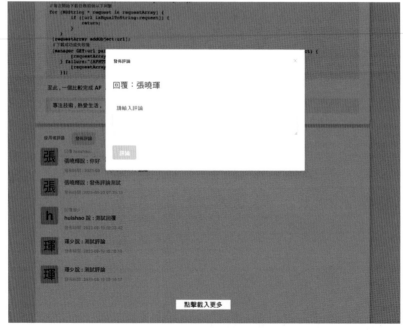

▲ 圖 17-18 發佈評論範例

17.7 搜尋模組與退出登入邏輯開發

如果跟隨著本書的進度將專案做到了此處,那麼恭喜你,此討論區專案的核心功能已經基本完成了,相信透過這些程式實踐的練習,你對 Vue 專案開發的前後端互動流程已經有了更加深入的理解。本節將查漏補缺,完善此專案的剩餘部分。

隨著討論區中發文數量的增加,按時間順序瀏覽發文可能不太方便。有時候,使用者有很明確的閱讀需求,需要查與指定內容相關的發文,這時就需要使用搜尋功能。

在實際專案開發中,後端搜尋服務往往比較複雜,當使用者發佈發文後,需要在服務端對發文的內容進行關鍵字提煉,之後建立索引表,以便在使用者端呼叫搜尋介面時可以快速的找到相關的內容。在本練習專案中,我們簡化一下搜尋的流程,只進行標題匹配,只要標題中包含使用者所搜尋的關鍵字,就將此發文作為結果傳回。

首先在後端專案的專案中新增一個查詢方法,在 SQLite 中,進行字串的模糊匹配可以使用 LIKE 查詢敘述。在 **db.js** 檔案中新增一個查詢方法如下:

➜ 【程式部分 17-38 原始程式見附件程式 / 第 17 章 /technique_forum_backend/db/db.js 】

```
// 搜尋發文清單資料
function searchPosts(keyword, offset, limit, callback) {
    // 打開資料庫
    const db = new sqlite3.Database(dbName);
    // 定義 SQL 敘述,這裡查詢所有標題中包含關鍵字的發文資料並按照發佈時間進行排序
    const sql = 'SELECT id,category_id,title,summary,author_id,publish_time FROM
post where title LIKE '%${keyword}%' order by publish_time DESC limit ${limit} offset
${offset};';
    // 查詢所有資料
    db.all(sql, [], (err, posts)=>{
        if (!err) {
            // 如果沒有任何發文,直接傳回
            if (posts.length == 0) {
```

```
                callback(posts)
                return
            }
            // 定義變數標記需要二次查詢資料的次數
            var queryCount = posts.length * 2
            // 當前已經查詢的次數
            var currentQueryCount = 0
            for (var i = 0; i < posts.length; i++) {
                let post = posts[i];
                // 查詢作者資訊，拼接到文章物件中
                const sql1 = 'SELECT * FROM user where id = ${post.author_id};';
                db.get(sql1, (err, row)=>{
                    post.author = row
                    currentQueryCount += 1
                    if (currentQueryCount == queryCount) {
                        callback(posts)
                        db.close();
                    }
                });
                // 查詢類別資訊，拼接到文章物件中
                const sql2 = 'SELECT * FROM category where id = ${post.category_
id};';
                db.get(sql2, (err, row)=>{
                    post.category = row
                    currentQueryCount += 1
                    if (currentQueryCount == queryCount) {
                        callback(posts)
                        db.close();
                    }
                });
            }
        } else {
            callback()
            db.close();
        }
    });
}
```

其中，在建構 SQLite 查詢敘述時，% 表示匹配任意字元。對應地，在 post. js 檔案中增加一個查詢發文的介面，程式如下：

➜ 【原始程式見附件程式 / 第 17 章 /technique_forum_backend/routes/post. js】

```
// 獲取某個分類下的發文清單
router.get('/search', function(req, res, next){
    // 參數物件
    var params = req.query;
    // 查詢關鍵字
    var keyword = params.keyword;
    // 用來進行分頁的參數
    var offset = params.offset ? params.offset : 0;
    var limit = params.limit ? params.limit : 10;
    if (!keyword) {
        res.status(500).json(FormatResponse.FormatResponse(false, " 缺少必要參數 ",
""));
        return;
    }
    // 查詢資料庫發文的資料
    dbManager.searchPosts(keyword, offset, limit, (data)=>{
        res.status(200).json(FormatResponse.FormatResponse(true, "", data));
    });
});
```

之後執行後端專案，可以在瀏覽器中驗證這個新增的介面是否能正常執行。現在，此討論區專案後端部分的開發可以告一段落了。不知不覺中，我們已經完成了所有需要的介面。下面來完善一下前端專案。

首先增加一個新的介面路徑，程式如下：

```
searchPosts: host + 'post/search'
```

搜尋框和退出登入的按鈕可以放在全域的導覽列下，修改 Layout.vue 元件的範本和 TypeScript 程式部分如下：

➔ 【原始程式見附件程式 / 第 17 章 /technique_forum/components/layout/
Layout.vue】

```html
<template>
    <el-container id="container">
        <!-- 新增一個通用的標頭 -->
        <el-header style="margin:0;padding:0; box-shadow: 5px 5px 10px #c1c1c1;"
height="80px">
            <el-container
style="background-color:#FFFFFF;margin:0;padding:0;height:80px">
                <div style="margin: auto;margin-left:300px;">
                    <!-- 標題 -->
                    <h1 style="float: left;"> 開發者技術交流討論區 </h1>
                    <!-- 搜尋框，只有登入狀態下才展示 -->
                    <div v-if="isLogin" style="margin: auto; margin-left: 60px;
float: left;">
                        <el-input
                            v-model="keyword"
                            style="height: 30px; width: 500px;"
                            placeholder=" 搜搜感興趣的發文吧 ~">
                            <template #prepend>
                                <el-button icon="Search" />
                            </template>
                            <template #append>
                                <el-button v-on:click="toSearch"> 前往 </el-button>
                            </template>
                        </el-input>
                    </div>
                    <!-- 登出按鈕，只有登入狀態下才展示 -->
                    <div v-if="isLogin" style="float: left; margin-left: 40px;">
                        <el-button type="danger" v-on:click="logout"> 登出 </el-button>
                    </div>
                </div>
            </el-container>
        </el-header>
        <el-main style="padding:0; margin-top: 20px">
        <!-- 這裡用來著色具體的功能模組 -->
        <router-view :key="$route.fullPath"></router-view>
        </el-main>
```

```
    </el-container>
</template>
<script lang="ts">
import { Options, Vue } from 'vue-class-component';
import store from '../../tools/Store';
@Options({})
export default class Layout extends Vue {
    // 搜尋關鍵字
    keyword = ""
    // 是否登入
    get isLogin(): boolean {
        return store.getters.isLogin;
    }
    // 跳躍到搜尋網頁面
    toSearch() {
        if (this.keyword) {
            this.$router.push({name:"search", params:{keyword: this.keyword}});
        }
    }
    // 登出操作,後續實現
    logout() {
        console.log();
    }
}
</script>
```

　　注意,在上面的程式中,我們對 router-view 元件增加了 key 屬性,並且將其設定為當前路由的全路徑。這樣做的好處是對於不同的路徑,頁面元件會獨立著色。後面在撰寫搜尋網頁面元件時,當搜尋關鍵字變化後,無須跳躍新的頁面即可完成頁面的更新。

　　在前端專案的 home 資料夾下新建一個名為 SearchPage.vue 的檔案,完整程式如下:

➜　【原始程式見附件程式 / 第 17 章 /technique_forum/components/home/
SearchPage.vue】

```ts
<template>
    <div id="container">
        <!-- 發文清單部分 -->
        <div>
            <!-- 透過 for 迴圈來建立清單 -->
            <div class="post" v-for="(post, index) in posts" :key="'${index}'"
v-on:click="goDetail(index)">
                <span class="avatar">
                    {{ post.author.nickname.charAt(0) }}
                </span>
                <span class="content">
                    <div class="title">
                        {{ post.title }}
                    </div>
                    <div class="summary">
                        {{ post.summary }}
                    </div>
                    <div class="time">
                        發佈時間：{{ post.publish_time }}
                    </div>
                </span>
                <div class="line"></div>
            </div>
            <!-- 分頁時載入更多按鈕 -->
            <div class="more" v-on:click="loadMore">{{ bottomViewText }}</div>
        </div>
    </div>
</template>
<script lang="ts">
import { Options, Vue } from 'vue-class-component';
import { Post } from '../../tools/Model'
import networkPath from '../../tools/Network';
import { ElMessage } from 'element-plus';
@Options({
    props: {
        keyword:String
    }
```

```
})
export default class SearchPage extends Vue {
    keyword!:string
    // 發文清單資料
    posts:Post[] = []
    // 標記是否有更多資料可以載入
    hasMore = true
    // 底部載入更多資料按鈕的文案
    bottomViewText = " 點擊載入更多 "
    // 生命週期方法，元件掛載時請求分類資料
    mounted(): void {
        this.loadPosts();
    }
    // 載入發文資料
    loadPosts() {
        // 請求發文資料
        this.axios.get(networkPath.searchPosts +
'?keyword=${this.keyword}&offset=0&limit=5').then((response)=>{
            // 賦值發文清單變數，回應式地更新頁面
            this.posts =  response.data.content;
            // 處理是否可以載入更多資料的邏輯
            if (response.data.content.length < 5) {
                this.bottomViewText = " 到底啦~"
                this.hasMore = false
            } else {
                this.bottomViewText = " 點擊載入更多 "
                this.hasMore = true
            }
        }).catch(()=>{
            ElMessage.error(" 網路失敗，請稍後更新頁面 ")
        })
    }
    // 載入更多資料
    loadMore() {
        if (!this.hasMore) {
            return;
        }
        this.axios.get(networkPath.searchPosts + '?keyword=
${this.keyword}&offset=${this.posts.length}&limit=5').then((response)=>{
```

```
            // 將新請求到的資料追加到當前清單的末尾
            this.posts.push(...response.data.content);
            console.log(this.posts);
            if (response.data.content.length < 5) {
                this.bottomViewText = " 到底啦 ~"
                this.hasMore = false
            } else {
                this.bottomViewText = " 點擊載入更多 "
                this.hasMore = true
            }
        }).catch(()=>{
            ElMessage.error(" 網路失敗，請稍後更新頁面 ")
        })
    }
    // 跳躍詳情
    goDetail(index: number) {
        let postId = this.posts[index].id;
        this.$router.push({name:'detail', params:{id: postId}});
    }
}
</script>
<style scoped>
/* 容器的樣式 */
#container {
    margin: 0 auto;
    width: 950px;
    background-color: white;
    box-shadow: 5px 5px 10px #c1c1c1;
    border-radius: 5px;
    overflow:hidden;
    position: relative;
}
/* 發文項的樣式 */
.post {
    height: 130px;
    background-color: white;
    position: relative;
}
```

```css
/* 圖示樣式 */
.avatar {
    margin-top: 15px;
    margin-left: 15px;
    width: 50px;
    height: 50px;
    background-color:azure;
    color: black;
    font-size: 30px;
    font-weight: bold;
    display:inline-block;
    text-align: center;
    line-height: 50px;
    border-radius: 10px;
    position: absolute;
}
/* 內容部分樣式 */
.content {
    margin-top: 0px;
    padding: 0px;
    display:inline-block;
    margin-left: 80px;
    margin-right: 80px;
    position: absolute;
}
/* 標題樣式 */
.title {
    margin-top: 10px;
    width: 100%;
    font-weight: bold;
    color: #444444;
    font-size: 20px;
    overflow: hidden;
    text-overflow: ellipsis;
}
/* 摘要樣式 */
.summary {
    display: -webkit-box;
```

```
    overflow: hidden;
    text-overflow: ellipsis;
    -webkit-line-clamp: 2;
    -webkit-box-orient: vertical;
    margin-top: 5px;
    font-size: 15px;
    line-height: 25px;
    color: #777777;
}
/* 時間模組樣式 */
.time {
    font-size: 14px;
    margin-top: 5px;
    color: #a1a1a1;
}
/* 分割線樣式 */
.line {
    background-color: #e1e1e1;
    width: 100%;
    height: 1px;
    position:absolute;
    bottom:0;
}
/* 載入更多按鈕的樣式 */
.more {
    height: 50px;
    line-height: 50px;
    text-align: center;
}
}
</style>
```

搜尋結果頁面與發文清單頁面的邏輯和樣式都比較類似，這裡我們不做過多介紹。最後，別忘記在 Router.ts 中註冊搜尋結果頁的路由：

```
{
    path:'search/:keyword', // 搜尋結果
    component: SearchPage,
    name:"search",
```

```
    props:true
}
```

執行前端專案，可以嘗試搜尋一些已經存在的發文，效果如圖 17-19 所示。

▲ 圖 17-19 搜尋結果頁範例

至此，我們的討論區專案只剩下最後一個功能細節待完善了，即登出功能。其實對登出功能來說，前面在定義 Store 工具物件的時候已經有所涉及，當時定義了一個 clearUserInfo 方法，登出無須與服務端互動，只需要將本機存放區的使用者資訊清空，並退回登入頁面即可，非常簡單。

實現 Layout 元件中的 logout 方法如下：

```
// 登出操作
logout() {
    store.commit('clearUserInfo');
    this.$router.push({name: 'login'});
}
```

17.8　本章小結

本章花費大量篇幅來從 0 到 1 實現了一個相對完整的討論區專案，既包括後端服務和資料管理，又包括前端著色和使用者互動。如果你跟隨本章的節奏一步一步自主獨立地完成了這個專案，那麼相信你一定會受益匪淺。

　　由於本書篇幅有限，無法將此專案做到盡善盡美。但是你可以根據自己的需要和想法來對本專案進行改造。例如透過資料持久化在本地儲存使用者資料，為了安全性來調整介面的傳回資料，對密碼進行加密，以及透過 token 來認證使用者登入。本專案中所有的原始程式碼都會完整提供，你可以根據需要進行修改和擴充。

深智數位
股份有限公司

深智數位
股份有限公司